基礎分子遺伝学・ゲノム科学

坂本 順司 著

裳 華 房

Molecular Genetics & Genome Science : The Basics

by

JUNSHI SAKAMOTO

SHOKABO
TOKYO

はじめに

　　　　目には青葉　山ほととぎす　初がつお　（山口素堂）

　清々しい初夏を表すこの俳句の，季語はどれでしょう？
　青葉やホトトギス・カツオに限らず，俳句の季語には動物や植物がたくさん含まれています。季語でなくても，季節の訪れを告げるものの多くが生物です。さらに，時季を選ばず戯れるペットとか年中食べる野菜や果物など，私たちの周りにはいつも生物があふれています。この地上で日々接し関心を抱く対象の多くは生物です。私たち人間自身も含め，すべての生物の体内で遺伝子やDNAが働いています。遺伝子やDNAは，私たちの生存と生活を重層的に支配しています。

　遺伝現象の単位としての遺伝子は19世紀後半のオーストリアで想定され，物質としてのDNAは同じころスイスで発見されました。これら2つの知見が20世紀中頃になって結びつき，「分子遺伝学」が始まりました。分子遺伝学は，大腸菌とバクテリオファージを研究対象にして，急速に発展しました。その成果に基づく「遺伝子工学」技術により，20世紀の終わりには各種微生物の全遺伝子（ゲノム）が解読されました。小動物やモデル植物のゲノム解読がそれに続き，21世紀初頭にはヒトの全ゲノム配列まで解かれました。「ゲノム科学」の進展に伴って，個人別ヒトゲノムや生態系メタゲノムなどで蓄積した遺伝情報は，いわゆる「ビッグデータ」の規模にまで膨張し，現在に至ります。

　以上の遺伝子研究史のうち，前世紀の分子遺伝学は，生物学の文脈の中では画期的だったものの，目に見えない微生物が研究対象だったせいもあり，一般人の関心はあまり惹かず，社会への影響も限定的でした。ところが今世紀のゲノム科学は，ヒト自体が主要な解析対象なので，すべての人々に直接的な影響を及ぼし始め，関心の強さも圧倒的になってきました。いわば「専門家に閉じた学問」から「国民の教養」あるいは「全人類に開かれた知的財産」に移行しつつあります。

　この本は，このような遺伝子研究の成果を，分子遺伝学の基礎からゲノム科学の応用まで，一貫した視点で解説した教科書です。これらの研究全体の蓄積は膨大なので，多くの大学カリキュラムではいくつもの科目に分割されています。この分割が避けがたい原因には，地味でウェットな大腸菌の遺伝学と派手でドライなヒトゲノム学との毛色の違いという問題もあり，両者の滑らかな接

続はかなり困難な課題です。しかしほかにも多くの科目を同時に学ぶ必要のある今時の学生や，知的好奇心は旺盛ながら忙しい現代人には，この課題を克服した教材を提供する必要があるでしょう。そこで本書では，遺伝子研究の基礎から展開までシームレスにまとめるため，次の3つの工夫をしました：

1) 第I部 基礎編と第II部 応用編を密な相互参照で結びつける

　前半と後半で関連する箇所を相互に結びやすいよう，多数の参照をカッコで示した上，索引も充実させました。そもそも基礎から応用までを一冊に収め，単著で一貫させたことも，滑らかな接続に寄与しているでしょう。

2) 多数の「側注」で術語の意味・由来・変遷などを解説する

　歴史的事情から，遺伝学には多義的な学術用語も少なくありません。また，生命科学の他領域との関連も深く，脇道にそれてでも解説すべき用語がたくさんあります。それらを「側注」の形にまとめ，本文の流れはスムースに保ちました。

3) 多彩な図表とイラストで視覚的な理解を助ける

　DNA分子は小さく，遺伝子概念は抽象的なため，初学者にはわかりにくい落とし穴もたくさんあります。多彩でしかも統一のとれた図表と，感覚的になじみやすいイラストや写真を多用し，その問題点の克服に努めました。

　広範な遺伝子研究の成果をコンパクトにまとめたので，近接領域の勉強には筆者の前著が参考になるでしょう。DNA以外の生体分子や酵素反応については『イラスト 基礎からわかる生化学』，細菌やウイルスについては『微生物学』，動物の生理や進化については『理工系のための生物学（改訂版）』を参照していただけると理解が深まると思います（いずれも裳華房刊）。

　日ごろ知的刺激を与えてくださる同僚や共同研究者の皆さんと，遺伝子工学と生命情報学を駆使した研究に日々励んでくれている学生諸君，とりわけ一部の作図や校正を手伝ってくれた前田 翼くん・鬼塚博也くん・麻生凌汰くんにお礼申し上げます。また，編集の過程で前著にも増して多大なご助力をいただいた裳華房の野田昌宏さん・筒井清美さんに深く感謝いたします。

2018年8月

坂本順司

目次

第Ⅰ部 基礎編 分子遺伝学のセントラルドグマ

1章 遺伝学の基礎概念 ― トンビはタカを生まない ―

- 1・1 遺伝子は「遺伝」だけでなく「発現」にも働く …… 2
- 1・2 メンデルの「遺伝子」は数十年後に再発見された …… 4
- 1・3 遺伝子の物質的実体は核酸である …… 7
- 1・4 生命科学は，物質 → エネルギー → 情報 の順に展開した …… 11
- 1・5 多くの細胞は2セットの遺伝情報をもつ …… 12
- 1・6 遺伝子型と発現型は1対1対応しない …… 16
- 1・7 メンデルの遺伝子モデルはメンデルの法則から逸脱する現象も扱える …… 19

2章 核酸の構造とゲノムの構成 ― 静と動のヤヌス神 ―

- 2・1 核酸はヌクレオチドが重合した高分子である …… 20
- 2・2 DNAは安定でRNAは活発である …… 22
- 2・3 遺伝子は内部構造も多数の連なりも一次元的である …… 26
- 2・4 ヒトゲノムは核ゲノムとミトコンドリアゲノムからなる …… 28
- 2・5 真核生物の染色体はDNAとともに同量のタンパク質からなる …… 30

3章 複製：DNAの生合成 ― 生命40億年の連なり ―

- 3・1 DNAは半保存的に複製される …… 33
- 3・2 DNAの重合反応には基質の他に鋳型とプライマーも必要である …… 35
- 3・3 DNAポリメラーゼは二機能酵素である …… 38
- 3・4 生体内のDNA複製には，その他の多様な酵素・タンパク質も働く …… 40
  - 3・4・1 開始 …… 41
  - 3・4・2 伸長 …… 44
  - 3・4・3 終結 …… 44
- 3・5 末端複製問題は細胞の寿命を左右する …… 45

4章 損傷の修復と変異 ― 過ちを改める勇気 ―

- 4・1 DNA損傷の原因には化学物質・放射線・複製ミスなどがある …… 47
- 4・2 DNAの変異には置換・欠失・挿入などの種類がある …… 49
- 4・3 DNAの損傷は大小の多重なしくみで修復される …… 51
  - 4・3・1 直接的修復 …… 51
  - 4・3・2 除去修復 …… 52
  - 4・3・3 二本鎖DNAの同時修復 …… 56
- 4・4 DNA組換えは，修復とも深く関係している …… 58

5章　転写：RNAの生合成 ― 格納庫から路上ライブへ ―

- 5・1 核酸2種類の小さな化学的違いが大きな生物学的違いをもたらす ……………… 61
- 5・2 転写の基本は複製と共通だが，素早い生成に特化している ……………… 62
  - 5・2・1 開始 ……………… 64
  - 5・2・2 伸長 ……………… 65
  - 5・2・3 終結 ……………… 66
- 5・3 真核生物では，転写のしくみに細菌と5つの違いがある ……………… 68
- 5・4 真核生物のmRNAは3種類の加工を受けて成熟する ……………… 71
  - 5・4・1 5´末端：キャップ形成 ……………… 72
  - 5・4・2 3´末端：ポリA尾部 ……………… 72
  - 5・4・3 中間：RNAスプライシング ……………… 72
- 5・5 rRNAとtRNAは，原核生物でも転写後に加工され成熟する ……………… 76

6章　翻訳：タンパク質の生合成 ― 異なる言語の異文化体験 ―

- 6・1 塩基配列からアミノ酸配列への翻訳は，遺伝暗号表に基づく ……………… 78
- 6・2 tRNAは，コドンとアミノ酸を結びつけるアダプター分子である ……………… 82
- 6・3 リボソームは，ポリペプチドを正確に合成する能動的な場である ……………… 85
- 6・4 翻訳も開始・伸長・終結の3段階に分けられる ……………… 90
  - 6・4・1 開始 ……………… 90
  - 6・4・2 伸長 ……………… 92
  - 6・4・3 終結 ……………… 94
  - 6・4・4 真核細胞での違い ……………… 95

7章　転写調節（基本を細菌で）― デジタル制御の生命 ―

- 7・1 遺伝子の発現は主に転写の抑制と活性化で調節される ……………… 97
- 7・2 ラクトース-オペロンはラクトースで活性化される ……………… 101
- 7・3 トリプトファン-オペロンはトリプトファンで抑制される ……………… 104
- 7・4 転写調節因子はヘリックスで主溝から塩基配列を識別する ……………… 108
  - ① ヘリックス-ターン-ヘリックス（helix-turn-helix，HTH）……………… 109
  - ② ホメオドメイン（Homeodomain）……………… 109
  - ③ 亜鉛フィンガー（zinc finger）など ……………… 109
  - ④ ロイシン-ジッパー（leucine zipper）……………… 111
  - ⑤ ヘリックス-ループ-ヘリックス（helix-loop-helix，HLH）……………… 111
- 7・5 転写後にもタンパク質やRNAで発現調節するしくみがある ……………… 112
  - 7・5・1 シス作用のRNA：リボスイッチなど ……………… 113
  - 7・5・2 トランス作用のRNA：sRNA（アンチセンスRNA）……………… 113
  - 7・5・3 トランス作用のタンパク質 ……………… 114

第Ⅱ部　応用編　ヒトゲノム科学への展開

8章　発現調節（ヒトなど動物への拡張） ― 複雑系の重層的秩序 ―

- 8・1　多細胞生物の発現調節は，環境適応の他，細胞分化でも重要である……116
- 8・2　細胞の分化は，ゲノム情報が不変のまま，発現パターンの変化で起こる……118
- 8・3　真核生物では原核生物より転写調節のしくみが複雑である……119
  - 8・3・1　RNAポリメラーゼ……120
  - 8・3・2　基本転写因子……120
  - 8・3・3　転写（調節）因子……121
  - 8・3・4　介在因子など……122
  - 8・3・5　クロマチン再構成複合体……123
- 8・4　DNAやヒストンの化学修飾も大事な調節機構である……123
  - 8・4・1　ヒストンの化学修飾……124
  - 8・4・2　DNAのメチル化……125
  - 8・4・3　細菌のDNA修飾……127

9章　発生とエピジェネティクス ― メッセージが作る身体 ―

- 9・1　動植物の発生は，継承と分化のバランスで進む……129
- 9・2　細胞どうしが盛んに信号物質をやり取りして発生が進行する……131
  - 9・2・1　RTK経路……133
  - 9・2・2　TGFβ/Smad経路……133
  - 9・2・3　Wnt/β-カテニン経路……134
  - 9・2・4　Hedgehog/Ci経路……135
  - 9・2・5　Notch経路……136
- 9・3　哺乳類では，初期胚の細胞の一部だけが成体になる……136
- 9・4　動物の発生では，細胞内外の信号分子の濃度勾配でボディプランが決まる……140
- 9・5　エピジェネティクスは次世代の細胞に記憶を伝えるしくみ……144
- 9・6　次世代個体への継代エピジェネティクスの例も報告されている……145

10章　RNAの多様な働き ― 小粒だがピリリと辛い ―

- 10・1　RNAは翻訳・触媒・調節・生体防御など多様に働く……147
  - 10・1・1　安定RNAあるいは構造RNA……148
  - 10・1・2　核内RNA……149
  - 10・1・3　調節RNA……149
- 10・2　マイクロRNAはmRNAの翻訳能と安定性を操作する……149
- 10・3　生体防御に役立つRNA干渉は遺伝子工学の技術にも応用される……152
- 10・4　パイRNAは生殖系列でトランスポゾンに対抗する……153
- 10・5　長鎖非翻訳RNAはX染色体不活性化をはじめさまざまに機能する……154
- 10・6　クリスパー/キャス系はウイルスに対する細菌の適応免疫機構である……156
- 10・7　クリスパー/キャス系はゲノム編集の最有力手法である……157

11章　動く遺伝因子とウイルス ── 越境するさすらいの吟遊詩人 ──

- 11・1　トランスポゾンはゲノム内を転位するDNAである …………………… 160
  - 11・1・1　DNAトランスポゾン（DNA transposon） ……………… 162
  - 11・1・2　LTR型レトロトランスポゾン（LTR retrotransposon） …………… 163
  - 11・1・3　非LTR型レトロトランスポゾン（non-LTR retrotransposon） ………… 164
- 11・2　遺伝因子の移動現象はトランスポゾン以外にもいろいろある …………… 165
- 11・3　ウイルスは外殻や被膜をまとって細胞間を移動する遺伝因子 …………… 168
  - 11・3・1　ウイルスの構造と組成 ……………… 168
  - 11・3・2　ウイルスの生活環 ……………… 170
- 11・4　ウイルスより単純な単一物質の自己複製体もある ……………………… 171

12章　ヒトゲノムの全体像 ── ジャンクな余裕が未来を拓く ──

- 12・1　ヒトゲノムは24本の染色体とミトコンドリアDNAで構成される ……… 173
  - 12・1・1　核ゲノム ……………………… 173
  - 12・1・2　ミトコンドリアゲノム ……… 175
  - 12・1・3　散在反復配列 ………………… 177
  - 12・1・4　縦列反復配列 ………………… 178
- 12・2　ヒト集団にはSNP・CNV・VNTRなどの遺伝的多型がある …………… 179
- 12・3　ヒトゲノムにはネアンデルタール人やデニソワ人との混交の跡がある … 181
- 12・4　チンパンジーとのゲノム比較でヒトの特徴がやっと見え始めた ………… 183
- 12・5　ヒトゲノムには進化的適応や文明史の特徴が刻まれている ……………… 185

13章　ゲノムの変容と進化 ── 遺伝子の冒険 ──

- 13・1　生命の初期進化では，酵素活性を備えた自己複製体の成立が鍵となる … 188
- 13・2　ゲノムの複雑さは主に大・小規模の遺伝子重複で増す …………………… 189
- 13・3　生物の進化は遺伝子の重複・変異・分岐・混交・選択の組み合わせで起こる … 193
  - 13・3・1　突然変異 ……………………… 194
  - 13・3・2　種と遺伝子の分岐 …………… 194
  - 13・3・3　遺伝子の混交 ………………… 195
- 13・4　生物の系統分類とゲノムの配列比較 … 196
- 13・5　ゲノムの生物間比較により進化の要因や全体像も考察できる ……………… 198

14章　病気の遺伝的要因 ── ゲノムで読み解く生老病死 ──

- 14・1　遺伝病にはメンデル性・多因子性・染色体異数性の3タイプがある ……… 200
- 14・2　病因遺伝子の解明は宿命論を排して対処可能性を広げる ………………… 204
  - 14・2・1　病因となる変異の種類 ……… 204
  - 14・2・2　病因遺伝子の解析法 ………… 206
  - 14・2・3　病因の解析例 ………………… 208
  - 14・2・4　ゲノム解析に基づく精密医療と遺伝子治療 …………………… 209
- 14・3　がんはダーウィン的進化で過剰な増殖能を獲得した体細胞である ……… 211
- 14・4　病気のエピジェネティクス ………… 213

参考文献……216　　索　引……219

略 語 表

aaRS：aminoacyl-tRNA synthetase（アミノアシル-tRNA合成酵素） …… 84
AMD：age-related macular degeneration（加齢黄斑変性） …… 207
AP軸：anterior-posterior axis（前後軸） …… 139
AV軸：animal-vegetal axis（動植物軸） …… 140
BER：base excision repair（塩基除去修復） …… 53
BMP：bone morphogenetic protein（骨形成タンパク質） …… 133
BSE：bovine spongiform encephalopathy（ウシ海綿状脳症） …… 172
Cas（キャス）：CRISPR-associated protein …… 156
CCR5：C-C chemokine receptor type 5（C-Cケモカイン受容体5） …… 209
CF：cystic fibrosis（嚢胞性線維症） …… 208
CJD：Creutzfeldt-Jakob disease（クロイツフェルト-ヤコブ病） …… 172
CNV：copynumber variation（コピー数多様性） …… 180
CO：cytochrome c oxidase …… 175
CRISPR（クリスパー）：clustered regularly interspaced short palindromic repeat …… 156
crRNA：CRISPR RNA …… 156
CSSR：conservative site-specific recombination（保存型部位特異的組換え） …… 167
CT：calcitonin（カルシトニン） …… 75
CTD：carboxy terminal domain …… 68
CYB：cytochrome b …… 175
Dam：DNA adenine methyltransferase（DNAアデニンメチル基転移酵素） …… 128
DNA Pol：DNA polymerase（DNAポリメラーゼ） …… 35
DRD：dopa-responsive dystonia（ドーパ反応性ジストニア） …… 210
DSB：double strand break（二本鎖切断） …… 158
dsDNA：double-stranded DNA（二本鎖DNA） …… 23
DUE：DNA unwinding element（DNA巻き戻し配列） …… 43
DV軸：dorsal-ventral axis（背腹軸） …… 139
DZ：dizygotic（二卵性） …… 208
EF：elongation factor（伸長因子） …… 92
EQ：encephalization quotient（脳化指数） …… 183
ERV：endogenous retrovirus（内在性レトロウイルス） …… 164
ES細胞：embryonic stem cell（胚性幹細胞） …… 116
FGF：fibroblast growth factor（線維芽細胞増殖因子） …… 133
GPCR：G protein-coupled receptor（Gタンパク質共役型受容体） …… 132
GTF：general transcription factor（基本転写因子） …… 70
GWAS（ジーウォズ）：genome-wide association study（ゲノムワイド関連解析） …… 207
HAR：human accelerated region（ヒト加速領域） …… 184
HAT：histone acetyltransferase（ヒストンアセチル基転移酵素） …… 125
HDAC：histone deacetylase complex（ヒストン脱アセチル化酵素複合体） …… 125
HERV：human ERV（ヒト内在性レトロウイルス） …… 164
HLH：helix-loop-helix（ヘリックス-ループ-ヘリックス） …… 111
HR：homologous recombination（相同組換え） …… 58
HTH：helix-turn-helix（ヘリックス-ターン-ヘリックス） …… 109
IF：initiation factor（開始因子） …… 90
IGF2：insulin-like growth factor-2（インスリン様増殖因子-2） …… 145
iPS細胞：induced pluripotent stem cell（人工多能性幹細胞） …… 116
LD：linkage disequilibrium（連鎖不平衡） …… 18
LINE：long interspersed nuclear element（長鎖散在核内因子） …… 177
lncRNA：long noncoding RNA（長鎖非翻訳RNA） …… 148, 154
LTR：long terminal repeat（長い末端反復配列） …… 163
MAC：membrane-attack complex（膜侵襲複合体） …… 207
MGE：mobile genetic element あるいは movable g. e.（動く遺伝因子） …… 167
miRNA：microRNA（マイクロRNA） …… 149
MMR：mismatch repair（ミスマッチ修復，誤対合修復） …… 52
Mt genome：mitochondrial genome（ミトコンドリアゲノム） …… 173
MTHF poly Glu：N^5, N^{10}-methylenetetrahydrofolyl polyglutamate（N^5, N^{10}-メチレンテトラヒドロ葉酸ポリグルタミン酸） …… 52
MZ：monozygotic（一卵性） …… 208
ND：NADH dehydrogenase …… 175
NER：nucleotide excision repair（ヌクレオチド除去修復） …… 54
NHEJ：nonhomologous end-joining repair（非相同末端連結） …… 56
NRSE：neural restrictive silencer element（神経特異的サイレンサー-エレメント） …… 122
OR：odds ratio（オッズ比） …… 209

ORC：origin recognition complex（複製起点認識複合体） …… 43
ORF：open reading frame（開放読み枠） ………… 82
PCR：ポリメラーゼ連鎖反応（polymerase chain reaction） ……40
PGD：preimplantation genetic diagnosis（着床前診断） …… 138
piRNA：piwi-interacting RNA（パイRNA） ……… 154
PP$_i$：diphosphate（二リン酸，別名ピロリン酸 pyrophosphate） ………… 35
PTC：phenylthiocarbamide（フェニルチオカルバミド） 203
rasiRNA：repeat associated RNA ……… 154
RBS：ribosome-binding site（リボソーム結合部位）91
RF：releasing factor（終結因子，解放因子） …… 94
RFLP：restriction fragment length polymorphism（制限断片長多型） ……… 179
RISC：RNA-induced silencing complex（RNA誘導サイレンシング複合体） ……… 150
RITS：RNA-induced transcriptional silencing（RNA誘導転写サイレンシング複合体） ……… 153
RL軸：right-left axis（左右軸） ……… 139
RNAi：RNA interference（RNA干渉） ……… 152
RRF：ribosome recycling factor（リボソームリサイクル因子） ……… 95
RTK：receptor tyrosine kinase（受容体型チロシンキナーゼ） ……… 133
SBEI：starch-branching enzyme I（デンプン分枝酵素） ……… 16
SCF：stem cell factor（幹細胞因子） ……… 133
SD配列：Shine-Dalgarno sequence（シャイン・ダルガノ配列） ……… 91
sgRNA：single guide RNA（単鎖ガイドRNA） … 158
SHH：Sonic Hedgehog ……… 139
SINE：short interspersed nuclear element（短鎖散在核内因子） ……… 177
siRNA：small interfering RNA（低分子干渉RNA）152
sncRNA：short ncRNA（短鎖非翻訳RNA） ……… 148

snoRNA：small nucleolar RNA（核小体低分子RNA）149
snoRNP：snoRNA-protein complex（snoRNA-タンパク質複合体） ……… 76
SNP（スニップ）：single-nucleotide polymorphism（一塩基多型） ……… 179
snRNA：small nuclear RNA（核内低分子RNA）… 74, 149
snRNP（あるいは snurp（スナープ））：small nuclear ribonucleoprotein（核内低分子リボ核酸タンパク質） ……… 74
sRNA：small RNA（低分子RNA） ……… 113
SSB：ssDNA binding protein（一本鎖DNA結合タンパク質） ……… 43
ssDNA：single-stranded DNA（一本鎖DNA） …… 41
SSRI：selective serotonin reuptake inhibitors（選択的セロトニン再取り込み阻害薬） ……… 214
STR：short tandem repeat（短い縦列反復配列多型） ……… 179
STRP：short tandem repeat polymorphism（短い縦列反復配列多型） ……… 179
TALEN：transcription activator-like effector nuclease ……… 158
TFIID：transcription factor D for Pol II ……… 121
TGFβ：transforming growth factor-β（形質転換増殖因子β） ……… 133
TLS：translesion DNA synthesis（損傷乗越えDNA合成） ……… 58
TM：transmembrane（膜貫通） ……… 132
tracrRNA：trans-activating crRNA ……… 158
UTR：untranslated region（非翻訳領域） ……… 27
VNTR：variable number of tandem repeats（回数の異なる反復塩基配列） ……… 179
WES：whole exome sequence（全エキソーム配列）209
WGS：whole genome sequence（全ゲノム配列）… 209
Xist（イグジスト）：X inactivation specific transcript（X染色体不活性化特異の転写産物） ……… 155
XP：xeroderma pigmentosum（色素性乾皮症） … 55
ZFN：zinc-finger nuclease ……… 158

図表のタイトル一覧

図 1・1	メンデルの研究論文	3
図 1・2	セントラルドグマの2型	4
図 1・3	メンデルの法則	5
図 1・4	キイロショウジョウバエの第Ⅱ染色体の連鎖地図	6
図 1・5	肺炎双球菌の形質転換の実験	7
図 1・6	形質転換因子の物質的同定	8
図 1・7	遺伝子と酵素と生育の関係	9
図 1・8	ファージの増殖にはDNAが必要	10
図 1・9	減数分裂と受精	13
図 1・10	ヒトの染色体24本	13
図 1・11	無性生殖と有性生殖	14
図 1・12	染色体の交差とDNAの組換え	15
図 2・1	ヌクレオチドの構造	21
図 2・2	ポリヌクレオチドの構造	23
図 2・3	DNAの二重らせん構造（B形）	24
図 2・4	3形の二重らせん構造	25
図 2・5	遺伝子の構造と発現の過程	27
図 2・6	ゲノムの形状	29
図 2・7	ヌクレオソーム コア粒子の構造	31
図 2・8	染色質の2領域	32
図 3・1	DNA複製様式の3仮説	34
図 3・2	同位元素と遠心機を用いた判定実験	34
図 3・3	DNAの重合反応	36
図 3・4	複製起点と2つの複製フォーク	37
図 3・5	DNAポリメラーゼの構造	38
図 3・6	PCR法の原理	40
図 3・7	レプリソームでのDNA合成	42
図 3・8	テロメラーゼによるテロメアの延長	46
図 4・1	DNAの損傷	48
図 4・2	チミン二量体の形成と光回復	49
図 4・3	塩基の互変異性	50
図 4・4	点突然変異の種類	51
図 4・5	ミスマッチ修復（MMR）	53
図 4・6	塩基除去修復（BER）	54
図 4・7	ヌクレオチド除去修復（NER）	55
図 4・8	二本鎖同時切断の相同・非相同修復	57
図 4・9	相同組換え	59
図 5・1	RNAの重合反応	62
図 5・2	大腸菌のプロモーターとRNAポリメラーゼ	64
図 5・3	転写の開始・伸長・終結	66
図 5・4	大腸菌の2種類のターミネーター	67
図 5・5	RNAポリメラーゼⅡの基本転写因子とキャップ構造	69
図 5・6	真核生物のmRNAの成熟	71
図 5・7	スプライシングの3機構	73
図 5・8	カルシトニン遺伝子の選択的スプライシング	75
図 5・9	脊椎動物でのrRNAの成熟	77
図 6・1	遺伝子の配列解析の例	81
図 6・2	20種以外のアミノ酸	82
図 6・3	tRNAの構造（tRNA^{Phe}の例）	83
図 6・4	リボソームの構成	86
図 6・5	リボソーム 小サブユニットのrRNAの二次構造	87
図 6・6	好熱菌の70Sリボソームの構造	87
図 6・7	転写と翻訳の共役	88
図 6・8	ペプチド転移反応	89
図 6・9	翻訳開始の3ステップ	91
図 6・10	ペプチド鎖の伸長の3ステップ	93
図 6・11	翻訳の終結	95
図 7・1	遺伝子発現の調節7段階	98
図 7・2	転写調節因子	100
図 7・3	*lac* オペロンの調節機構	102
図 7・4	大腸菌 *lac* プロモーター／オペレーターの構造	103
図 7・5	2つのオペロンの正負の制御	104
図 7・6	*trp* オペロンの調節機構	105
図 7・7	*trp* オペロンの転写減衰	107
図 7・8	転写調節因子の構造モチーフ	110
図 7・9	転写後調節の3つのしくみ	112
図 8・1	受精卵からの細胞分化	117
図 8・2	分化した体細胞の核の全能性	118
図 8・3	真核細胞の遺伝子発現調節	119
図 8・4	転写調節のカスケードとモジュール性	120
図 8・5	ヒストンの化学修飾	124
図 8・6	ヒト胚の血球細胞におけるグロビン遺伝子のメチル化	126
図 9・1	発生における細胞の4つの基本的振る舞い	129
図 9・2	脊椎動物の目の発生	130
図 9・3	細胞膜にある受容体の主な3タイプ	132
図 9・4	RTK経路	133
図 9・5	TGFβ/Smad経路	134
図 9・6	Wnt/β-カテニン経路	134
図 9・7	Hedgehog/Ci経路	135

図 9・8	Notch 経路 …………………… 136	図 13・1	グロビン遺伝子ファミリーの進化 ……… 190
図 9・9	ヒトの初期〜中期の発生 …………… 137	図 13・2	遺伝子重複の 3 つのしくみ ……… 191
図 9・10	カエル胞胚のモルフォゲンと運命地図 … 140	図 13・3	脊椎動物の進化における全ゲノム重複 … 192
図 9・11	ショウジョウバエの発生における階層的調節 …………… 141	図 13・4	相同遺伝子の 2 種類 ……… 195
図 9・12	ホックス（Hox）複合体 …………… 143	図 13・5	配列類似性に基づく分子進化の推定 … 196
図 9・13	DNA メチル化パターンを維持するしくみ 145	図 14・1	単一遺伝子疾患の家系図の例 ……… 202
図 10・1	miRNA の働き …………… 151	図 14・2	苦味物質と味覚受容体 ……… 203
図 10・2	siRNA による RNA 干渉 …………… 152	図 14・3	遺伝子の機能喪失／獲得変異と疾患表現型との関係…… 205
図 10・3	X 染色体不活性化の継承 …………… 155	図 14・4	がん原遺伝子からがん遺伝子への変異 … 212
図 10・4	クリスパー RNA による免疫の 3 段階…… 157	図 14・5	大腸がんの進行に伴う変異蓄積のモデル 213
図 10・5	クリスパー／キャス 9 によるゲノム編集 159		
図 11・1	3 種類のトランスポゾン…………… 161	表 1・1	遺伝子研究の歴史 ……… 3
図 11・2	切り貼り式の転位 …………… 162	表 1・2	ゲノムの内容と素材 ……… 12
図 11・3	コピーアンドペースト式の転位 …………… 163	表 2・1	4 大生体物質 ……… 20
図 11・4	非 LTR 型レトロトランスポゾンの転位 … 165	表 2・2	ヌクレオチドの主要な塩基 ……… 22
図 11・5	3 種類の遺伝子水平伝播…………… 166	表 3・1	大腸菌 DNA Pol III（ホロ酵素）のサブユニット ……… 41
図 11・6	保存型部位特異的組換えの 3 過程 …… 167	表 3・2	複製に必要なタンパク質 (Pol III 以外で) 42
図 11・7	ウイルスの種類と大きさ …………… 169	表 5・1	DNA 複製・転写・逆転写の比較 ……… 63
図 12・1	3 つの生物ゲノム上の遺伝子密度………… 175	表 6・1	コドン表 ……… 80
図 12・2	ヒトミトコンドリアのゲノム …………… 176	表 6・2	主な抗生物質（と毒素）の作用 ……… 90
図 12・3	ヒトゲノム DNA の密度勾配遠心分離 … 178	表 7・1	遺伝子とタンパク質の表記法 ……… 102
図 12・4	STR 座を利用した DNA 指紋 …………… 180	表 11・1	ウイルスの例 ……… 170
図 12・5	化石に基づく人類進化の過程 ……… 182	表 12・1	ヒトゲノムの構成 ……… 174
図 12・6	旧大陸におけるラクターゼ活性持続症の成人の割合…… 186	表 13・1	生物分類の主な階層 ……… 197
		表 14・1	遺伝子の関わる疾患の例 ……… 201

第Ⅰ部　基礎編
分子遺伝学のセントラルドグマ

　本編では遺伝子の物質的実体とその働きの基礎を学びます。実体については，まず1章で歴史的経緯に沿って遺伝子概念を整理し，2章では分子レベルと細胞レベルの構造を解説します。働きについては，複製（3章）・転写（5章）・翻訳（6章）の3段階を中心に，修復（4章）や調節（7章）にも広げます。

1章　**遺伝学の基礎概念** ― トンビはタカを生まない ―
　　⇨ 2ページ

2章　**核酸の構造とゲノムの構成** ― 静と動のヤヌス神 ―
　　⇨ 20ページ

3章　**複製：DNAの生合成** ― 生命40億年の連なり ―
　　⇨ 33ページ

4章　**損傷の修復と変異** ― 過ちを改める勇気 ―
　　⇨ 47ページ

5章　**転写：RNAの生合成** ― 格納庫から路上ライブへ ―
　　⇨ 61ページ

6章　**翻訳：タンパク質の生合成** ― 異なる言語の異文化体験 ―
　　⇨ 78ページ

7章　**転写調節（基本を細菌で）** ― デジタル制御の生命 ―
　　⇨ 97ページ

1. 遺伝学の基礎概念
― トンビはタカを生まない ―

「カエルの子はカエル」とか「トンビがタカを生む」などのことわざにも現れているように，子供がどれくらい親に似るかという遺伝現象は，昔から人々の注目を浴びてきました。この章ではまず，遺伝や遺伝子に関わる基礎的な考え方をまとめておきましょう。意外に込み入った事情が隠れているだけに，初歩的な段階から頭を整理しておくことが大切です。

グレゴール・ヨハン・メンデル
(1822-1884)（提供：メンデル博物館）

† 形質 (character)；生物の個体の性質。色・形・大きさなど外見的な性質（図1・3）のほか，栄養要求性（図1・7）・至適生育温度・薬剤耐性・生理的特徴やヒトの性格・行動特性・運動能力なども含む。遺伝子で決まる遺伝形質 (genetic c.) と環境や生活習慣で変わる獲得形質 (acquired c.) とがある。前者は特に遺伝子型との対比で表現型ともいう（図1・3）。なお，花の色が赤か白かのように，ある形質についての異なる特徴の1つ1つを指す "trait" も，同じく「形質」と訳す。

1・1 遺伝子は「遺伝」だけでなく「発現」にも働く

生物の遺伝現象の科学的な研究は，1850年代から60年代にチェコ人修道士のメンデルがオーストリアの修道院で行ったエンドウの交雑実験から始まった（表1・1）。メンデルは，豆やさやの色や形，草丈，茎に沿った花の位置など，特定の形質†をもつ個体数を，世代ごとに数え上げた。そのような観察の結果に，数量的な規則性を見いだし，これを説明できるモデルを考えた。その成果を『植物雑種の研究』という論文にまとめ，ブルノ自然科学誌に発表した（図1・1）。そのモデルでは，この現象の背後に，親から子に受け渡される何らかの因子 (element) が存在すると仮定した。その遺伝的な因子は，のちに世紀の変わり目のころ，遺伝子 (gene) と名付けられた。豆の色や草丈など，目に見える形質のタイプを表現型 (phenotype) というのに対し，その背後にある遺伝子の組み合わせのタイプを遺伝子型 (genotype) と対比する。なお後述するように (1・3節)，20世紀の中頃，この遺伝子の実体はDNAとよばれる酸性物質であることが突き止められた。

こう述べると，たいへん素直な流れのように感じられるかもしれないが，実は「遺伝」という現象と「遺伝子」という実体の働きの間には，大きな食い違いが存在していて，いろいろな誤解を引き起こしている。この食い違いは，「遺伝」と「遺伝子」の欧語を見るとわかりやすい。「遺伝」の英語は heredity あ

表 1·1　遺伝子研究の歴史

年	研究者	発見
1866	メンデル（Gregor Johann Mendel，墺）	エンドウの交雑実験から数量的な規則性を発見（メンデルの法則）。植物の形質がデジタルで粒性の遺伝因子によって遺伝すると提唱。（のちに「遺伝子」と命名）
1869	ミーシャー（Friedrich Miescher，瑞）	使用済の包帯についた膿から，新しい酸性物質を分離（のちに「核酸」と命名）。
1900	ドフリース，コレンス，チェルマック（Hugo de Vries，蘭，Carl F. J. E. Correns，独，Erich von S. Tschermak，墺）	3者独立に，メンデルの法則を再発見。
1908〜	モルガンら（Thomas Hunt Morgan et al., 米）	キイロショウジョウバエの交雑実験における組換え頻度から染色体地図を作成。
1928	グリフィス（Fred Griffith，英）	肺炎双球菌が物質の添加で遺伝形質を変える「形質転換」という現象を発見。
1944	エイヴリーら（Oswald Theodore Avery et al., 米）	形質転換因子＝遺伝子の物質的実体がDNAであることを証明。（ただし学界では懐疑が優勢）
1945	ビードルとテイタム（George Wells Beadle & Edward Lawrie Tatum，米）	アカパンカビの栄養要求株の実験から一遺伝子一酵素説を提唱。（のちに一遺伝子一ポリペプチド説に拡張）
1952	ハーシーとチェイス（Alfred Day Hershey & Martha Chase，米）	T2バクテリオファージは，^{35}S-タンパク質が大腸菌内に入らなくても^{32}P-DNAが入るだけで増殖することを示した。
1953	ワトソンとクリック（James Dewey Watson & Francis Harry Compton Crick，米英）	DNAの二重らせん構造を解明。

るいは inheritance であるのに対し，「遺伝子」と「遺伝学」はそれぞれ gene と genetics であり，語自体には縁もゆかりもない。Heredity の方は，世界遺産 world heritage の「遺産」などとも語幹が共通な言葉である。一方 gene の方は，聖書の創世記 Genesis，生成や世代の意の generation の接頭辞や，酸素 oxygen，水素 hydrogen など元素名の接尾辞とも共通で，「生み出す」とか「原初の」といった意味を備えている。

　「遺伝」と「遺伝子」の乖離(かい)は，遺伝子の実際の働きを考えればさらに明らかになる（図1·2）。卵と精子という生殖細胞を介して，親の形質（遺伝情報）を子に伝える「遺伝」という特定の生命現象でも確かに遺伝子が働いているが，それだけではなく，子をもうける予定も経験もない人が日々生きていく幅広い生命現象でも常に「遺伝子」が働いている。筋肉を動かし，目でものを見，頭で考え，心臓を拍動させ，腸で食物を消化する毎日のあらゆる生命活動でも，遺伝子がその機能を生き生きと**発現**（expression）している。また，受精卵から始まって細胞分裂を繰り返し，胎児期を経て成体を形作るまでの，一代限りの個体**発生**（development）の過程でも，遺伝子が働き続けている。独身主義を通す個人も，

図1·1　メンデルの研究論文
文献 1-2 より

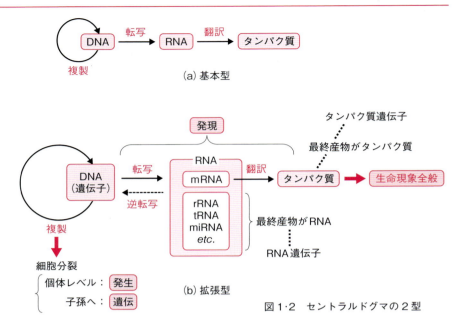

図 1·2 セントラルドグマの 2 型

子供を作らないと決めた夫婦も，その体内では刻々と遺伝子が機能している。したがって"gene"を「遺伝子」とよぶのは，誤訳とはいわないまでも偏りが大きく，「生成子」とでも訳すべきだっただろう。

「遺伝」という語には，不可避な運命という保守的で固定的，停滞的な暗いイメージがつきまとうが，実際の"gene"は，環境条件や発生段階に応じて働き方を変える可塑的な性質をもち，活動的，革新的で明るい（**14·2 節 冒頭**）。

1·2　メンデルの「遺伝子」は数十年後に再発見された

　メンデルがオーストリアの修道院でエンドウの栽培に励んでいた頃，スイス生まれのミーシャーは，南ドイツの大学に在籍中，近くの診療所から使用済みの包帯をもらい受けた。そこについた膿のリンパ球の細胞核から，新しい酸性物質を分離し，ヌクレインと名付けた（**表 1·1**）。これはのちに**核酸**（nucleic acid）と改名された。核酸にはRNA（リボ核酸）とDNA（デオキシリボ核酸）の2種類がある（**2·1 節**）。ただしこの当時は，まだこの物質の本当の役割はわからず，細胞の諸機能に必要なリンを貯蔵するための物質ではないか，などと推測されていた。遺伝子の物質的実体だとは考えも及ばず，メンデルとはたまたま同時代なだけだった。当時すでに，生物由来の有機物質として**糖質**（saccharide）・**脂質**（lipid）・**タンパク質**（protein）の3群が認識されていた（**表 2·1 参照**）。核酸という物質は，これらより複雑な構成単位からなっており，その化学組成の解明は遅れたが，今では合わせて4大生体物質群と見ることが

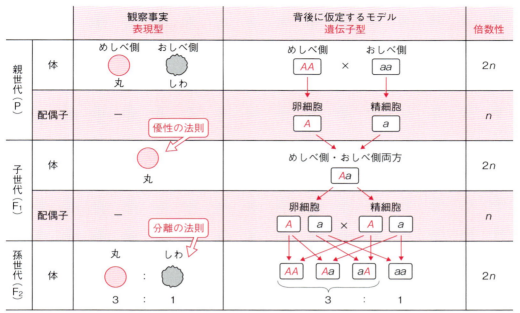

図 1・3 メンデルの法則

> †**メンデルの法則**
> (Mendel's law)：**優性の法則**とは，豆が黄色の株と緑の株を掛け合わせるとその子供世代（F₁世代）の株はすべて豆が黄色になるような現象。言い換えると，対立形質（黄 対 緑）をもつ親世代（P世代）の交雑で生まれるF₁世代には，その一方の形質（黄）だけが現れ（優性），他方（緑）が隠れる（劣性）こと。**分離の法則**とは，そのようにしてできたF₁世代の株同士を掛け合わせると，孫の世代（F₂世代）では，優性形質（黄）だけではなく劣性形質（緑）も分離して現れる現象（その比率は3：1）。**独立の法則**とは，複数種類のアレル形質（例えば色（黄 対 緑）と形（丸 対 しわ）の2種類）は，互いに独立した（ランダムな）組み合わせで現れる現象をいう。ただし欧米では分離と独立の2法則とし，優性は概念の規定と位置づけることが多い。

できる。

　メンデルの業績はあまり注目されないまま数十年が過ぎた。しかし19世紀の末に3人の研究者が独立に再発見し（表1・1），その後は近代科学としての**遺伝学**（genetics）の歴史が連綿と続いていく。メンデルの発見した規則は**メンデルの法則**†とよばれ，一般に優性・分離・独立の3法則にまとめられる（図1・3）。ただしこれらの規則は，生物のあらゆる遺伝形質にそのまま成り立つものではなく，選び抜かれた形質の組み合わせだけに限定して当てはまる。メンデルの最大の真価は，メンデル3法則の「普遍性」にあるのではなく，遺伝現象の背後に仮定した「粒子性の遺伝子」というモデルが，それらの「法則」のみならずそこから逸脱する現象まで説明しうるところにある。メンデルのモデルはその後，多くの概念が絡み合う一連の考え方，すなわちいわゆる「パラダイム」に発展したので，次節以下（1・3〜1・7節）で詳しく説明する。

　米国のモルガンらは（表1・1），キイロショウジョウバエに放射線を当てていろいろな**突然変異**（mutation；単に変異ともいう）を引き起こし（4・1節），交雑実験を行った（図1・4）。**野生型**（wild type）のハエは，眼が赤く体が灰色で翅は正常だが，彼らが作り出した多数の**変異体**（mutant）には，眼が朱色や茶色のもの，体色が黒いもの，翅が痕跡程度に短いものなどさまざまな個体がある。すなわちハエには眼の色を決める遺伝子，体色を決める遺伝子，翅の形状を決める遺伝子などがあり，放射線照射はいずれかの遺伝子に損傷を与えて形質を変えると考えられる。これらの変異体をいろいろな組み合わせで交

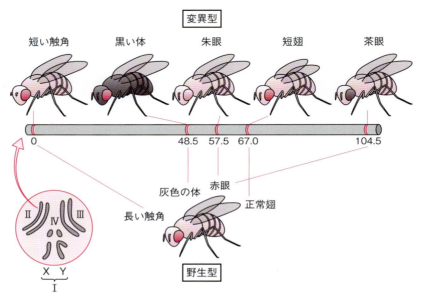

図1・4　キイロショウジョウバエの第Ⅱ染色体の連鎖地図

雑すると，複数の形質がいっしょに子供（F_1）世代に伝わる場合もあることがわかった。

メンデルがエンドウで着目した7対の形質は，いずれも互いに独立の法則が成り立ったが，ハエの対立形質には，独立性が成り立つ組み合わせもあれば，ほぼ完全に連なって遺伝する組み合わせもあるし，その中間の連鎖を示す組み合わせもあった。このような現象は，次のようなモデルで説明できる。遺伝子（という粒子）は，細胞（の核）にある数本の**染色体**（chromosome）というひも状構造体の上に並んでいる。別の染色体にある遺伝子で決まる形質には独立の法則が成り立つが，同一染色体上にある複数の遺伝子は連鎖して子孫に伝わる。2本の同種の染色体（相同染色体）は，途中で確率的に入れ替わる（組換え，1·5節 側注）ので，近くに位置する遺伝子どうしの連鎖は強く，遠いほど独立性が高い，というモデルである。このモデルに基づけば，2つの遺伝子間で組換え頻度が低いほど染色体上の距離が近いと仮定して線状の地図を書くことができる。これを**連鎖地図**（linkage map）という（**図 1·4**，1·6 節 側注）。

1·3 遺伝子の物質的実体は核酸である

その後の歴史は，メンデルの遺伝子とミーシャーの核酸が結びついていく過程と見ることができる。19世紀末頃の米国では，死因のトップは肺炎だった。

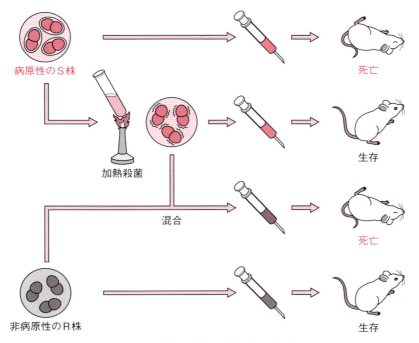

図 1·5 肺炎双球菌の形質転換の実験

† S株とR株(smooth strain and rough strain)：肺炎双球菌（学名 *Streptococcus pneumoniae*，肺炎連鎖球菌ともいう）の病原性の株は，宿主の免疫系から自分を守る被膜を細胞表面にもつため，栄養培地に生やすと盛り上がった滑らかな(smooth)コロニーを形成するのに対し，非病原性の株はその被膜をもたないため，平らでザラザラした(rough)コロニーを形成する。

肺葉性肺炎の原因として，肺炎双球菌が同定された。1928年に英国のグリフィスは，この菌の2つの株を実験に使った（図1·5，表1·1）。病原性のS株†は，マウスに接種すると死亡させる。たとえS株でも，煮沸殺菌するとさすがに病原性はなくなるが，煮沸後の物質を，非病原性のR株†に混ぜて培養すると，マウスを死亡させる有毒な株に変化した。すなわち，R株の細胞が，S株由来の無細胞抽出物によって，S株細胞に変わったわけである。一般に，物質の導入によって，生物の形質が変化する現象を形質転換 (transformation，図11·5)という。転換した形質は子孫細胞に受け継がれるので，形質転換因子はすなわち遺伝現象を担う物質であると考えられる。

続いて米国のエイヴリーらは，この形質転換因子がどの物質であるかを突き止めた（図1·6，表1·1）。S株抽出物を分画したり，タンパク質分解酵素や核酸分解酵素を作用させたりして，糖質・脂質・タンパク質・DNA・RNA を区別してマウスに投与したところ，この5つのうちDNAだけがR株をS株に形質転換した。この実験は，遺伝物質がDNAであることを証明したことになる。ところが，エイヴリーらの論文の書きぶりが控えめな婉曲的表現であったことなども災いし，学界では懐疑的な意見が主流だった。当時は，生命現象にタンパク質が重要であるという常識が広まっており，エイヴリーらのDNA試料に不純物として残っていたタンパク質が形質転換を起こしたのではないかと強く疑われた。

一方，遺伝子の機能を物質代謝のレベルで解き明かす研究も行われた。ビードルとテイタムは，アカパンカビに放射線（4·1節）を当てていろいろな変異株を作り出した（図1·7(a)）。野生株は栄養の乏しい最少培地†でも生育するのに対し，放射線照射は遺伝子に損傷を与えるため，得られた変異株の中には

† 最少培地(minimal medium)：培地(medium)とは，微生物や動植物の単離細胞・組織を生育させるための栄養素の混合物で，水溶液の液体培地と，寒天などでそれを固めた固形培地がある。最少培地とは，その野生株が生育するのに必要な最小限の栄養素だけを含んだ最も単純な培地。光合成独立栄養生物 (photosynthetic autotroph)は無機塩類(mineral)・炭素源(CO_2)・窒素源(NH_4^+塩など)だけで生育しうる。大腸菌にはグルコースなどの糖も必要で，培養動物細胞にはさらにアミノ酸・ビタミン・血清も必要である。

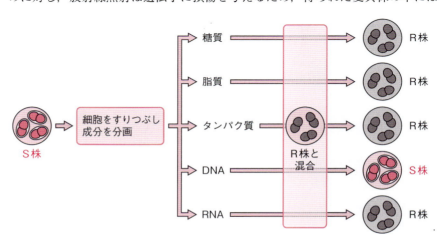

図1·6　形質転換因子の物質的同定

1・3 遺伝子の物質的実体は核酸である

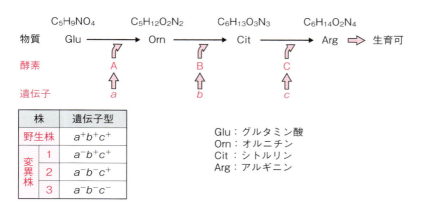

図1・7 遺伝子と酵素と生育の関係

栄養素としてアルギニン（Arg）を必要とするようになった株もいくつかあった。そのようなArg要求株の中には，オルニチン（Orn）でもシトルリン（Cit）でもArgを代用できる株もある（変異株1）し，Citでは代用できるがOrnでは代用できない株（株2）もある。**栄養要求性**[†]が著しく，OrnとCitのいずれでも代用できない株（株3）もある。

このような現象（表現型）は，「遺伝子と**酵素**[†]が1対1で対応している」という仮説で説明できる（**図1・7(b)**）。アカパンカビはもともと細胞内にある酵素群により，Argを合成することができる。野生株では，グルタミン酸（Glu）を出発材料とし，2つの中間体Orn，Citを経て，3段階の酵素A，B，Cの反応で生合成する。変異株1は酵素Aの遺伝子 a が欠損しており，株2は同様に遺伝子 b の欠損株，株3は遺伝子 c の欠損株である，とする仮説である。こ

[†] **栄養要求性（auxotrophy）**：生物が生育するために特定の**栄養素**（nutrient）を必要とする性質。必要なアミノ酸・ビタミン・核酸塩基などの有機物を，通常は自前で生合成できる細菌やカビでも，生合成に必要な酵素の遺伝子を欠損した変異体には，外から与える（培地に添加する）必要がある。栄養要求性を逆手にとって，微量な化学物質を定量する**生物アッセイ**（bioassay）に応用できる。含量不明の試料を栄養要求株の培地に加えると，その株の生育度から試料に含まれていた栄養素の量を逆算できる。また，遺伝子工学の宿主として使う微生物を人為的に栄養要求性にしておけば，実験室から万一流出しても自然界では生育できないため，遺伝子組換え生物の**生物学的封じ込め**に利用できる。

[†] **酵素（enzyme）**：タンパク質性の触媒。**触媒**（catalyst）とは，少量で化学反応を促進するが，自分自身は変化しない物質で，酸化マンガン（IV）（MnO_2）のような無機化合物や有機金属錯体など多くの種類がある。消化酵素のように細胞外で働く酵素には，高分子のデンプンを低分子のグルコースに分解するアミラーゼのように単独で機能するものが多いが，図1・7(b)のような細胞内で働く酵素には，連続した多段階の反応群（代謝系）を分担するものが多い（図7・6）。

† **サブユニット (subunit)**: 一般的には「下位 (sub-) の単位 (unit)」を意味するが，生命科学では多くの場合，タンパク質を構成するポリペプチド単位を指す。例えば，血液中で O_2 を運ぶヘモグロビンは，2種類のサブユニット α と β が2つずつ集まったヘテロ四量体 (heterotetramer) のタンパク質である。このようなサブユニット構成は，$\alpha_2\beta_2$ と表記する。

のような仮説を一般に**一遺伝子一酵素説** (one gene-one enzyme hypothesis) とよぶ。この概念の基本は今でも正しいが，これを拡張して「一遺伝子一ポリペプチド説」とよぶ方がもっと実態に近い。遺伝子は酵素以外のタンパク質の構造も指定するからである。タンパク質の分子は，1本のポリペプチドからなる場合もあるが，多くの場合は複数のポリペプチドの複合体である。そのようなポリペプチド単位を**サブユニット**†とよぶ。いずれにせよ，遺伝子1個はポリペプチド1本に対応する。

20世紀の中頃，遺伝子の物質的本体を決定的に実証したのは，**放射性同位元素** (radioisotope, RI, 3・1節 側注) を用いた実験である (図1・8)。細菌に感染するウイルスをバクテリオファージ (詳しくは11・3・2項) という。大腸菌に感染してその細胞内で増殖するT2ファージは，タンパク質とDNAのみからなる。米国のハーシーとチェイスは (表1・1)，タンパク質を ^{35}S (硫黄のRIで質量数が35) で標識し，DNAを ^{32}P (リンのRIで質量数が32) で標識したファージを調製し，大腸菌に混ぜた。感染が成立したころを見計らってワーリング−ブレンダーという装置で培養液を激しく撹拌し遠心分離機 (図6・4上端) にかけると，細胞内に注入された ^{32}P-DNAは大腸菌とともに沈殿し，表面に残った外殻 (11・3・1項) の ^{35}S-タンパク質ははがされて上清に分かれた。沈殿の大腸菌からは，^{32}P-DNAを含んだ子ファージが放出された。この現象は，ファージが子孫を増やすには，親のDNAは必要だがタンパク質は不要であることを示している。この研究は，遺伝子の物質的実体がDNAであることを明確に証明したものと受け取られた。なお，ファージが遺伝物質を菌に導入することを**形質導入** (transduction, 図11・5) とよぶ。

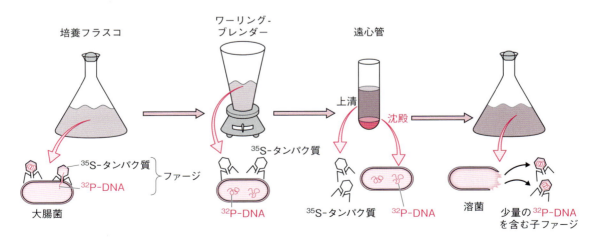

図1・8 ファージの増殖にはDNAが必要

この当時，タンパク質分子がアミノ酸の連なりであることはすでに解明されており，さらにその精密な立体構造の基本がわかり始めていた。もう1つの重要な生体分子であるDNAは，糖とリン酸と4種類の塩基からなることはわかっていたが，その結合の仕方や立体構造はまったく不明だった。英国のクリックと米国から渡ってきたワトソンは（表1・1），DNAにX線を照射してできる回折像のデータを入手し，また4塩基の量比の規則（シャルガフの規則，2・2節 側注）などを参考にして，立体的な分子模型を組み立てながらDNAの三次元構造を追究した。その結果，2本のポリヌクレオチド鎖が反対方向に絡まった二重らせん（double helix）構造であることを突き止めた（図2・3）。

一般には，「二重らせん」のうち「らせん」という特徴が印象深く受け取られ，小説やドラマのタイトルにも採用されるが，分子遺伝学的には「二重」の方が本質的なポイントである。DNAがどのように複製されるか，ひいては遺伝情報の伝達や発現がどのように起こるかというしくみの上で，DNA分子がらせん形であることより二重鎖になっていることが重要である（2, 3章）。

1・4　生命科学は，物質 → エネルギー → 情報の順に展開した

生物を**物質**（material）レベルで理解しようという試みは19世紀を通して進んでいったが，それが**生化学**（biochemistry）という名の学問分野としてまとまりを得たのは20世紀になってからである。また，生命現象の原因や駆動力を解き明かすには，物質変化に伴う**エネルギー**（energy）変化にも着目する必要があるため，20世紀の中盤には**生体エネルギー学**（bionergetics）という学問潮流も生じた。並行して，生命現象における**情報**（information）の重要性に照明を当てたのが分子遺伝学（molecular genetics）であるといえる。しかしこれら**物質・エネルギー・情報**は互いに深く絡み合っており，例えば遺伝現象の物質的側面の研究には**遺伝生化学**（genetic biochemistry）という語が当てられることもある。

分子遺伝学には，セントラルドグマ（central dogma，中心教義）とよばれる図式がある（図1・2(a)）。遺伝情報がDNAからRNA†を経てタンパク質に流れると見て，3つの基本過程を複製（replication）・転写（transcription）・翻訳（translation）とよぶ。それぞれ多くの分子装置が働く複雑な過程であり，詳しくは第I部の各章でそれぞれ学んでいくが，その際に物質・エネルギー・情報の3つを区別すると理解しやすい。例えば転写の過程では，物質源がヌクレオチド，情報源はDNA（鋳型），エネルギー源は高エネルギーリン酸化合物†（＝ヌクレオチド）である。

---

† RNA（リボ核酸）：化学物質としての説明は2・1節。セントラルドグマの中でDNAとタンパク質を結ぶ役目のRNAには，伝令RNA（messenger RNA, **mRNA**）・転移RNA（transfer RNA, **tRNA**）・リボソームRNA（ribosomal RNA, **rRNA**）の3つがある。このうちmRNAは，DNAの情報をタンパク質合成（翻訳）の場に伝える通信使であり，rRNAはその翻訳の場（リボソーム）を構築する主要成分，tRNAは翻訳時の単語変換アダプターである（詳しくは6章）。

† 高エネルギーリン酸化合物（high-energy phosphate compound）：ATP, GTP, CTPなどのヌクレオチド（図2・1）は，水溶液中で加水分解され，リン酸基を遊離する際に大きなエネルギー（自由エネルギー，ΔG）が放出される。このΔGは有効な仕事に利用しうる。ヌクレオチドではないホスホエノールピルビン酸や1,3-ビスホスホグリセリン酸なども同様であり，これらのリン酸化合物も合わせてこう呼ぶ。しかしグルコース6-リン酸などは，加水分解のΔGの絶対値がもっと小さいので，低エネルギーリン酸化合物と呼んで区別される。

表 1・2　ゲノムの内容と素材

遺伝物質・情報	書物	補足
DNA	紙と墨	素材，物質
4塩基（A, T, G, C）	文字	
コドン（三つ組）	単語	表6・1参照
遺伝子	文（センテンス）	これ以下の3行は情報
染色体	桐壺の巻・若紫の巻・明石の巻など各帖	
ゲノム	『源氏物語』の全体。54帖	生物の遺伝情報1セット

　遺伝子や DNA はしばしば「生命の設計図」とよばれたり，本や事典や料理レシピなどにたとえられたりする。「設計図とよぶのは誤解を生みやすいから，レシピにたとえるべきだ」などと推奨されたり，ときによって当てはめ方が微妙にずれていて混乱を招いたりする。そもそもたとえに完璧なものはないが，ここでは表1・2のように対応付けて理解したい。

　DNA は長いひも状の分子で，TAACGCTTCAGG… などと4種の一文字ずつで表される基本単位（塩基）が数千万・数億も連なって，染色体を成している（図2・6）。この文字は，数千・数万個分ずつで役割を果たすまとまりで区切ることができる。このまとまり（機能単位）が遺伝子である。この4文字の並びすなわち塩基配列が「遺伝情報」である。

　「DNA」は素材（物質）の名称であり，「遺伝子」は一次元の情報である。ときに「遺伝子とは，親から子へ性質を伝える物質だ」などと間違った説明をされることがあるが，子に伝わるのはあくまで遺伝子の情報である。物質としての DNA の大部分は親の体内にとどまり，受け渡されるのは伝達目的で新生された複製 DNA 分子である。分子遺伝学の難解さを克服するポイントは，物質と情報（とエネルギー）を区別するところにある。

1・5　多くの細胞は2セットの遺伝情報をもつ

　遺伝学がエンドウやショウジョウバエなど高等動植物を**モデル生物**[†]として進展したのに対し，分子遺伝学は大腸菌とバクテリオファージを研究対象に選んだ（表1・1）。生物としての関心の強さや学問研究の歴史的な原点を重んじると，前者のような真核生物を中心に考えるほうがふさわしいが（1・1, 1・2節），分子レベルのしくみを理解するには，後者のような細菌（原核生物）とウイルスの方が役に立つ（1・3節）。両者を橋渡しするために，この節では有性生殖と相同染色体を理解しておきたい。

　ヒトやハエやエンドウのような動植物において，**体細胞**（somatic cell）は

[†] **モデル生物**（model organism）；生命現象の解明を広く共同して効率的に進めるため，集中的に研究される生物種。ヒトの疾患の原因究明や治療法開発も主目的の1つだが，ヒト自体は含まれない。飼育や培養が容易・繁殖が速い・ゲノムがコンパクトなど，研究し易さを基準に選ぶため，農作物・家畜などの実用的価値からは外れることも多い（13・5節）。分子遺伝学には増殖が速く実験結果が翌朝見られる大腸菌とファージ（11・3・2項）が選ばれ，発生学には卵が透明で胚が観察しやすいウニやカエルが用いられた（9・3節）。ほかに真核生物の酵母・動物一般のショウジョウバエや線虫・脊椎動物のメダカ・哺乳類のマウスやラット・霊長類のアカゲザル・植物のシロイヌナズナなど。

1・5 多くの細胞は2セットの遺伝情報をもつ

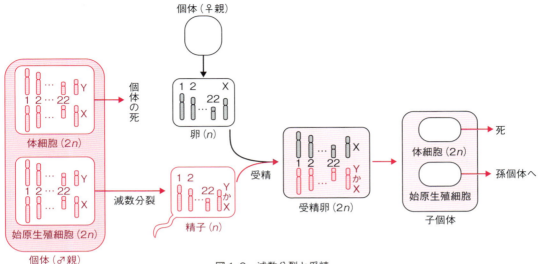

図1・9 減数分裂と受精

遺伝情報（ゲノム）を2セット含んでいるのに対し，**卵**（egg, ovum）と**精子**（sperm）すなわち**配偶子**（gamete, **生殖細胞** germ cell）は1セットしかもっていない（**図1・9**）。前者を**二倍体**（diploid, $2n$），後者を**半数体**（haploid, n；新訳は単数体）という。例えばヒトでは $n=23$ であり，配偶子のもつ染色体は23本であるのに対し，体細胞の染色体は46本である。体細胞の2セットのゲノムは，基本的構成は同じでありながら，細部には多くの違いがある。『源氏物語』にたとえる（前節）なら，体細胞には与謝野晶子訳と谷崎潤一郎訳の全2セットがあるのに，卵と精子には1セットだけがあるようなものである。なお，ショウジョウバエは $n=4$，エンドウは $n=7$ である。

ヒトの配偶子がもつ23本の染色体のうち22本は**常染色体**（autosome）

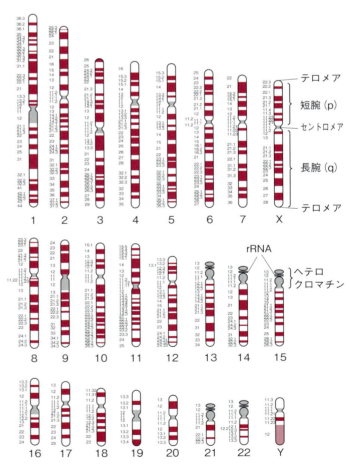

図1・10 ヒトの染色体24本

とよばれ，1〜22の番号が付いている（図1·10）。最後の1本は**性染色体**（sex chromosome）とよばれ，大文字のアルファベットが付いている。体細胞は22対（44本）の常染色体と2本の性染色体をもち，男（♂）はXとY，女（♀）は2本のX染色体をもつ。対をなす常染色体は互いによく似ており，**相同染色体**（homologous c., 3·4·1項 側注）とよぶ。性染色体のXとYは，短腕（2·4節）の末端を除いて，似ていない。卵の性染色体はXで，精子はXかYのいずれか片方である。したがって子（F_1）の性別は父親（P）の精子で決まる。

Y染色体†は小さく，遺伝子も100個未満しかない。その1つ *SRY*（sex-determining region of Y）が性決定遺伝子であり，精巣の形成に必要な遺伝子群を活性化する転写因子（7·1節）をコードしている。生殖巣原基で受精後7週目から *SRY* 遺伝子が発現すると原基は精巣に分化し，*SRY* がない個体では卵巣に分化する。成熟した精巣はテストステロン（男性ホルモン）を分泌し，脳を含む全身を刺激して男性化する。まれには，X染色体に *SRY* が転座していたり，逆にY染色体が *SRY* を欠損していたりすることもあるが，その場合の性別も *SRY* の存否に従う。ただし，性器の形を決めるのはテストステロンそのものではなく，5α-水素添加酵素で修飾されたジヒドロテストステロンである。したがってこの酵素が欠損していると，性器は女性だが脳は男性となる。

始原生殖細胞は，体細胞と同じく二倍体で，**減数分裂**（meiosis）によって半数体の配偶子ができる（図1·9）。この「減数」とは，細胞分裂の際に染色体数が半減することを意味する。卵と精子の合体すなわち**受精**（fertilization）によって二倍体に戻る。これが**有性生殖**（sexual reproduction）であり，通常の細胞分裂すなわち単純な二分裂によって増える細菌（原核生物）などの**無性生殖**（asexual r.）よりずっと複雑な，真核生物が発明した増殖法である（図1·11）。

† **Y染色体**（Y chromosome）：タンパク質遺伝子（2·3節）が100個未満しかない，代表的な遺伝子砂漠（12·1·1項）の1つである。この遺伝子の多くは，性腺と生殖器の発達に関連している。Y染色体でも，短腕の末端5%のテロメア（2·4節）だけはX染色体の同領域と対合し，組換えが起こる。そこは偽常染色体領域（pseudoautosomal region）と呼ばれ，かつてこれらの性染色体が相同だった頃の進化的なごりだと考えられている。

無性生殖（細菌など）：

細胞（n）➡ 細胞（n）➡ 細胞（n）➡ 細胞（n）➡
　　　二分裂　　　　二分裂　　　　二分裂

有性生殖（ヒト，ショウジョウバエ，エンドウなど）：

始原生殖細胞（$2n$）➡ 配偶子（n）➡ 受精卵（$2n$）➡ 体細胞（$2n$）
　　　　　　　　減数分裂（卵と精子）　受精　　　　　　　始原生殖細胞（$2n$）➡

図1·11　無性生殖と有性生殖

受精卵は細胞分裂と分化を繰り返し，**胚**（embryo）や胎児・乳幼児期を経て，200種類37兆個の細胞からなる**成体**（adult）が発生する。成体の大部分は体細胞だが，一部の細胞系列は始原生殖細胞を経て次世代を作り出すための配偶子にいたる。

親（P）世代の母親（卵）由来の染色体と父親（精子）由来の染色体は，受精後の子供（F_1）世代の細胞の中で混じり合う。F_1世代の配偶子には，両親の染色体（遺伝情報）がランダムに分配され，孫（F_2）世代の体細胞（$2n$）には，4人の祖父母の遺伝情報が平均4分の1ずつランダムに受け継がれる。与謝野訳・谷崎訳・円地文子訳・瀬戸内寂聴訳の『源氏物語』が半セット分ずつ計2セット分混じっているようなものである。

しかも，「桐壺の巻は与謝野訳と谷崎訳で，空蝉の巻は円地訳と瀬戸内訳」というように，帖（染色体）単位でまとめて受け継がれているのではない。文（遺伝子）のようなもっと小さな単位で入り混じり，つなぎ直されている。これを**組換え**†という。配偶子を生じる減数分裂の過程で，相同染色体どうしが寄り添って分裂面に並んで2つの娘細胞（daughter cell）に分配されて行く前に，対応する位置で染色体が**交差**（crossing over，乗換え）し，DNA分子が切断されて相手が入れ替わって再結合されるわけである。ヒトゲノムの場合，交差の頻度は相同染色体1対あたり平均約2か所である（**次節 側注：染色体地図**）。

このように有性生殖における減数分裂と受精によって，遺伝子は複雑に混交され，子世代の各個体がもつ遺伝子の組み合わせは，きわめて多様になる。まず23対の染色体のうちどれを父親から，どれを母親から受け継ぐかの組み合わせの数は，$2^{23} \times 2^{23}$で70兆通りにもなる。ある夫婦が自分たちの染色体のすべての組み合わせの子供が欲しければ，地球の全人口の1万倍も産まなければならない。実際には，相同染色体の間で交差（組換え）も起こるので，全組み合わせは天文学的数字になる。有性生殖がもたらす次世代個体の多様性は，生物進化の上で重要である（**13・3・3項**）。

† **組換え**（recombination）：切断と再結合を経てDNA 2分子の間でつなぎ換え（入換え）が起こる過程の総称（**4・4節**）。ただし古典的には，親とは異なる遺伝子の組み合わせを子がもつ現象をいう。古典的な定義が，表現型で間接的に観察される現象的定義であるのに対し，現在の定義は，分子レベルの実体的定義である。両者の違いは，染色体の**二重交差**（偶数回交差，図1・12）で際立つ。そこでは古典的定義の組換えは起こっておらず，現代的定義の組換えは（2か所も）起こっている。日本の高校「生物」教科書では定義が中間的（折衷的）なので要注意。

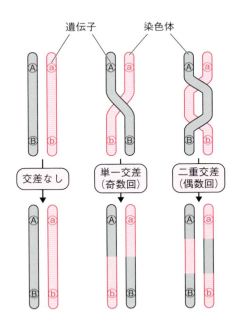

図1・12 染色体の交差とDNAの組換え

1・6　遺伝子型と発現型は1対1対応しない

染色体上の位置のことを**座位**（locus）という。相同染色体（前節）の同じ座位には，完全に同じ遺伝子のある場合もあるが，塩基配列（1・4節）が微妙に異なる場合もある。同じ座位にありながら異なる遺伝子のことを**アレル**（allele, 対立遺伝子）とよぶ（アレル概念の拡張は12・2節 側注を参照）。メンデルのモデル（図1・3(b)）で例示すると，Aとaは同じ座位の異なるアレルであり，AとBは座位も異なるまったく別の遺伝子である。

二倍体において，同じ座位のアレルが同一（AAやbbなど）の細胞や生物体を**ホモ接合体**（homozygote）とよび，異なるアレルをもつもの（AaやBb）を**ヘテロ接合体**（heterozygote）とよぶ。遺伝子型がホモ（AA）でもヘテロ（Aa）でも同じ表現型（例えばエンドウ豆の黄色）を示す場合，その形質を**優性**[†]であるといい，ホモ（aa）でなければ現れない形質を**劣性**[†]であるという。しかし遺伝子型がヘテロだと2つのホモ型の中間の表現型を表す場合もあり，こちらは**不完全優性**（incomplete d.）という。また，ヘテロ接合体が2つのホモ接合体の表現型を合わせもつ場合もあり，**共優性**（codominant）という。例えば，レンズマメのホモ型SSがまだら模様，DDが小斑点を示すのに対し，ヘテロ型SDの豆はまだら模様と小斑点を兼ね備える。

メンデルが観察したエンドウの豆の形を決める遺伝子は，デンプン分枝酵素（starch-branching enzyme I, SBEI）を指定する遺伝子であることが後にわかった。デンプンは一般に，分子が直鎖状のアミロースと枝分かれのあるアミロペクチンの混合物である。この酵素が正常（normal）に働く（活性がある）とアミロペクチンが多くなり，水分をたくさん保持して豆がふくらみ丸くなる。しかしその遺伝子が欠損している（deficient）すなわち酵素が不活性だとアミロースばかりになり，あまり水分を保持できず，しわのある豆になる。酵素は少量あれば十分なので，ヘテロ接合体（片方の遺伝子だけが酵素を作る）も丸い表現型を示し，「丸」が優性で「しわ」が劣性となる。

また，同じエンドウの草丈（主茎の長さ）を決める遺伝子は，茎を正常に伸ばすジベレリンという成長ホルモンを合成するのに必要なタンパク質の遺伝子だと判明した。ジベレリンが生合成されれば十分成長して草丈は伸びるが，このタンパク質が発現せずジベレリンができないと丈は低くなる。このホルモンも少量で十分な効果を表すため，ヘテロ接合体でも草丈は高くなり，こちらが優性の形質である。

キンギョソウの花の色を決める遺伝子は，赤色素アントシアニンを生合成す

[†] **優性（dominant）と劣性（recessive）**："dominant"の一般的な語義は「優勢な・支配的な」など。生態学で"dominant species"は「優占種」と訳す。"recessive"の一般的な語義は「逆行の・後退する」など。名詞形 recession は景気後退・一時的不景気の意味，すなわち短期的で深刻度の低い depression（不景気・不況）。なお，2017年，日本遺伝学会は優性を「顕性」，劣性を「潜性」の表現に変更することを決定した。

キンギョソウ

るのに必要な酵素の1つを指定している．正常な遺伝子のホモ接合体だとアントシアニンが十分できて花は赤くなるが，欠損遺伝子のホモ接合体ではこの赤色素が合成されず花は白くなる．ヘテロ接合体は色素が少なく，中間のピンク色になる．この**対立形質**（allelic character）は，したがって不完全優性である．

一般に，DNAが損傷を受けて遺伝子が機能を失う変化を，**機能喪失変異**（loss-of-function mutation）という．上述の3例は，いずれもこの機能喪失変異のケースである．逆に**機能獲得変異**（gain-of-function m.）が起こる場合もある（14・2・1項）．

さて，異なる座位にある2つの遺伝子が，交雑によってどう子孫に受け渡されるかは，次の5つのケースに分けて整理すると理解できる．

I. 次世代への分配

I-① 別の染色体にある場合：**独立の法則**．ランダムな組み合わせ．

減数分裂の際，相同染色体は娘細胞にランダムに分配されるので，そこに載る遺伝子もランダムな確率で分配される．メンデルの独立の法則（1・2節 側注）が成り立つのは，このケースの場合である．実際 彼が選んだ7対の形質は，$n=7$のエンドウ（1・5節）の染色体のあちこちに散らばっていたことが，後に判明した（ただしI-③ 末尾も参照）．

I-② 同一染色体上で，座位は別ながら，きわめて近くにある場合：（完全）**連鎖**．一緒に分配される．

別の遺伝子でも，1つの染色体に固まっていれば，独立の法則に従わず，相伴って次世代に受け継がれる．これを連鎖（linkage）という．病因遺伝子の同定では，いきなりピンポイントで探り当てるのが難しいため，"一塩基多型（SNP）"とよばれる「目印」（遺伝的マーカー）を利用して，それに連鎖している標的を絞っていくことが多い（12・2節① 参照）．

I-③ 同一染色体上ながら，座位が離れている場合：**不完全連鎖**．独立（①）でも完全連鎖（②）でもなく，中間的．

同一染色体上にあっても，組換え（1・5節）によって分かれて受け継がれることもある．しかし必ず組み換わるわけでもなく，**組換え価**†は距離に応じる．これを**不完全連鎖**（incomplete linkage）という．**交差価**†は染色体（DNA分子）上の距離に対応するので，これに基づいて**染色体地図**†を描くことができる．

長い染色体の両端のように，座位が大きく離れていてその間で組換えの起こ

---

†**組換え価**（recombination value）と**交差価**（crossing over value）：組換え価は，2つの遺伝子座の間で組み合わせが変わる率（%）．組換え率・組換え頻度などとも．これの計算は「組換え」の古典的定義（前節 側注）に基づくことに注意．異なる染色体にある2つの遺伝子座の組換え価は50%．同一染色体上の場合は，距離が遠いほど数値は高まるが，50%は超えない．組換えの現代的定義に基づく数値は，むしろ交差価（乗換え率などとも）とよばれる．交差価1%に当たる距離の単位をセンチモルガン（**cM**）と表す．組換え価θと交差価wの関係は，交差がランダムに起こる場合，$\theta=[1-\exp(-2w)]/2$ すなわち $w=-\ln(1-2\theta)/2$ である．この**ホールデン関数**によると，**遺伝距離** 50 cM（交差価50%）にある2つの遺伝子座の組換え価は31.6%である．

†**染色体地図**（chromosome map）：染色体上に遺伝子を並べて図示したもの．1) **交差価**（前の側注）に基づく**遺伝地図**（genetic m.）あるいは**連鎖地図**（linkage m.，図1・4）は cM で表し，2) DNAの構造に基づく**物理地図**（physical m.，図12・1）は bp（塩基対）数で描く．1) と 2) で遺伝子の並ぶ順番は一致し，距離も大雑把には 1 cM = 1 Mb で対応する（ヒトでは平均 1 cM = 0.84 Mb）が，性別や染色体上の位置で大きくずれる．なお，3) ギムザ染色などによる縞模様を顕微鏡で観察した形態学的構造に遺伝子を位置づける**細胞遺伝地図**（cytogenetic m.，図1・10）もある．

る確率が高い場合は，物理的には同一染色体上にありながら，実質的には連鎖が検出されず独立に振る舞う．メンデルの選んだ7対の対立形質（I-①）の一部は，この関係にある．

II. 多世代経過後の状態

II-④ 無限世代経過後：理論的な平衡状態

染色体上の位置が近くても，組換え確率が完全にゼロではない限り，無限回の交雑を経た究極の子孫世代では，すべての遺伝子が混交し独立に振る舞った末の平衡状態に達するはずである．ただし座位間の連鎖が強いほど，平衡に達する時間は長くかかる．最終的な平衡状態（連鎖平衡 linkage equilibrium）において，特定の遺伝子型の頻度は，それぞれのアレルの頻度の積になる．例えば2つの座位におけるアレル A, a, B, b の頻度がそれぞれ p_1, p_2 $(=1-p_1)$, q_1, q_2 $(=1-q_1)$ だとすると，遺伝子型 $AAbb$ の頻度は $p_1^2 q_2^2$ であり，$AaBb$ の頻度は $4p_1 p_2 q_1 q_2$ となる．

座位が1つだけの場合，連鎖の制約がないため単純であり，平衡に達する時間はずっと短い．特に次の5条件が成り立っている集団には平衡（$AA：Aa：aa = p_1^2：2p_1 p_2：p_2^2$）が成立しており，世代を経てもこの頻度は変化しない．これを**ハーディー・ワインベルクの法則**（Hardy-Weinberg law）という．その5条件とは；

1 アレルの組み合わせがランダムに保たれる．すなわち，
  1a 交雑が自由に行われる（性選択がない）．
  1b 集団の個体数が多く，統計的な偏り（遺伝的浮動）を無視できる．
2 アレルの頻度自体を変動させるような撹乱がない．すなわち，
  2a アレルの種類や頻度が異なる他の集団からの個体の流入がない．アレル頻度が偏った亜集団の流出もない（遺伝的流動がない）．
  2b 新たな変異を生じない（新規なアレルは出現しない）．
  2c 表現型や遺伝子型に自然選択（**13·1節**）が働かない（すべての遺伝子型の個体が等しく子孫を残せる）．

II-⑤ 現実の生物集団：**連鎖不平衡**

しかし現実の生物集団では，そのような理論上の理想的平衡には至っていない．特に同一染色体上で互いに近い複数の座位のアレルどうしには，連鎖の影響が認められる．このような現象を，**集団遺伝学**（population genetics）の用語で，**連鎖不平衡**（linkage disequilibrium, LD）という．また，そのような

連鎖するアレルのグループをハプロタイプブロックという (12・2節)。ハプロタイプブロックは,例えば日本人・中国人・モンゴル人・欧州人・アフリカ人のような民族集団の間の系統関係を推定するのに使われる。

1・7 メンデルの遺伝子モデルはメンデルの法則から逸脱する現象も扱える

以上でメンデルの3法則 (1・2節) を現在の知識から逆照射し,改めて整理する準備が整った。メンデルの「法則」とは,次の①～③で観察された現象から,際立ったケースを拾い上げてまとめた概念である:

① 1遺伝子雑種交雑 (monohybrid cross) のF_1世代 (子世代, first filial generation) での現象:**優性の法則** (law of dominance) が成り立つ例もあり (エンドウの7対立形質),成り立たない例もある (キンギョソウの花色の不完全優性,レンズマメの模様の共優性)。遺伝病におけるさらなる逸脱例は,**図14・3**参照。

② 1遺伝子雑種交雑のF_2世代 (孫世代, second f. g.) での現象:同じく,**分離の法則** (law of segregation) が成り立つ例と外れる例がある。

③ 2遺伝子雑種交雑 (dihybrid cross) のF_2世代での現象:**独立の法則** (law of independent assortment) が成り立つ例 (1・6節 I-①) と成り立たない例 (連鎖 同I-②と不完全連鎖③) がある。

さらに,1つの形質 (表現型) がたくさんの座位の遺伝子の影響 (アレルの組み合わせ) で決まる**多遺伝子性** (polygenic) の場合もある (14・1節)。特に,ヒトの身長や肌の濃淡など**連続的形質** (continuous trait, 量的形質 quantitative t.) はふつう多遺伝子性であり,分離の法則は成り立たない。また遺伝子型によって生じる表現型の現れ方が個体ごとで違っていたり,隠れてしまう場合もある。これは,修飾遺伝子 (modifier gene) や環境因子の影響も被るからである。例えば網膜芽腫は,悪性度の高い目のがん (14・3節) であり,単一遺伝子性 (monogenic) で優性の変異で生じるが,実際に発症するのはその変異型アレルをもつ人のうち75%に過ぎない。このように,遺伝子型から予想される表現型を示す個体の割合を**浸透度** (penetrance) という。メンデルは,単一遺伝子性で,浸透度100%で,かつ互いに独立な (連鎖しない) 7組の遺伝子の形質を上手に選んでいた。

2. 核酸の構造とゲノムの構成
— 静と動のヤヌス神 —

　核酸は，遺伝情報を安定に保管し忠実に子孫に伝えるという静的な役割をもつ一方で，その情報を活発に発現するという動的な役割ももつ。前者は DNA が，後者は RNA が，それぞれ分担している。核酸の働きを理解するには，その分子構造という化学的な側面とともに，デジタルな文字列情報の保持や変換という情報学的な側面も把握する必要がある。核酸や遺伝子・ゲノム・染色体には，そのような動と静の二面性と，化学と情報の二面性がある。ここではそのような2つの顔をもつ神ヤヌスの神殿をのぞいてみよう。

2・1　核酸はヌクレオチドが重合した高分子である

　核酸 (nucleic acid) は繊維状の高分子である。デンプン（アミロペクチン，1・6節）のような多糖の高分子とは異なり，枝分かれはない（表2・1）。線状 (linear, 一次元 one-dimensional) の情報を伝えるという意味では，言語（書き言葉と話し言葉の両方）やモールス信号（トン・ツー2符号の電信）・楽譜（ただし単旋律 monophonic な曲）などと同様である。

　核酸には **RNA** (ribonucleic acid) と **DNA** (deoxyribonucleic acid) の2種

表2・1　4大生体物質

グループ	低分子（単量体）	オリゴ体	高分子（多量体）
糖質（炭水化物）	単糖（グルコース・フルクトース・ガラクトースなど）	オリゴ糖（二糖のマルトース・スクロース・ラクトースなど，および三糖・四糖など）	多糖（デンプン・セルロース・グリコーゲンなど）。枝分かれあり
脂質	脂肪酸・グリセロール・コレステロールなど	トリアシルグリセロール・リン脂質・糖脂質・コレステロールエステルなど	—
タンパク質	アミノ酸	オリゴペプチド	ポリペプチド・タンパク質。架橋あり
核酸	ヌクレオチド（糖＋塩基＋リン酸基）	オリゴヌクレオチド	核酸（RNA・DNA）。枝分かれも架橋もない

類がある。かつて RNA は「植物の核酸」, DNA は「動物の核酸」とよばれていた。これは，研究材料としての核酸が，RNA の場合は酵母や茶葉，DNA の場合はウシの胸腺やサケの精子などから抽出されていたからである。人体の膿のリンパ核からミーシャーが最初に発見した核酸（1・2節）は，DNA だった。酒類やパンの製造に欠かせない酵母は，光合成をせず，今では植物ではなく真菌に分類される単細胞生物だが，全生物を動物と植物に2分割する古代以来の考え方では，植物に分類されていた。細胞内の分布としては，DNA は核に，RNA は細胞質ゾルに，それぞれ主に存在する。

核酸の構成単位は**ヌクレオチド**[†]である（図2・1）。ヌクレオチドは糖・塩基・リン酸の3部分からなる。糖部分がリボース（ribose）だとリボヌクレオチド（ribonucleotide）で，その重合体が RNA である。DNA の糖部分は，リボースが還元された 2-デオキシリボース（2-deoxyribose）である。核酸の塩基部分は，窒素原子を含む複素環式化合物（heterocyclic compound）であり，DNA には A, T, G, C の4種，RNA には A, U, G, C の4種がある（表2・2）。この4文字の並び，すなわち**塩基配列**（base sequence）あるいはヌクレオチド配列（nucleotide s.）は，複雑かつ厳密に決まっており，遺伝情報の基盤である。

アデニン（A）とグアニン（G）は環状骨格が共通のプリン（purine）であり，プリン類（purines, 略称は R）あるいはプリン塩基と総称される。代謝中間体のヒポキサンチン（I）なども環状骨格は共通である。一方，チミン（T）・シトシン（C）・ウラシル（U）はピリミジン類（pyrimidines, 略称は Y）である。これらの環を構成する原子には 1～9 の番号がふられている。これに対

[†] **ヌクレオチド**（nucleotide）：「ヌクレオチド」というカタカナと，核酸という漢字では，語感が全然違うが，英語では "nucle-" という共通な語幹をもつため，関連が一目瞭然である。"nucle-" は「核」の意味で，核兵器は nuclear weapon（略して nuke）。リン酸がなく糖と塩基だけからなる部分を**ヌクレオシド**（nucleoside）という。語尾の "-oside" は，一般に**配糖体**（glycoside）を意味し，例えばストレプトマイシンやカナマイシンなどは，アミノ配糖体（aminoglycoside）系抗生物質と総称される。ゆえにヌクレオシド一リン酸（略して NMP，表2・2）はヌクレオチドの一種である（3・2節も参照）。

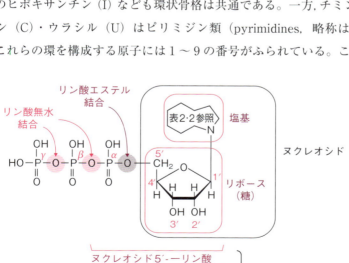

図2・1　ヌクレオチドの構造

表 2·2 ヌクレオチドの主要な塩基

基本骨格	プリン		ピリミジン		
	アデニン, A	グアニン, G	シトシン, C	ウラシル, U	チミン, T
塩基					
ヌクレオシド	アデノシン	グアノシン	シチジン	ウリジン	（デオキシ）チミジン
ヌクレオチド	アデノシン一リン酸	グアノシン一リン酸	シチジン一リン酸	ウリジン一リン酸	（デオキシ）チミジン一リン酸
	アデニル酸	グアニル酸	シチジル酸	ウリジル酸	（デオキシ）チミジル酸
	AMP	GMP	CMP	UMP	dTMP
NMPの分子量	347.2	363.2	323.2	324.2	322.2
語源	adeno- 分泌腺	guano- 海鳥の糞の堆積物	cyto- 細胞	ur- 尿	thym- 胸腺

NMP は前ページ側注参照

---

†ヘミアセタール(hemiacetal)：アルデヒドは水和してオルトアルデヒド構造をとると考えられ，それのモノエーテルをヘミアセタール，ジエーテルをアセタールという。ヘミアセタールは一般に不安定だが，リボースなどのように分子内で環化したものは安定である。環状ヘミアセタールに残る -OH 基は，一般の -OH 基と反応性が異なり，この基の関与する結合が **配糖体結合**（glycoside bond）である。

†オリゴヌクレオチド (oligonucleotide)：「オリゴ」と「ポリ」に厳密な境界はなく，便宜的に使い分けられる。遺伝子工学に用いられる合成オリゴヌクレオチドは従来 20 mer（20残基）程度が主流だったが，人工合成の効率が上がると 50 mer や 70 mer も含めて「オリゴ」と称されるのに対し，生体で新しく見つかり出した多数のマイクロ RNA は，20 mer 台でも "RNA" という。一方，「核酸」という語でモノヌクレオチドまで含めて総称する例として，微生物によるヌクレオチドの工業的生産を「核酸発酵」とよぶケースさえあり，これだと重合度の境界は無化される。

し糖の原子の番号には「´」（プライム）記号を付けて区別され，1´〜5´が当てられる。リン酸基は，糖に近い側から α, β, γ のギリシャ文字が当てられる。塩基とリン酸基は，糖の 1´ 位と 5´ 位にそれぞれ共有結合している。塩基と糖の共有結合は配糖体結合，リン酸と糖の結合はエステル結合，リン酸基どうしの結合はリン酸無水結合と，それぞれ互いに性質は異なるが，脱水縮合（H_2O 分子が除かれる結合）であるという点は共通である。リボースや 2´- デオキシリボースの 1´ 位のヒドロキシ基（-OH）は，直鎖状ポリヒドロキシアルデヒドが分子内結合して環化してできた基であり，**ヘミアセタール**†性ヒドロキシ基という。

2·2 DNA は安定で RNA は活発である

ヌクレオチドは，5´ 位のリン酸基で，他のヌクレオチド分子の 3´-ヒドロキシ基と結ばれ，リン酸基は**ジエステル結合**をなす（**図 2·2**）。ヌクレオチドが多数重合した高分子が核酸あるいはポリヌクレオチド(polynucleotide)であり，数個だけ重合した分子を**オリゴヌクレオチド**†という（**表 2·1**）。重合体に含まれる単量体の単位を一般に**残基**（residue）とよぶ。重合によってできたリン酸 - 糖 - リン酸 - 糖 - の連なりが**主鎖**（main chain）をなし，主鎖から塩基が横に突き出す構造になっている。主鎖の糖の 3´ 位と 5´ 位は，大部分がリン酸基とのジエステル結合でふさがっているのに対し，両端だけ空いている。この両

端をそれぞれ 3′ 末端（3′-terminal），5′ 末端（5′-terminal）とよんで区別する。

生体の DNA は，ポリヌクレオチド鎖 2 本が対合し（**図 2・2**），ねじれてからまった二重らせん（**1・3 節**）構造をとっている（**図 2・3**）。この二本鎖 DNA（double-stranded DNA, **dsDNA**）は逆平行（antiparallel）である。つまり，3′→5′ 方向の鎖に寄り添うもう一本の鎖は 5′→3′ 方向である。二本鎖の間では塩基どうしが水素結合をし，主鎖に垂直な平面をなしている。この塩基どうしの対を **塩基対**（base pair，略して **bp**）という。bp は DNA 分子の長さの

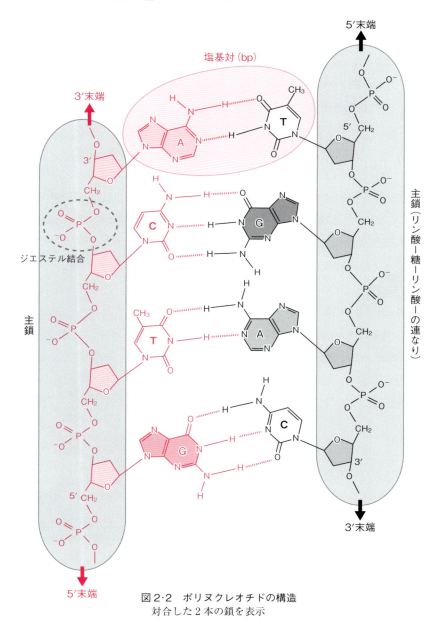

図 2・2　ポリヌクレオチドの構造
　　　　対合した 2 本の鎖を表示

†**シャルガフの規則**
(Chargaff's rule)：DNAのA残基とT残基は数が等しく，G残基とC残基も等しいという規則。結局プリン残基の合計（A＋G）とピリミジン残基の合計（T＋C）も等しい。4塩基の構成比は生物種ごとでさまざまに異なるにも関わらず，この規則はいつも成り立つ。オーストリア出身で米国籍の生化学者 Erwin Chargaff が，濾紙クロマトグラフィーによる化学分析で発見した。歴史的には，ワトソンとクリックが DNA 二重らせんモデルを構築する際の良いヒントになった。

単位としても使われる。AとTは2本の水素結合で，GとCは3本の水素結合で結ばれ，通常はこの2種類の組み合わせしかない（**図2·2**）。したがって，DNAの片方の鎖の塩基配列が決まれば，他方の配列も自動的に決まる。2鎖の配列のこのような関係を，**相補的**（complementary）であるという。この相補性は，DNA分子が複製される際などに情報を正確に伝えるための，決定的な条件である（**次章**）。塩基対の平面は，ビルの非常用らせん階段の踏み板のように，角度を少しずつずらしながら重なっている。

個々の塩基対の水素結合は弱いが，長い二重らせんの全体ではそれが多数合わさるので，きわめて安定である。ちょうど，2冊の本を1ページずつ互い違いに重ねると，合計の摩擦力で引き抜けなくなるのと同様である。

水平方向（**図2·3**）の水素結合とは別に，垂直方向に積み重なった塩基の間には**π-π相互作用**が働いて安定化している。π-π相互作用とは，芳香環の垂直方向に伸びるπ電子どうしの間の弱い分子間力である。

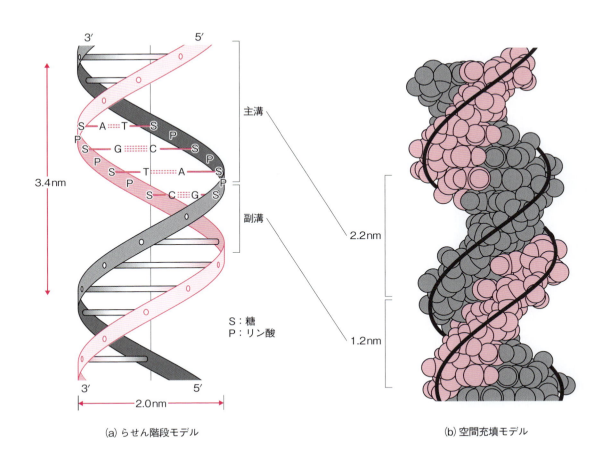

(a) らせん階段モデル　　　　　(b) 空間充填モデル

図2·3　DNAの二重らせん構造（B形）

DNA の二本鎖が全長にわたって対合しているのに対し，RNA は分子内（1本の鎖内）で部分的に，短い塩基配列どうしが対合していることが多い。したがって，DNA の塩基の組成（composition）を分析すると，**シャルガフの規則**[†]が成り立っているのに対し，RNA ではこの規則は成り立たない。ただし DNA でも，AT 含量や GC 含量は生物種によって異なる。

核酸はタンパク質と同様，その分子構造に4つの階層が認められる。塩基配列を**一次構造**（primary structure）というのに対し，塩基どうしの対合のパターンを**二次構造**（secondary s.）という（例えば図 6·3(a) や図 6·5）。二重らせんのような分子内の立体構造が**三次構造**（tertiary s.）である。最後に，リボソー

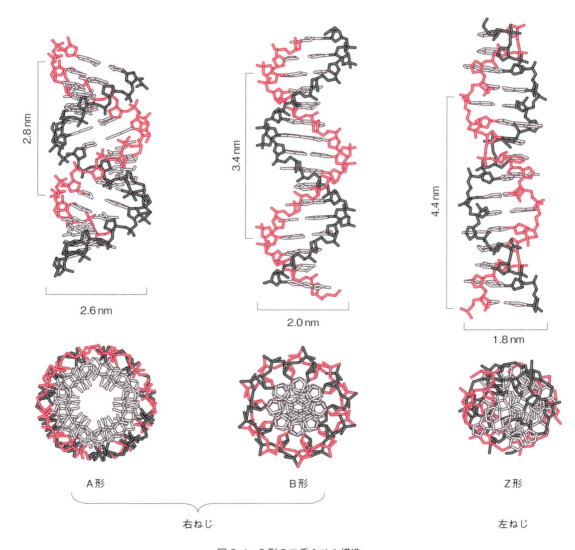

図 2·4　3形の二重らせん構造

ム（図 6・6）やヌクレオソーム（図 2・7）のように，タンパク質など他の成分と結合した超分子構造を**四次構造**（quaternary s.）という。

DNA の二重らせん構造は，実は A, B, C, D, E, Z の 6 つが見つかっているが，このうち重要なのは A, B, Z の 3 つである（図 2・4）。**A 形**（A form）と **B 形**（B f.）はともにらせんが右ねじ方向だが，太さやピッチ（らせん 1 巻き当たりの長さ）が異なる。A 形は B 形より密に詰まっているため，直径は太くピッチは短い。上で述べたのは，このうち生体内で最も多い B 形であり，ワトソンとクリックが提唱したモデルである（1・3 節）。**Z 形**（Z f.）はらせんが左ねじ（逆ねじ）方向で，外形がジグザグ（zigzag）であることから名付けられた。DNA 二重らせんの単結晶を解析し，初めて原子レベルの詳細な立体構造が明らかになったのは，5′-CGCGCG-3′ という特定の配列で化学合成された分子を用いた 1970 年代後半の研究であり，その構造は Z 形だった。A 形や Z 形は，試料のイオン強度を高くしたり，**疎水的**[†] 環境に置いたり，強いストレスをかけたりした際に特定の塩基配列でとる構造であり，また転写調節因子（7・1 節）が結合した局所などにも部分的に現れるものの，生理的な水溶液中では B 形が主である。

二重らせんを横から見ると，大小 2 種類の溝が交互に繰り返しており，それぞれ**主溝**（major groove）・**副溝**（minor g.）という（図 2・3）。DNA の塩基配列を認識する転写因子などのタンパク質は，この主溝にはまって塩基対をかたわらから識別する。

2・3 遺伝子は内部構造も多数の連なりも一次元的である

遺伝子には，タンパク質をコードする（タンパク質のアミノ酸配列を指定する）**タンパク質遺伝子**（protein gene）と，タンパク質をコードせず RNA を最終産物とする **RNA 遺伝子**（RNA g.）との 2 種類がある（図 1・2(b)）。タンパク質遺伝子もいったんは mRNA（1・4 節 側注）に転写されるが，さらにポリペプチドに翻訳され，それが最終産物である。RNA 遺伝子のうち tRNA や rRNA（6 章）の遺伝子は，分子遺伝学の初期すなわち 20 世紀半ばから知られていたが数は少なかったため，単に「遺伝子」というとタンパク質遺伝子の方だけを意識する時期が長かった。ところが，20 世紀末以降 新たな RNA 遺伝子が多数見つかり，ヒトゲノムでの総数はむしろタンパク質遺伝子より多くなってきた（10 章）。これらの RNA 遺伝子についてはそれぞれの章で述べることにし，ここではタンパク質遺伝子について説明する。

大腸菌など原核生物のゲノム DNA では，機能的に関連する数個の遺伝子が前後に相接して存在し，遺伝子クラスターを形成していることが多い。これは，

---

† **疎水的 (hydrophobic)**: 分子や基（分子の部分構造）が水になじみやすく溶けやすいことを**親水的**（hydrophilic）というのに対し，水になじみにくく溶けにくいことをこういう。一般に，炭化水素基（$-C_nH_{2n+1}$ など）やフェニル基など電気陰性度（電子を引き付ける度合）が近い原子どうしからなる非極性基（non-polar group）は疎水的で，$-OH$, $-COOH$, $-NH_2$ など電気陰性度が離れた原子からなる極性基は親水的である。リン脂質のように，分子内に親水的部分と疎水的部分を併せもつことは，**両親媒性**（amphipathic）とよぶ。

まとめて調節される単位として**オペロン**（operon）とよばれる（**図2·5(a)**）。オペロンの上流側（5′側）には**調節領域**（regulatory region，8·3·3項）がある。調節領域のうち，転写の主役である酵素，RNA ポリメラーゼが結合する部分を**プロモーター**（promoter）とよぶ。また，転写調節因子（特にリプレッサー，詳しくは7章参照）が結合する部分を**オペレーター**（operator）という。オペロンに属する遺伝子はまとめて転写され，一つながりの mRNA が生じる。

各遺伝子は，全長にわたってアミノ酸配列に対応するため**コード領域**（coding r., 翻訳領域）とよばれるのに対し，調節領域を含めその他の DNA 部分は**非コード領域**（noncoding r.）とよんで対比される。mRNA の両端の非コード領域を，特に非翻訳領域（untranslated r., UTR）という。原核生物ゲノムでは非コード領域の割合は小さく，例えば大腸菌では全 DNA の8割以上がコード領域である。

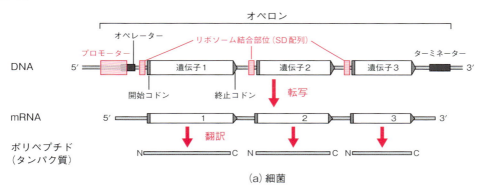

(a) 細菌

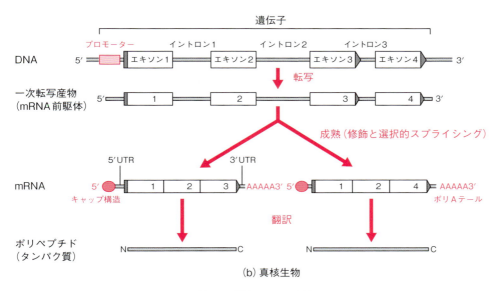

(b) 真核生物

図2·5 遺伝子の構造と発現の過程

†シストロン (cistron)：相補性試験によって定義される「遺伝子」の別名。分子遺伝学の歴史的用語で，mRNAの特徴を描写する一対の形容詞に名残りをとどめる。同じ表現型を示す別の劣性変異を，交雑や形質導入（1・3節）で単一細胞内に共存させたとき，その細胞が野生型の表現型を示すことを，**相補性** (complementation) という。相補性を示す2つの変異は異なるシストロンに位置するため，正常な2つのシストロン産物が細胞内で補い合うと解釈できる。逆に表現型が変異型になるなら，2つの劣性変異が同一シストロンに属するためだと解釈できる。この実験を**相補性試験** (c. test，別名 cis-trans t.) という。シストロンは操作的定義のため，遺伝子を実体的・本質的に定義できる今では廃れた。

一方，ヒトなど真核生物のゲノムDNAでは，遺伝子1つずつにプロモーターがあり，それぞれ別々に転写される（図2・5 (b)）。遺伝子1つのみを含むmRNAを単**シストロン**†性（monocistronic）と称し，原核生物のように複数の遺伝子を含むmRNAを多シストロン性（polycistronic）と対比する（5・3節）。真核生物のゲノムでも，関連する遺伝子どうしが近傍に存在しクラスターを形成していることもあるが（13・2節），転写は別々になされる。また遺伝子のコード領域は，長い非コード領域でいくつかに分断されていることが多い（図2・6 (b)）。このコード領域，すなわち発現される配列（expressed sequence）を**エキソン**（exon）とよび，エキソン間に介在する配列（intervening s.），すなわち非コード領域を**イントロン**（intron）という。エキソンのほとんどは長さが1000 nt以下で，その多くは100〜200 nt程度なのに対し，イントロンの長さは50〜2万 ntまでさまざまである。真核生物ゲノムの非コード領域は，遺伝子内（introgenic）のイントロンよりも遺伝子間（intergenic）でもっと長く，ヒトゲノムでは合計98.5％に及ぶ。このような非コード領域を「ジャンク」（くず，がらくた）とよぶことがある（10・1・3項）。真核生物の発現調節は複雑で，調節領域は遺伝子のすぐ上流のプロモーター領域だけではなく，遠く離れた位置にも，またイントロン内にさえ存在する。

多細胞生物とくに哺乳類では，組織の種類によって，つまり体のどの場所かによって発現する遺伝子の種類や発現量が異なるし，また受精卵から胎児期を経て成体にいたる発生の各時期でも異なるので，遺伝子発現の時空間パターンが複雑である（9・4節）。遺伝子のコード領域が決めるのは，何を（what）発現させるかだけであり，いつ（when）どこで（where）どれだけ（how much）発現させるかを決めるのは，非コード調節領域の方である。

古典的なメンデル遺伝学では，遺伝子は粒子状の実体としてイメージされる。しかしその物質的実体がDNAだということは，個別の遺伝子自体が線状である上，それが多数 染色体中でさらに長い線状に連なっていることも意味する。また今後の章で学ぶように，細胞や個体レベルの機能は，多数の遺伝子の複雑な連関によって発揮される。したがって遺伝子は，実体としては粒子性（0次元性），構造としては直線性（一次元性），機能としてはシステム性という多面性を備えているため，認識論的にも奥深く，歴史的にもミラーボールのようにさまざまな色彩の光輝を放ってきた。

2・4　ヒトゲノムは核ゲノムとミトコンドリアゲノムからなる

ゲノム（genome）とは，生物に必要な遺伝情報の最小限の1セットのこと

である（**1・5節**）。"genome" という語は "gene"（遺伝子）と "chromosome"（染色体）の2語から1920年に造語された。ゲノムは数百〜数万の遺伝子の集合であり，その物理的実体は染色体の中の DNA である。

　大腸菌をはじめとする多くの原核生物のゲノムは，環状（circular）の染色体 DNA（chromosomal DNA）1本からなる（**図 2・6 (a)**）。ゲノムは1セットしかない。そのような生物あるいは細胞を**一倍体**（haploid, 半数体，新訳は単数体）といい，記号 n で表す。大腸菌のゲノム DNA の長さは約 5 Mb† である。

　原核生物の細胞には染色体 DNA の他に，ずっと小さな環状 DNA を含むことがあり，それを**プラスミド**（plasmid）という。プラスミドは，自前の複製起点（**3・2節**）をもち，宿主細胞の DNA ポリメラーゼによって認識されるので，染色体 DNA の複製に同調して増幅し，子細胞に伝えられるほか，別の細胞に**水平伝播**（**11・2節**）されることもある。抗生物質に耐性を示す遺伝子を載せている場合などのように医学的に重要なものも多いし，また遺伝子工学の基本的な道具としても利用される。

† **Mb** (mega base): DNA の長さは塩基対（base pair, bp）の数を単位にして表す。大きな数の補助単位には k（キロ），M（メガ），G（ギガ），T（テラ）などがあり，それぞれ $\times 10^3$, $\times 10^6$, $\times 10^9$, $\times 10^{12}$ を意味する。したがって 5 Mb = 5,000 kb = 5,000,000 bp = 0.005 Gb である。このように，補助単位のないときだけ "p" を添えて bp（base pair）とし，補助単位を付けるときは "p" を省く。RNA は一般に二本鎖ではないため bp 表記は不適当で，代わりに nt（nucleotide の略）を単位にする。

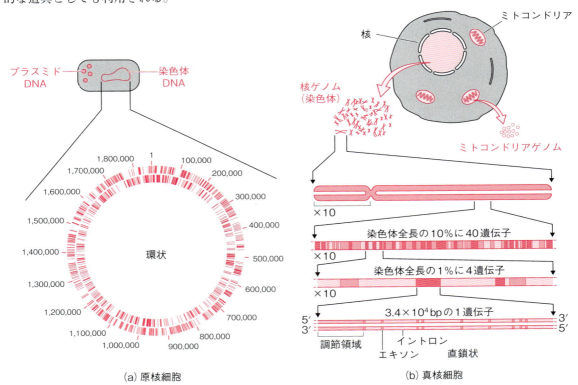

(a) 原核細胞　　　　　　　(b) 真核細胞

図 2・6　ゲノムの形状
　　a: 好熱性細胞 *Thermotoga maritima* の環状ゲノム（1,860,725 bp）。外側の円は，向き（5′→3′）が右回り（時計回り）の遺伝子を示し，内側の円は，向きが左回り（反時計回り）の遺伝子を示す。（Nelson, K. E. *et al.* (1999) *Nature*, **399**: 323-329 より改変）
　　b: ヒトの 22 番染色体。文献 0-4 より改変。

† **ミトコンドリア**
(mitochondria, 単数形は語尾 -rion)：細胞呼吸を担う**細胞小器官** (organelle)。動植物を含めほとんどの真核生物の細胞に存在する。植物にある**葉緑体** (chloroplast) とともに，エネルギー獲得の機能をもつ。これら細胞小器官のゲノム DNA は，細菌の染色体 DNA よりサイズは小さいものの，形状や性状は似ている（図 12・2）。このような類似性は，**細胞内共生説** (endosymbiotic theory) の根拠の1つとされている。この説は細胞小器官の進化的起源を説明する理論であり，数十億年前に細菌が別の大型細胞の中に入り込んで生きのび，宿主細胞の部分構造に成り果てたと考える。

† **微小管** (microtube)：真核生物の細胞質にはネットワーク状に張り巡らされた繊維状の構造体が3種類あり，**細胞骨格** (cytoskeleton) とよばれる。そのうち最も太い微小管は外径 25 nm で，チューブリンというタンパク質からなる中空の構造。細胞分裂時に一過性に現れる紡錘形（両端のとがった円柱形）の構造体（紡錘体）を構成する**紡錘糸** (spindle fiber) の実体はこの微小管である。細胞骨格で最も細い微小繊維 (microfilament) は直径 7 nm で，タンパク質のアクチンからなる。直径 10 nm 前後の中間径フィラメントを構成するタンパク質は多様である。

ヒトをはじめとする真核生物では，ゲノムの主要部分は細胞核の中にあり，**核ゲノム** (nuclear genome) という。核の DNA はタンパク質と結合し染色体（1・2 節）をなしている。真核細胞には，核ゲノムの他に細胞小器官のゲノムがあることも忘れてはいけない（図 2・6(b)）。植物の光合成のための葉緑体と，真核生物全体のエネルギー獲得のための**ミトコンドリア**†のゲノムである。

ヒトの核ゲノムは，常染色体 22 本と性染色体 2 本（X と Y）の計 24 本からなる（図 1・10）。$n = 23$（1・5 節）より 1 本多いことに気をつけなければならない。染色体にはそれぞれ直鎖状 (linear，線状) の DNA 分子が 1 本ずつ含まれる。この「1本」とはもちろん，1 対の鎖がらせん状によじれ合った 1 組のことである。ゲノム DNA の長さは合計 3.2 Gb で，そこに 20,400 のタンパク質遺伝子と 22,000 以上の RNA 遺伝子が含まれる。各染色体の両端には**テロメア** (telomere, 3・5 節 側注) とよばれる構造があり，テロメアの DNA は特定の反復配列を含む。中ほどには**セントロメア** (centromere) とよばれるくびれた構造があり，細胞分裂時には 2 本の染色分体の結合点として観察される（12・1・4 項）。セントロメアの DNA にも特徴的な配列があり，**動原体** (kinetochore) の構造ができる。細胞分裂の際には**微小管**†からなる紡錘糸が動原体に接着し，染色体を両極へ半分ずつ引き寄せる。セントロメアをはさんで短い側を**短腕**（p と表記，仏語 petit「小さい」より），長い側を**長腕**（q，アルファベットで p の次。俗に英語 queue「行列」によるとも）という。

ミトコンドリアゲノムは環状で小さい。大部分がコード領域で，少数の遺伝子がコンパクトに詰まっている。ヒトでは 16.6 kb である。各細胞に多数のミトコンドリアがある上，各ミトコンドリアにゲノム DNA のコピーが複数あるので，DNA 分子数は核ゲノムよりずっと多い。葉緑体ゲノム DNA のサイズはミトコンドリア DNA より大きいが，やはり環状で，コンパクトに遺伝子が詰まっていることは共通である。細胞小器官は細胞質にあるため，受精の際に細胞質を提供する卵（雌性配偶子）のみから子（F_1）世代に受け継がれ，精子（雄性配偶子）の DNA は伝わらない。したがって細胞小器官ゲノムは，核ゲノムのような**メンデル遺伝**†すなわち両性遺伝 (biparental i.) ではなく，**母性遺伝** (maternal i.) をする。

2・5 真核生物の染色体は DNA とともに同量のタンパク質からなる

真核生物の染色体は，色素に染まりやすく光学顕微鏡で観察される棒状の構造体である。リン酸基を多く含む核酸が酸性であるため，カーミンやオルセインなど塩基性色素が正負の電荷で引かれやすい。染色体は DNA とタンパク質

からなる（2・4節）。遺伝情報を担う主役はDNAの方だが，タンパク質も約1:1もの重量比で結合している。一方の細菌のゲノムは「裸のDNA」であり，同じような染色性はないが，便宜上「染色体」という共通名でよばれる。古細菌のDNAは細菌と同様に環状だが，真核細胞と類似のタンパク質が結合している。ただしその結合はより緩やかである。

　真核細胞の染色体とは，ゲノムDNAとタンパク質が細胞分裂の際コンパクトに凝集した形態であり，ふだん（細胞分裂の**間期**†）にはもっと分散し伸び広がっている。このほぐれた状態の物質は**染色質**（chromatin，クロマチン）という。欧語のchromosomeは可算名詞，chromatinは不可算名詞である。染色質は**ヌクレオソーム**（nucleosome）という微細な構造単位からなる（図2・7）。染色質のタンパク質成分は，長いDNAをコンパクトに収納するとともに，遺伝子発現の調節も担当する。その微小構造を電子顕微鏡で観察すると，直径約10 nmの玉がたくさんひもでつながった数珠のように見える。その玉が**コア粒子**で，コア粒子をつなぐひもが**リンカーDNA**である。

　真核生物で最も主要な染色体タンパク質は，**ヒストン**（histone）とよばれる塩基性タンパク質である。リシンとアルギニンが豊富で，中性pHの核内では正電気を帯びているため，負電荷を帯びた酸性のDNAと強く結合している。ヒストンには主に5種類のポリペプチドがあり，そのうちH2A，H2B，H3，H4の4種類は2分子ずつ会合し八量体（octamer）を形成している（図8・5右下）。このヒストン八量体に約150 bpのDNAが1.7回巻き付いてコア粒子をなし，

†**メンデル遺伝**（Mendelian inheritance）：メンデルの法則（1・2節）に従う遺伝。歴史的には広狭さまざまな語義で用いられてきた。当初は最狭義に，メンデルの3法則が成り立つものだけを指した。現在の医学では，伴性遺伝も含め一遺伝子座で決まる形質（病気）の遺伝すべてを指す（14・1節）。生物学ではさらに広く，多遺伝子（polygene）座によって連続的な形質が規定される**量的遺伝**（quantitative i.）まで含み，**非メンデル遺伝**（non-M. i.）は本文にあるような細胞小器官による**細胞質遺伝**（cytoplasmic i., 染色体外遺伝）に絞る。

†**間期**（interphase）：細胞周期（cell cycle）のうち分裂期（mitotic phase，**M期**，3・5節 側注）以外の時期で，球形の核構造が見られる。間期はさらに3期に分けられ，DNAの合成（複製）が起こる**S期**（synthetic p.）をはさんでそのまえがG_1期，後がG_2期である。Gは"gap p.（すきま期）"の頭文字である。細胞周期から外れて分化した細胞はG_0期（静止期，休止期）にあるといわれる。外れるのはG_1期からである。細胞の変化とDNA複製は精密に協調しており，進行状況をモニターする**チェックポイント**（checkpoint）という機構がある。

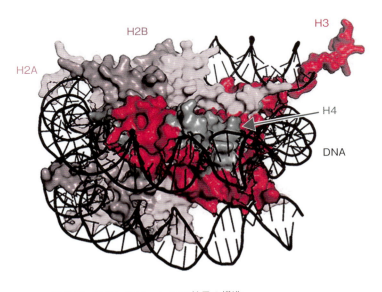

図2・7　ヌクレオソーム コア粒子の構造
座標データ PDB ID 1AOI（2011年最終更新）より作図。

約 50 bp がリンカー DNA をなす。このリンカー DNA の部分に H1 という 5 種類目のヒストンが結合している。

†ヘテロ (hetero-): 色々な接頭辞に対比して使われる接頭辞。この染色質 (chromatin) では eu- (真正な) に対して「異質な」，接合体 (zygote, 1・6 節) や二量体 (dimer, 7・4 節) などでは homo- (同型の) に対して「異型の」を意味する。また栄養形式や生態学に出てくる独立栄養生物 (autotroph) *vs.* 従属栄養生物 (heterotroph) の対比では，auto- (自立的な) に対して「依存的な」を意味する。

染色質は，構造が緩んだ**真正染色質**（euchromatin, ユークロマチン）と凝集度の高い**異質染色質**（heterochromatin, ヘテロ†クロマチン）の 2 領域に分類される（**図 2・8**）。この 2 領域は最初，1930 年代に光学顕微鏡による観察で区別された。哺乳類細胞の間期の染色質のうち約 1 割は，濃く染色される異質染色質で，残りの 9 割が薄い真正染色質である。その後の研究で，異質染色質は，遺伝子発現が抑制されている領域やもともと遺伝子密度が低い領域であり，セントロメアやテロメアが含まれることがわかった。他方の真正染色質は，遺伝子の転写が活発な領域である。ただし，真正染色質のすべての遺伝子が転写されているわけではなく，発現しているのは全遺伝子の 2〜3 割である。M 期には，染色質の全体が高度に凝縮され，染色体というコンパクトな構造体に変換される。

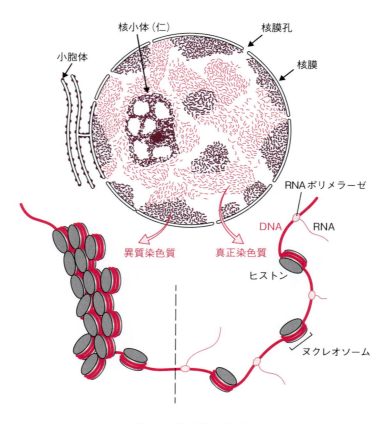

図 2・8　染色質の 2 領域

3. 複製：DNAの生合成
― 生命40億年の連なり ―

ワトソンとクリックによって1953年に提唱されたDNAの構造モデルは，分子の静的な「かたち」を表すだけではなく，遺伝情報の増幅と伝達の動的な「しくみ」をも示唆するものでした。細胞におけるDNA複製の実際のしくみは，たいへん精妙で複雑ですが，その基本部分ではたった1つの酵素が主役を果たしており，試験管内でも再現できる遺伝子工学の基礎技術になります。この単純な中核と複雑な全体像の組み合わせの妙を学んでいきましょう。

3・1　DNAは半保存的に複製される

同じ配列のDNA分子が2つに増えることを**複製**†という。DNAがどのような様式で複製されるかについては，当初3つの仮説があった（図3・1）。

(1) 保存的複製 (conservative replication)：元のDNA二本鎖はそのまま残り，新たなDNA二本鎖がもう1つ合成される。

(2) **半**†保存的複製 （semiconservative r.）：元のDNA鎖が1本ずつに分かれ，それぞれに新たな鎖が合成されて対合する。

(3) 分散的複製 （dispersive r.）：元のDNAは2本とも分解され，新旧DNA鎖が混在する二本鎖が2つ生じる。

二重鎖の構造モデルから単純に想定しやすいのは (2) の仮説である。なぜなら，互いに解離した単鎖がお手本（鋳型）となって，それぞれの塩基に対合する新しい鎖が合成されるならば，素直に2組の二重鎖が生み出されることになるからである。しかし，らせん状に撚り合わさった非常に長い二本鎖が，ファスナーのように滑らかにほどけるというのは，物理的・幾何学的にたいへん困難である。特に細菌のような環状DNAでは，複製でできる2つの環が絡み合うことになるため，切断と再結合を繰り返しながら新生されて (3) のような結果になるという仮説ももっともに思われた。(1) の仮説も，らせんのよじれに

---

† **複製 (replication)**：レプリカ (replica) という一般名詞には，芸術作品などの「模造品」という不名誉な意味もある。"replication" に似た "duplication" は「重複」と訳され，1本のゲノムDNA上で遺伝子が直列 (tandem) に増える分子進化的な過程などを指す (13・2節)。この2語がともに，分子レベルの「2倍化」を意味するのに対し，増殖 (multiplication) や生殖 (reproduction) は細胞や個体レベルの増加に使われ，しかも「2」にとどまるようなニュアンスもない。

† **半 (semi-)**：ヘミケタール (2・1節 側注)の "hemi-" と "semi-" はともに「半分の」の意味をもつ接頭辞だが，ギリシャ語由来のhemi-が「物理的・数量的にちょうど2分の1」のニュアンスが強いのに対し，ラテン語起源のsemi-は「不十分な・中間的・準・亜・副」といった意味合いがある。北半球 (north hemisphere) は地球のちょうど半分なのに対し，半導体(semiconductor)は導体（金属など）と絶縁体の中間的性質の物質であり，「電気伝導率がぴったり2分の1の値」という意味ではない。"demi-"も「半・部分的」の意。

† **安定同位元素 (stable isotope, SI)**；原子核の陽子数（原子番号）が等しいため化学的挙動は基本的に同じでありながら，中性子数が異なるため質量（質量数＝陽子数＋中性子数）の異なる原子を同位元素 (isotope, 同位体) という。接頭辞 iso- は「同じ」，tope は「場所 topos」の意で，元素の周期表で同じ位置を占めることによる命名。同位元素のうち，不安定なため放射線を出して崩壊するものが**放射性同位元素** (RI, 1·3節) で，安定なものが SI である。例えば，質量数が 12, 13, 14 の炭素（原子番号 6）のうち ^{12}C と ^{13}C が SI，^{14}C が RI。

よる位相幾何学的問題は回避できる。

これらのモデルのいずれが正しいかを決めたのは，窒素の**安定同位元素**†を用いたメセルソン (Matthew Meselson) とスタール (Franklin Stahl) の実験だった（**図 3·2**）:

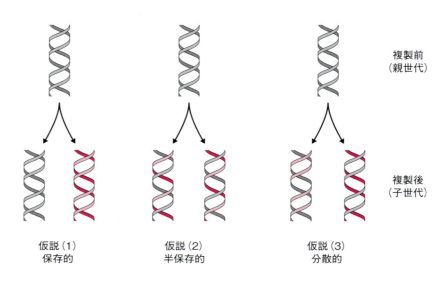

図 3·1　DNA 複製様式の 3 仮説

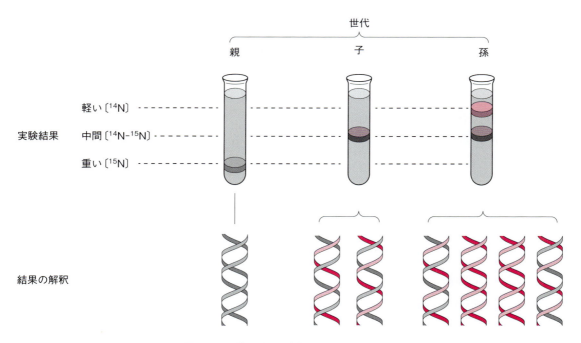

図 3·2　同位元素と遠心機を用いた判定実験

準備段階：彼らは，通常の窒素原子 ^{14}N より重い ^{15}N を含む塩化アンモニウム（NH_4Cl）を唯一の窒素源として，大腸菌を培養した。そのまま何世代も増殖すると，大腸菌の窒素はすべて ^{15}N になるので，そこから抽出した DNA も当然，通常の $[^{14}N]$ DNA より重い $[^{15}N]$ DNA となる。両 DNA は密度が 1% ほど異なり，遠心分離機（**図 6・4 上端**）で区別できる。こうして培養した $[^{15}N]$ DNA の大腸菌を親世代とした（**同図の左端**）。

子世代：親世代の大腸菌を，通常の ^{14}N のみを含む培地に移して，数がちょうど 2 倍に増えた時点の細胞を子世代とする。子世代の大腸菌から DNA を抽出して遠心機にかけると，$[^{15}N]$ DNA と $[^{14}N]$ DNA のちょうど中間の比重を示した（雑種 $[^{14}N$-$^{15}N]$ DNA, **同図の中央**）。

孫世代：子世代の大腸菌を，^{14}N のみを含む培地でさらに培養して得た孫世代では，雑種 $[^{14}N$-$^{15}N]$ DNA と，軽い $[^{14}N]$ DNA とが半分ずつになった（**同図の右端**）。この結果は，半保存的複製の仮説を明瞭に裏付けている。ただし，上述した位相幾何学的な問題がどのように回避されるのかは，改めて解くべき課題として残った（3・4・1 項）。

結論が出てみると，取り立てて問題設定する必要もないほど素直なことのように感じられるかも知れないが，実験的に押さえておくのは大切なことである。例えば，親 DNA のヌクレオソームにあるヒストン（2・5 節）の場合は，子 DNA 鎖に半分ずつ「分散的に」受け継がれる（9・5 節）。

3・2 DNA の重合反応には基質の他に鋳型とプライマーも必要である

DNA 複製で主役を演じる分子は，**DNA ポリメラーゼ**（DNA polymerase, DNA Pol と略称）とよばれる酵素である。この酵素は，DNA 鎖の末端に単量体ヌクレオチドを次々に付加して伸長する反応；

$$(dNMP)_n + dNTP \rightarrow (dNMP)_{n+1} + PP_i$$
DNA　　　　　　　　　1 nt 伸びた DNA

を触媒する。素材としてのデオキシヌクレオシド三リン酸（dNTP）から二リン酸（diphosphate, 別名ピロリン酸 pyrophosphate，略号 PP_i）を取り除きながら，デオキシヌクレオシド一リン酸の連なり（$(dNMP)_n$）である DNA 鎖を 1 単位ずつ伸ばしていく。この反応には，左辺の 2 つの基質（$(dNMP)_n$ と dNTP）の他に，**鋳型**（template）としての DNA も必要である（**図 3・3**）。そのため正確な酵素名は，DNA 依存性 DNA ポリメラーゼ（DNA-dependent DNA Pol）という。この酵素は，鋳型 DNA 鎖の上を 3′→5′ 方向に滑りながら，基質 DNA 鎖の 3′-ヒドロキシ基に dNTP の α 位のリン原子を**求核攻撃**[†]させ，

[†] **求核攻撃**（nucleophilic attack）：負電荷や非共有電子対をもつ電子密度の高い**求核試薬**（n. reagent）が，電子不足の求電子原子（electrophilic atom）を攻撃し，置換反応をすること。標的となる原子（炭素やリンなど）は，隣接する電気陰性度が高い原子（酸素やハロゲンなど）のために電子密度が低くなっている（5・4・3 項も参照）。なお，酸と塩基を電子対の授受で規定するルイス（Lewis）の定義によれば，求核試薬はルイス塩基，求電子試薬はルイス酸でもある。

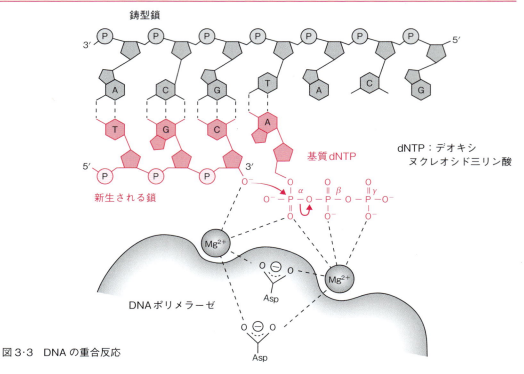

図3·3 DNA の重合反応

PP$_i$ を遊離してリン酸エステル結合を作らせる。この PP$_i$ はさらに 2 分子の P$_i$ に加水分解され，自由エネルギー（**1·4 節 側注：高エネルギーリン酸化合物**）は減少するので，反応は実質的に不可逆である。つまり dNTP の加水分解が，この反応のエネルギー源となっている。4 種類の dNTP（dATP，dTTP，dGTP，dCTP）のうちどれを動員するかは，鋳型で決まる。すなわち鋳型 DNA 鎖が情報源であり，相補的な塩基対（**2·2 節**）を形成する組み合わせの dNTP を指定する。

DNA Pol はこの反応を繰り返し，基質 DNA 鎖を 5′→3′ 方向に伸長することによって，鋳型鎖に相補的（**2·2 節**）な配列の鎖が新生される。したがってこの酵素 DNA Pol は，**連続反応性**（processivity）という特別な性質をもっている。それに対し一般の酵素は，1 回ごとに生成物を遊離して元の状態に戻り，次の同種分子を結合して同じ反応を繰り返す。たとえるなら，一般の酵素は同じ単語を連呼するのに対し，DNA Pol は物語を読み上げる。また，DNA 複製の物質源（素材）とエネルギー源はともに dNTP で，情報源は鋳型 DNA だといえる（**1·4 節末参照**）。

DNA Pol は，既存の多量体の鎖を「伸長」させることができるだけであり，一から（単量体だけから新規に）重合を開始することはできない。最初のきっかけとしてオリゴヌクレオチド（**2·2 節 側注**）が必要であり，これを**プライマー**（primer）という。"primer" という単語には，「導火線」とか「点火雷管」と

いう意味がある。遺伝子工学など *in vitro*†の反応では，人工合成した DNA をプライマーとして用いるが，生細胞の *in vivo*†では，プライマーゼ（primase）という RNA ポリメラーゼ（3・4 節）の一種で生合成される。

DNA Pol の反応速度は，細菌では約 1000 bp·s^{-1} と速いが，ヒトでは，複雑なクロマチン構造（前章）がじゃまするせいで，約 100 bp·s^{-1} と遅い。この遅さは，**複製起点**（replication origin）が多いことで補われている（3・4 節）。

細菌の複製起点は約 200 bp の長さで，塩基配列は A-T 対が豊富である。細菌のゲノムは数百万 bp からなる環状 DNA だが，そこに複製起点は 1 か所しかない。これに対し，ヒトゲノムは 24 本の直鎖状 DNA で，合計 32 億 bp の中に複製起点が 1 万か所以上も存在する。起点から複製は両方向に進行する（**図 3・4**）。DNA 二重鎖はいったんほぐされ，一本鎖それぞれが鋳型となり，両方向に重合反応が進む。合成途上の DNA は Y 字形をなすことから，この構造を西洋食器に見立て，**複製フォーク**（replication fork）とよぶ。

起点 1 か所から 2 方向に複製フォークが進むため，DNA Pol は同時に 4 個が働く。しかし重合反応の進む方向性を考えれば，この 4 つがすべて同等ではないことに気づくだろう。4 本の鋳型鎖のうち 2 本は 3′→5′ 方向なので，新しい鎖は 5′→3′ 方向に素直に連続的に合成されるのに対し，残り 2 本は 5′→3′ 方向なので，新しい鎖は短く少しずつしか合成されず，反応は非対称である。前者の連続的に合成される鎖を**リーディング鎖**（leading strand，先行鎖）といい，後者の不連続に合成される鎖を**ラギング鎖**（lagging s., 遅行鎖）と区別する。ラギング鎖の合成は，ポリメラーゼが短く進んでは後戻りして次の断片を生成し，それらの断片どうしが後ほど連結される，という方式でなさ

† *in vitro*（インビトロ）と *in vivo*（インビボ）: ラテン語由来の一対の術語。*vitro* はガラスの意味で，ポルトガル語からの外来語「ビードロ」などにも関係する。ビードロ（別名ポッペン）とは，半球の頂点に細長い筒のついたガラス製のおもちゃで，底の円板がとても薄く，筒からの呼気で変形してポッペンと音がする。*vivo* は生命の意味で，イタリア語の viva!（万歳）や英語の survival（生存）などと同根。

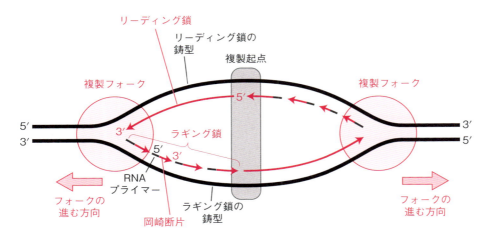

図 3・4　複製起点と 2 つの複製フォーク

れる。裁縫にたとえれば「返し縫い」にあたる。この途上で合成される約 200 nt の短い DNA 断片を，発見者の名にちなんで岡崎断片（Okazaki fragment）という。岡崎断片の長さは，真核生物では約 200 nt で，プライマーは 9〜10 nt 長である。大腸菌では約 1000 nt ごとに 5 nt 長のプライマーができる。バクテリオファージのプライマーは 1〜5 nt 長である。

3・3　DNA ポリメラーゼは二機能酵素である

DNA Pol は，構造的には 7 つのタイプが知られている。そのいくつかは明らかに相同で進化的起源を共通にするが，その他は収斂進化によってできたらしい。後者も含めて，主要部分のつくりはたいへんよく似ている。全体は右手のような形で，3 つのドメイン†からなる（図 3・5）。α ヘリックスからなる親指ドメインと他指ドメインが掌ドメインから伸びている。親指ドメインと他指ドメインが DNA 鎖に巻き付き，掌ドメインにある活性部位でポリメラーゼ反応が起こる。

DNA 重合反応は，塩基対の相補性から推測されるより以上に精度が高い。例えば C は，らせんが少しゆがむだけで T と対になりうるし，互変異性（図 4・3）によって A とも対を形成する。このようなゆらぎのせいで，10^{-5} の割合で誤対合（mismatch）が起こるはずだが，実際に完成した DNA の誤りは 10^{-10} 程度でしかない。それほどの高精度が実現する理由の 1 つは，DNA Pol

†ドメイン (domain)：タンパク質分子内の部分構造で，アミノ酸残基 100 個前後からなるかたまり。ドメイン間は短いペプチドリンカー部がつなぐ。一般にタンパク質の構造変化（コンホメーション変化）は，ドメインどうしの相対的な動き（ずれ）による場合が多い。なお生物の系統分類において，界 (kingdom) の上の階層にも同じ「ドメイン」という語が用いられるので要注意（表 13・1）。

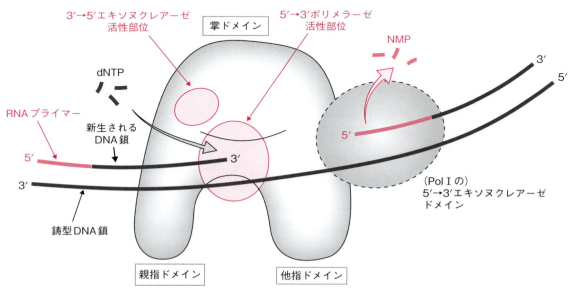

図 3・5　DNA ポリメラーゼの構造

自体に**校正**（proofreading）という第2の機能が備わっているためである。すなわち，伸びつつある鎖の3′末端に，間違った塩基（鋳型鎖に相補的でない塩基）がいったん結合しても，それを感知して切除する**ヌクレアーゼ**†活性がある（図3・5）。この第2の活性部位は，掌ドメイン上で隣接していながらも別の部位である。誤対合があると二本鎖が不安定になり，数残基分はがれる。はがれた鎖は第1の活性中心への結合力が弱く，逆に第2の活性部位は一本鎖3′末端への親和性が10倍も高いので，DNAはそちらに振れる。そちらでdNMP 1残基が切除された後はまた第1の部位にもどり，重合を続ける。したがってこの酵素は，5′→3′方向のポリメラーゼ活性と3′→5′方向のエキソヌクレアーゼ活性とを兼ね備えた**二機能酵素**（bifunctional enzyme）である。

この校正のしくみによって，DNA重合の方向が5′→3′であることが運命づけられている。なぜなら，校正のためにdNMPを1残基除くと，末端にはリン酸基をたかだか1つしか残せない。したがってエネルギー源となるリン酸無水結合はDNA鎖側にはなく，次の単量体5′-dNTPの5′末端に頼るしかないわけである。

DNA依存性DNA Polは，生物界全体で多様な種類がある。配列類似性（13・4節）に基づき7つのファミリーに分類され，それぞれA，B，C，D，E，X，Yとよばれる。

大腸菌には5つのDNA Polがあり，I～Vのローマ数字で区別される。Pol I，II，IIIはそれぞれファミリーA，B，Cに属し，Pol IVとVはファミリーYに属する。このうち染色体DNAの複製で最も主要なものはPol IIIで，連続反応性（3・2節）が高い。Pol Iは歴史上最初に発見されたが，連続反応性は低い。その代わり，上述の2機能に加え5′→3′エキソヌクレアーゼ活性ももつ（図3・5 右側）。この活性によりPolは，上流にあるプライマーRNAを除去した上で，それで生じる隙間をポリメラーゼ活性の方によりDNAで埋める役割を果たす。このPol Iは分子量が約10万と大きく，タンパク質分解酵素スブチリシンで部分分解すると2つの断片に分割される。そのうち大きい方（分子量約7万）を**クレノウ断片**（Klenow fragment）という。クレノウ断片は，遺伝子工学の初期に重用された。なぜなら，Pol Iがもつ3つの活性のうち，5′→3′エキソヌクレアーゼ活性は応用面での障害となるが，クレノウ断片ではその活性だけが除かれているためである。その他のPol II，IV，Vは，DNA損傷の修復に働く酵素で，校正機能はもたない（4・3節）。

真核生物にも15種類以上のDNA Polがあり，ギリシャ文字で区別される。複製フォークで働く主要な酵素はα，δ，εの3つであり，いずれもファミリー

†**ヌクレアーゼ**（nuclease）：核酸（nucleic acid）を分解する**酵素**（1・3節 側注）。一般に，物質名の語尾を-aseに置き換えると，その物質を分解する酵素の名称になることが多い。例えば脂質（lipid）の分解酵素はリパーゼ（lipase），タンパク質（protein）にはプロテアーゼ（protease）やプロテイナーゼ（proteinase），多糖類（デンプン）など配糖体（glycoside）にはグリコシダーゼ（glycosidase）（図7・3のβ-ガラクトシダーゼなど）。なお，線状の高分子を端から分解する酵素の名には接頭辞エキソ（exo-）を付け，内部を切断する酵素にはエンド（endo-）を付ける。例えばエキソヌクレアーゼ，エンドグリコシダーゼなど。

Bに属する。このうち連続反応性の低いPol αは新しいDNA鎖の合成開始を担当し,その後リーディング鎖ではPol ε,ラギング鎖ではPol δという連続反応性の高い酵素に切り替わる。その他のPolの多くは,やはり大腸菌と同様,修復に働く。

3・4 生体内のDNA複製には,その他の多様な酵素・タンパク質も働く

DNA複製は,*in vitro*だと(3・2節 側注),DNA Polを唯一の酵素として進行させうる。例えば,遺伝子工学で頻用される**ポリメラーゼ連鎖反応(PCR)**†という手法では,耐熱性のDNA Polが使われる(図3・6)。PCRは,酵素(DNA Pol)・基質(dNTP 4種の混合物)・鋳型(二本鎖DNA)・プライマー

†**ポリメラーゼ連鎖反応(polymerase chain reaction, PCR)**: 二本鎖DNA分子(鋳型)のうち,増幅させたい標的領域(通常数千bp)を決める。その両端の短い配列(通常20 nt程度)のオリゴデオキシヌクレオチド(DNAプライマー)を化学合成しておく。ただしその2本の配列は,互いに正反逆方向(反対鎖の方向)に設計する。反応液には,鋳型に対して過剰量のプライマーを混合する。この反応液を95℃に温めてDNAを変性(二本鎖を解離)させた後,50℃に冷やすと,プライマーが一本鎖DNAに対合する(アニーリング)。そこでDNA Polが働きだし,標的領域は倍(二本鎖2本)に増える。このような温度の昇降を繰り返すと,標的部分が倍々に増幅されていく。DNAの変性が可逆的なのに対し,酵素タンパク質の熱変性は一般に不可逆的だが,好熱性細菌に由来する耐熱性DNA Polを使えば,降温のたびに加え直す必要がない。ただし重合反応には70℃程度が必要となり,95→50→70℃のサイクルにする。

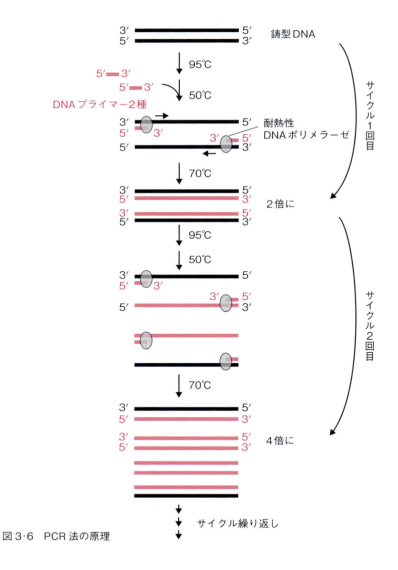

図3・6 PCR法の原理

（一対のオリゴヌクレオチド，2·2 節 側注）の 4 者を主要な成分とする比較的単純な溶液中で進行しうる．ただしそのような簡素なしくみで起こるのは，せいぜい長さ数千 bp 程度の DNA 分子の単純な増幅である．数百 kb から数 Gb 長のゲノム DNA を複製する *in vivo* の合成反応は，多くのタンパク質が共同する複雑な過程であり，細胞周期と同調するよう精密に調節されている（2·5 節 側注）．細胞内での DNA 複製は，**開始**（initiation）・**伸長**（elongation）・**終結**（termination）の 3 段階からなる．

3·4·1 開 始

細胞内の DNA 複製では，複製フォークにおいてリーディング鎖とラギング鎖が同時に合成される．Pol III のホロ酵素（酵素全体）にはコア酵素（中心実働部）が 2 つ含まれ，その両鎖の合成を分担する（図 3·7）．コア酵素は，ポリメラーゼ本体である α と，校正活性をもつ ε および θ の，計 3 つのサブユニット（1·3 節 側注）からなる（表 3·1）．2 つのコア酵素をつなぐ中間部には，$γτ_2δδ′χψ$ のヘテロ七量体構造がある．このうち $γτ_2δδ′$ は **留め金装着複合体**（clamp loader）あるいは γ 複合体とよばれる．複製フォーク全体ではさらに他の脇役も加わり，合計 20 種類以上のタンパク質が協調する **レプリソーム**（replisome）という巨大複合体をなす（表 3·1 と 3·2）．

複製を始めるには，塩基対形成した DNA の二本鎖をうまく引き離す必要がある．PCR のような *in vitro* 反応では温度を上げて熱変性させて引き離すが，常温の細胞では **DNA ヘリカーゼ**（helicase，DnaB）という酵素の働きで引き離す．ヘリカーゼは，一本鎖 DNA（single-stranded DNA，ssDNA）を取り囲

表 3·1 大腸菌 DNA Pol III（ホロ酵素）のサブユニット

サブユニット名	遺伝子名	機能	サブグループ	分子量	ホロ酵素あたりの数
α	*polC* (*dnaE*)	ポリメラーゼ本体	コア酵素	129,900	2
ε	*dnaQ* (*mutD*)	校正（3′→5′ エキソヌクレアーゼ）活性		27,500	2
θ	*holE*	ε の安定化		8,600	2
τ	*dnaX*	鋳型との安定な結合，コア酵素の二量体化	留め金装着複合体（γ 複合体）	71,100	2
γ	*dnaX* の一部	留め金の装着		47,500	1
δ	*holA*	留め金の解放		38,700	1
δ′	*holB*	留め金の装着		36,900	1
χ	*holC*	SSB との相互作用		16,600	1
ψ	*holD*	γ，χ との相互作用		15,200	1
β	*dnaN*	滑る留め金タンパク質		40,600	4

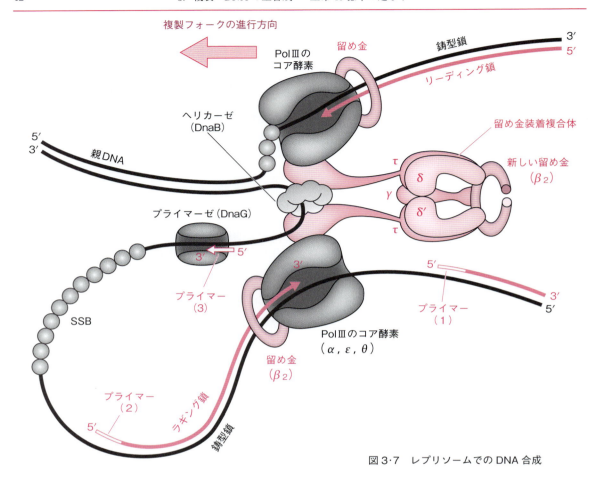

図 3・7　レプリソームでの DNA 合成

表 3・2　複製に必要なタンパク質（Pol III 以外で）

グループ	サブグループ	タンパク質	機能	分子量	サブユニットの数
レプリソーム	プライモソーム	SSB	一本鎖 DNA への結合	75,600	4
		ヘリカーゼ（DnaB）	DNA 二本鎖の引き離し	300,000	6
		プライマーゼ（DnaG）	RNA プライマーの合成	60,000	1
		DNA Pol I	プライマーの分解とギャップの充填	103,000	1
		DNA リガーゼ	DNA 断片の連結	74,000	1
	トポイソメラーゼ	I 型	超らせんの弛緩	100,000	1
		II 型（DNA ジャイレース）	絡まりの除去，負の超らせんの形成	400,000	4
その他，複製の開始に必要なタンパク質		DnaA タンパク質	複製起点の認識と二本鎖の解きほぐし	52,000	1
		DnaC タンパク質	複製起点への DnaB の結合補助	174,000	6
	DNA 結合タンパク質。複製開始の促進	HU	ヒストン様細菌タンパク質	19,000	2
		FIS	(factor for inversion stimulation)	22,500	2
		IHF	(integration host factor)	22,000	2
		Dam メチラーゼ	複製起点 C にある 5´GATC 配列をメチル化	32,000	1

む環状の六量体で，ATP の加水分解をエネルギー源として ssDNA に沿って連続的に塩基対を解いてゆく．露出した ssDNA は放置すると自然に二本鎖に戻ろうとするので，一本鎖 DNA 結合タンパク質（<u>ss</u>DNA <u>b</u>inding protein, **SSB**）が一時的に結合して保護する．Pol III コア酵素には連続反応性があるとはいえ，平均 20〜100 bp ほど合成したところで鋳型から離れようとする．これを妨げるため，**滑る留め金**（sliding clamp, β サブユニット）とよばれるタンパク質のドーナツ状二量体（β_2）が結合して酵素の拡散を妨げる．この留め金の脱着は，γ 複合体がドーナツの穴を開閉して行う．

大腸菌 DNA の *in vivo* 複製は，5 Mb のゲノム DNA の中のたった 1 か所から始まる（3・2 節）．その複製起点を *oriC* とよぶ．*oriC* は 245 bp からなる DNA 領域で，AT 塩基対に富む 13 bp の配列が 3 つ並んだ領域と，DnaA タンパク質を結合する 9 bp の配列を 5 つ含む領域とからなる．前者の AT 豊富領域は塩基対が比較的乖離しやすく，**DNA 巻き戻し配列**（<u>D</u>NA <u>u</u>nwinding <u>e</u>lement, DUE）とよばれる．後者の領域に DnaA 単量体が結合しオリゴマーを形成し，また他の HU, FIS, IHF（表 3・2）なども結合すると DNA にひずみが生じる．その影響で DUE が局所的に変性することが，複製開始の引き金となる．DnaC の助けのもとに，DnaB ヘリカーゼの環が一時的に開いて ssDNA を囲むように結合する．このヘリカーゼの結合が複製開始の鍵であり，そこには他のタンパク質も結合しやすくなっている．まずプライマーゼ（DnaG）が結合し，リーディング鎖の RNA プライマーを合成する．γ 複合体（留め金装着複合体）はその RNA-DNA 二本鎖を認識して留め金をはめ，引き連れてきた Pol III が DNA 複製を開始する（図 3・7）．

真核細胞の複製も基本的なしくみは大腸菌とよく似ているが，細胞あたりの DNA の合計長が長い（大腸菌 5 Mb に対してヒトでは千倍以上の 6.4 Gb）上に，染色体が分かれている（1 本対 46 本）という違いがある．これらの問題点は，複製起点を数万か所に増やすことによって解決している．このことは同時に，Pol の重合速度が遅いことの克服策にもなっている（3・2 節）．ヒトの複製起点に配列上の明確な特徴はないが，AT が豊富であり，そこに複製起点認識複合体（<u>o</u>rigin <u>r</u>ecognition <u>c</u>omplex, **ORC**）が結合する．ORC は，大腸菌の DnaA と **相同な**[†] 6 種類のタンパク質からなり，同様な六量体構造をとる．さらに，ライセンス因子（licensing factor）とよばれる Cdc6, Cdt1, Mcm2-7 などのタンパク質が引き寄せられる．これらが「ライセンス」とよばれるのは，DNA 複製開始の「許可」を出すからであり，細胞周期と協調する基盤の 1 つになっている（2・5 節 側注）．

[†] **相同な**（homologous）：ヒトの手・鳥の翼・魚の胸鰭のように，形や機能は違っても進化的な起源が共通であることを**相同**（homology）というのに対し，鳥の翼と蝶の翅のように，形や機能に類似性があっても進化的な起源が異なることは**相似**（analogy）という（形容詞は analogous）．相同という概念は，器官だけでなくタンパク質・遺伝子（相同遺伝子，13・3・2 節）・染色体（相同染色体，1・5 節）にも拡張されており，**相同体**（homologue）と総称される．分子レベルの相同体は，アミノ酸・塩基の配列が偶然にはありえないほど類似していることなどで判定される．

3・4・2 伸　長

さて，複製が開始されたリーディング鎖は，そのまま素直にヘリカーゼの移動に同調して連続的に伸長されていく。プライマーゼは次にラギング鎖のプライマー合成に従事し，もう1つのPol IIIコア酵素が岡崎断片（3・2節）を繰り返し合成する。ラギング鎖の完成には，Pol IがRNAプライマーの除去（ヌクレアーゼ，3・3節）とDNAの充填（ポリメラーゼ）を行い，最後に**リガーゼ**（ligase，8・4・3項 側注参照）が断片同士の連結を行う（表3・2）。

ヘリカーゼがDNAのらせんをほぐしながら二本鎖を分離するにつれ，複製フォークの前方のDNAには**超らせん**（supercoil）が生じ，巻きの数は増えていく。複製が10 bp進むたびに1巻き分（2・2節）のゆがみが蓄積する。超らせんの問題は，大腸菌の環状DNAのように，末端のない閉じた鎖を考えるとわかりやすいが，真核細胞の直鎖状DNAのようにたとえ末端があっても，実際は同じである。10 bpの複製のたびに，その前方あるいは後方の長大な染色体全体を回転させるのは不可能だからである。また，複製で生じた2つの二本鎖DNAが絡み合うというのも問題である。特に細菌のような環状DNAの場合は，複製産物の撚れ合う2つの環をどう引き離すかという**位相幾何学**†的な課題も生じる（3・1節）。生物はこれらの問題を**DNAトポイソメラーゼ**（DNA topoisomerase，表3・2）によって解決している。この酵素は，DNA鎖に切れ目を入れ，超らせんや絡まりを解消してからつなぎ直す，可逆的なヌクレアーゼである。トポイソメラーゼにはいくつかの種類がある（**次項**にも登場）。そのうちトポイソメラーゼⅠ（IA型）は，二本鎖の一方だけに切れ目を入れ，超らせんが自然に弛緩してから再結合する。**DNAジャイレース**（DNA gyrase，IIA型トポイソメラーゼに分類）は，ATPの加水分解をエネルギー源として，二本鎖をともに切断し，別の二本鎖DNAをくぐらせてから再結合することにより，DNA間の絡まりを解消する。

3・4・3 終　結

大腸菌の環状DNAの場合，2つの複製フォークは環をそれぞれ半周ずつ進み，最後に複製起点の対極にある終結領域で出会う。この領域には，Terと名付けられた20 bpの配列が複数コピー存在する。この名は"terminus"（終点）に由来する。複製が完了すると，2つの大きな環状DNAがトポロジー的に絡み合った状態にいたる。この絡まりをトポイソメラーゼⅣ（IIA型に分類）が解いた上で，DNAは細胞分裂に伴って2つの娘細胞に分配されていく。真核細胞の直鎖状DNAは，末端を完全に複製するのがもっと難しい。この「末端

†**位相幾何学**（topology）：図形を構成する点の位置関係のみに着目する幾何学。例えば図形がゴムでできていると仮定し，切断や融合はせず伸び縮みだけで同じ形に変形できる2つの図形は，同じ（同相の）図形とみなす。例えば指輪とドーナツとコーヒーカップは同相，眼鏡フレームと二つ穴ボタンは同相。環状二本鎖DNAのように複雑に絡み合った2本の輪を，切断を経ずに分離できるかどうかなどの問題に位相幾何学が関わる。

複製問題」は，真核生物の寿命やがんなどにかかわる幅広い話題につながるので，節を改めて詳述する。

3・5　末端複製問題は細胞の寿命を左右する

　DNAの複製はRNAプライマーに先導されて始まり，最初のRNA部分は複製後に除去される。したがって真核生物の直鎖状DNAでは，上流側最末端が複製のたびにプライマーの長さ分ずつ短くなってしまう。この事情は，細胞の寿命の限界が決まるしくみの1つだと考えられている。ヒトの体細胞の多くは50～60回までしか分裂できない。培養細胞では，由来する動物や器官の種類によってその回数が決まっており，発見者の名前から**ヘイフリック限界**(Hayflick limit) と名付けられている。

　しかしながら，遺伝情報を連綿と子孫に伝える単細胞真核生物や，多細胞生物でもそのうちの生殖細胞の系列では，世代を超えて完全長のDNA鎖を渡し続けなければならない（図1・9）。この問題の克服は，DNAの末端を特殊な構造にすることと，特別なDNA Polを用意することで実現されている（図3・8）。染色体の末端は**テロメア**†とよばれ，そのDNAはTとGの多い配列モチーフが縦列に多数反復している。ヒトの場合，5′-TTAGGG-3′という6塩基配列が数百個も繰り返している。反復箇所の大部分は通常通り二本鎖だが，3′末端が少しだけ一本鎖として伸びている。この3′末端を伸長させる酵素が，**テロメラーゼ**（telomerase）とよばれるDNA Polの一種である。テロメラーゼはリボ核酸タンパク質（ribonucleoprotein）であり，鋳型として機能するRNAをサブユニットとして内蔵している。すなわちこの酵素は，外部のDNAを鋳型とする一般のDNA依存性DNA Pol（3・2節）と異なり，鋳型を内蔵する特殊なRNA依存性DNA Polといえる。このRNAには，テロメアのモチーフと相補的な配列が約1.5コピー分含まれている。ヒトの場合それは3′-AAUCCCAAUC-5′である（図3・8）。この配列がまずテロメア3′末端のDNA一本鎖部分と部分的に対合し，非対合部分が鋳型となって，この3′末端の伸長を導く。次にこの鋳型RNAは6塩基分前方にずれ，新たな3′末端が再び伸長する，という反応を繰り返す。この延長された3′末端を鋳型にすれば，通常のラギング鎖用のPolによって，相手DNA鎖の5′末端も伸長できる。以上の反応で，細胞分裂のたびに短縮される反復配列を補える。

　このテロメラーゼの活性の高低や，テロメア短縮の程度が，老化やがんの要因に関連しているという考えを「テロメア仮説」という。実際ヒトのテロメラーゼ活性は，組織ごとで異なっている。一般の体細胞では貧弱なのに対し，増殖

†**テロメア** (telomere)：染色体の両端の構造で，セントロメアと対比される（2・4節）。接頭辞 telo- には2つの由来がある。ここでは teleo-（末端，最終，目的の意）の異形で，teleology（目的論）・telophase（**終期**，かつては末期とも）などと同根。もう1つは tele-（遠い，離れたの意）の異形で，telodynamic（動力遠距離伝達の）は telephone（電話）・telescope（望遠鏡）などと同根。なお，細胞周期 (cell cycle, 2・5節 側注：**間期**) で分裂期（M期）をさらに4分割した最後が終期で，その前は前期 (prophase)・中期 (metaphase)・後期 (anaphase)。

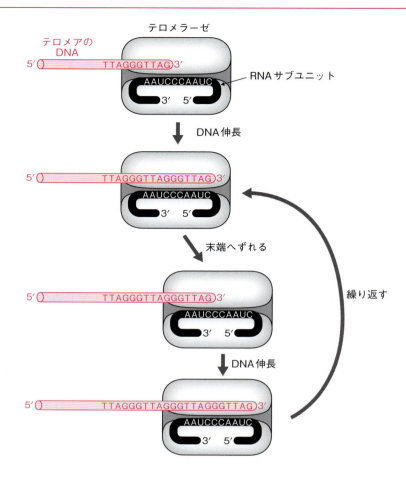

図3・8　テロメラーゼによるテロメアの延長

性の高い血液・皮膚・腸などの幹細胞や生殖細胞系列では高い。がん細胞でも高く，それが，がんの無限増殖性の基盤になっている（14・3節(d)）。正常細胞でも，遺伝子工学的にテロメラーゼを高発現させると，効率よく不死化するという実験結果が知られている。

4. 損傷の修復と変異

── 過ちを改める勇気 ──

　細胞における DNA 複製は，前章で学んだように精密で正確なしくみですが，それでも情報の写し取りを間違えることはあります。まして外界からの攪乱があれば，誤りは避けきれません。しかし細胞には，そのような間違いを正すしくみが何重にも備わっています。この章では，まず DNA 損傷の原因や種類を理解した後，それを修復する多様なしくみを学びましょう。修復しきれない DNA の変化は「変異」として残り，表現型に影響したり，子孫に遺伝したりします。変異には有害なものもありますが，進化の原資となるものも含まれます。

4·1　DNA 損傷の原因には化学物質・放射線・複製ミスなどがある

　DNA の塩基配列の変化を**変異**†（あるいは**突然変異**）という。ランダムな変異を生じさせる原因はいくつかある。第 1 に，天然あるいは人工の化学物質や放射線が DNA 分子に**損傷**（damage）を与える場合がある。そのような物質や放射線を**変異原**（mutagen）とよび，前者を化学的変異原，後者を物理的変異原と整理する（14·3 節）。化学的変異原には，反応性が高く DNA の塩基を化学修飾する外来有害物質や，細胞内に生じる代謝副産物などがある。第 2 に，このような特定の変異原がなくても，熱運動によって自然な分子変化も起こる。例えば脱プリン反応では，DNA の塩基のうちアデニン（A）やグアニン（G）が脱落する（図 4·1 上）。これでは主鎖は切断されず，歯の欠けた櫛のような形になる。第 3 に，DNA 複製の誤りも変異の原因となる。この誤りは DNA ポリメラーゼの反応特異性が完璧ではないことによる。さらに，トランスポゾンやレトロウイルスも突然変異の原因となる（11·1 節）。

　化学的変異原となる物質にはいろいろな種類がある。ニトロソアミンや *N*-メチル-*N*-ニトロソ尿素など**アルキル化剤**（alkylating agent）は，塩基やリン酸残基をメチル化やエチル化する（図 4·1 下）。アクリジンオレンジや臭化エチジウムなどの**塩基間挿入剤**（intercalating a.）は，隣接する塩基対に割

† **変異**（mutation）: 生物の遺伝情報に起こった変化。具体的には，DNA の塩基配列の変化を意味し，塩基の置換・欠失・挿入などがある。同じ "mutation" という語は，遺伝情報（塩基配列）が瞬間的に変化する現象を指すこともあった。そちらには「突然変異」という訳語もふさわしいが，変化が起こることや起こすことを指す語としては "mutagenesis"（変異誘発）が代わりに使われるようになったので，「突然」という形容語は今やふさわしくない。ただし欧州語では一般に，時間的変化と定常的状態を同一の語で示す混乱はかなり広範に存在し，例えば "extension"（延長）という語には，延びてゆく変化と，物体が一定の空間を占めている性質との両義があるため，日本語訳だけの問題ではない。

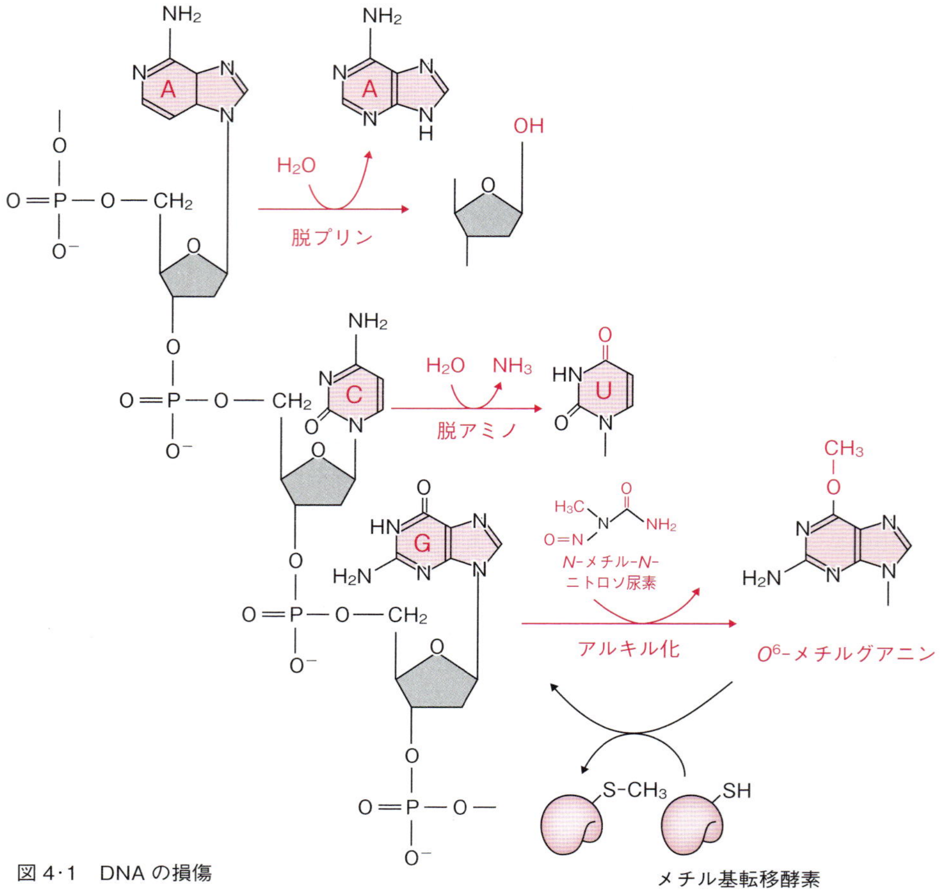

図 4·1　DNA の損傷

り込み，二重らせん構造を攪乱する（**5·2 節**）。変異原の多くはがんの原因となり，**発がん要因**[†]ともいう（**14·3 節**）。したがって，ヒトに対する**発がん性**（carcinogenicity）が疑われる物質を，細菌に対する**変異原性**（mutagenicity）で検査することもできる。その代表的な手法に**エイムス試験**（Ames test）がある。この試験では，ヒスチジン（His）を自前で生合成するのに必要な遺伝子にミスセンス変異かフレームシフト変異（**4·2 節**）があるネズミチフス菌 *Salmonella enterica* serovar Typhimurium を前もって用意しておく。この変異株は，培地に His がないと生えてこない「His 要求株」（**1·3 節 側注：栄養要求性**）だが，あらかじめその被疑物質で処理してから培養すると，少数ながら His 非含有培地でも増殖できる株が生じることがある。このように，1つ目の（前もって用意した）変異で失った形質を，2つ目の（新しく生じた）変異で回復した株を**復帰変異株**（revertant）という。変異原性が高い物質ほど，そのような復帰変異が発生する確率が高い。

[†] **発がん要因**(carcinogen)："carcinogen" を「発がん物質」と訳すことがあるが，原語に「物質」の意味はなく，**電離放射線**（物理的発がん要因）・発がんウイルス・発がん細菌を除外することになってしまう。なお放射線（radiation）には，波長の短い（1量子あたりのエネルギーが高い）X 線・γ 線・紫外線など，照射された物質に電離を引き起こす**電離放射線**（ionizing r.）と，波長の長い可視光線・赤外線・携帯電話やテレビなど通信に使う電波のように無害な非電離放射線とがあるが，発がん要因は DNA を損傷する前者だけ。

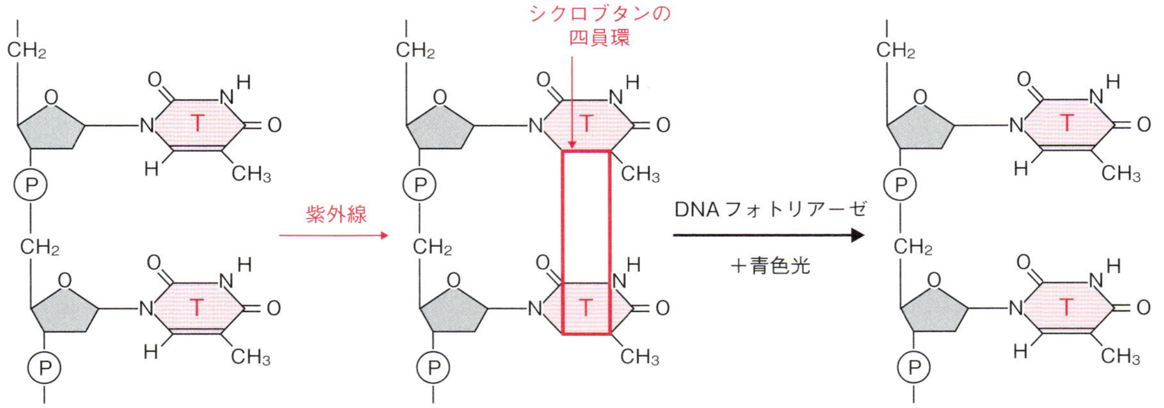

図4・2 チミン二量体の形成と光回復

　電離放射線のうち，日光に含まれる紫外線は，DNA鎖上で隣り合ったチミン（T）のC5-C6間を架橋して四員環をなし，**チミン二量体**（thymine dimer）を生成する（図4・2中央）。電離放射線は，他にも鎖の切断など，大規模な悪影響を起こすことがある。一般に，DNA損傷が小規模だと，修復されたり（4・3節）変異を残したまま細胞が生存・増殖したりする（4・2節）。しかし大規模だと細胞は**ネクローシス**†で，中規模だと**アポトーシス**†で死ぬ。

　熱エネルギーによって自然発生する損傷には，上述の脱プリン反応の他，脱アミノ反応もある（図4・1中段）。いちばん起こりやすいのは，シトシン（C）がウラシル（U）に変わる変化であり，これにより対合相手はグアニン（G）ではなくアデニン（A）に換わる。他にも，Aがヒポキサンチン（I，2・1節）に変わると，対合相手がTからCに換わる。Gがキサンチンに変わっても相手はCのままだが，対合の水素結合は2本に減る。

　DNA複製のミスは，低い確率ながら不可避的に起こる。それは塩基の**互変異性体**（tautomer）による（3・3節）。**互変異性**（tautomerism）とは，異性体どうしが自然に相互変換しながら共存するような平衡に達している状態のことである。DNAの塩基ではケト-エノール異性やアミノ-イミノ異性などがある（図4・3）。異なる型には対合する相手の塩基も異なるため，異型の存在確率が塩基対形成の正確さの化学的限界を決めることになる。

4・2　DNAの変異には置換・欠失・挿入などの種類がある

　損傷や複製ミスの結果として，親（鋳型）のDNAとは異なる塩基配列が生じ，しかもそれが細胞内で修復しきれないと，変異として子孫（あるいは子孫

†ネクローシス（necrosis，壊死）とアポトーシス（apoptosis，枯死）：細胞死（cell death）の2種。ネクローシスは，物理的・化学的傷害や虚血（血流不足）による低酸素などによって細胞（や組織・器官）に起こる不慮の事故死（accidental d.）。アポトーシスは，細胞膜や細胞小器官が正常な形態を保ちながら，核内のクロマチンが凝集しDNA全体が断片化される，細胞の計画的な自殺（suicide）。アポトーシスには生理的なものと病理的なものがある。生理的なアポトーシスには，胎児の発生過程（9・3節）で扁平な塊の手足から指と指の間の細胞が死んで最終的な形になるようなプログラムされた死（programmed d.）や，月経時の子宮内膜・離乳後の乳腺などの細胞死がある。病理的なアポトーシスは，DNA損傷の存続を解消し，発がん（14・3節）などのリスクを避けるために発動される。

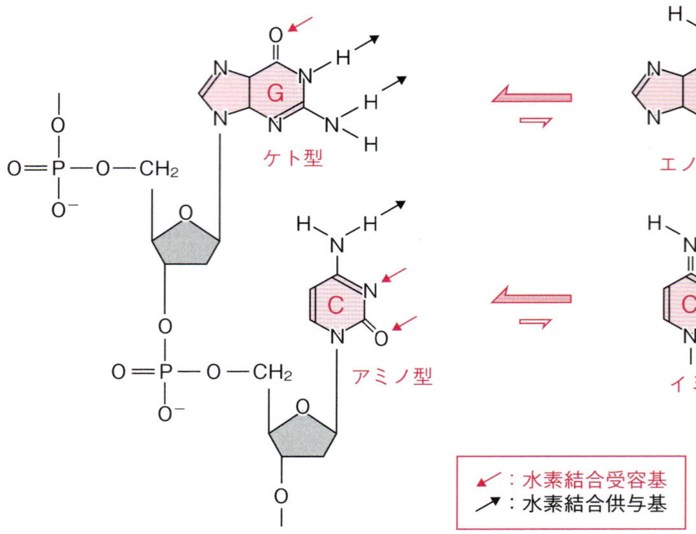

図4・3 塩基の互変異性

細胞）に受け継がれる．変異には，1塩基分の小規模なものから染色体レベルの大規模なものまで，長短いろいろある．

　ヌクレオチド1個単位の置換や追加・除去など小さな変化を点変異（point mutation）という（**図4・4**）．**置換**（substitution）のうち，プリン内（AとGの間）やピリミジン内（CとTの間）の置き換えを**トランジション**（transition）といい，プリン-ピリミジン間の置き換え（例えばAがCに変わる）を**トランスバージョン**（transversion）という．

　コード領域（**2・3節**）で起こる塩基置換は，その影響の度合いによって3つに分類できる．コード領域のDNAは，3塩基で1アミノ酸を指定するが（詳しくは**6・1節**参照），指定するアミノ酸が変わらないような変異を**同義置換**（synonymous s.）とよぶ．「遺伝子の言葉の意味が変わらない同義語」というたとえであり，別名サイレント変異ともいう．**非同義置換**（nonsynonymous s.）のうち，コードする対象が別のアミノ酸に変わる場合を**ミスセンス変異**（missense m.）というのに対し，コドンが終止コドンに変わって翻訳が中断される場合を**ナンセンス変異**（nonsense m.）という．ナンセンス変異が起こると，生成されるポリペプチド鎖が短縮するので，その影響が大きい．同義置換は影響がなく，ミスセンス変異はそれら両者の中間的な影響を及ぼす．

　ヌクレオチドが追加されることを**挿入**（insertion），除かれることを**欠失**（deletion）という．ヌクレオチド1個か2個が挿入されたり欠失されたりすると，翻訳の**読み枠**（frame，3塩基単位の区切り，**6・1節 側注**）がずれるので，

4·3 DNAの損傷は大小の多重なしくみで修復される

```
                              240       250
もとの塩基配列          5'-GCACAGCTGCCAATTA-3'
                         -Ala-Gln-Leu-Pro-Ile-
```

243 G＞A *注1：トランジション，同義置換
```
                              240       250
                      5'-GCACAACTGCCAATTA-3'
                         -Ala-Gln-Leu-Pro-Ile-
```

243 G＞T, Gln81His *注2：トランスバージョン，非同義置換（ミスセンス変異）
```
                              240       250
                      5'-GCACATCTGCCAATTA-3'
                         -Ala-His-Leu-Pro-Ile-
```

243 del：欠失
```
                              240 ↓    250
                      5'-GCACACTGCCAATTA-3'
                         -Ala-His-Cys-Gln-Leu-
```

243 ins T：挿入
```
                              240       250
                      5'-GCACATGCTGCCAATTA-3'
                         -Ala-His-Ala-Ala-Asn-
```

図 4·4　点突然変異の種類

*注1：243番目の塩基がグアニンからアデニンに置換されたことを示す。

*注2：N末端から81番目のアミノ酸残基がGlnからHisに置換されたことを示す。一文字表記でQ81Hと表すこともある（表6·1）。

フレームシフト変異（frameshift m.）となる。挿入や欠失が3の倍数であれば，アミノ酸の挿入や欠失になり，読み枠はずれないため，その影響はフレームシフト変異の場合より小さい。

突然変異には，点変異だけでなく，数bpから数万，数十万bpの長大な塩基配列の挿入や欠失・逆位・転位などもある。光学顕微鏡で染色体の構造変化が観察できるほど大規模なものもある。

4·3　DNAの損傷は大小の多重なしくみで修復される

遺伝情報を正確に保つことは，生物が存続するためにたいへん重要なので，**DNA修復**（DNA repair）のしくみとして，比較的単純なものから複雑で大規模，精妙なものまで，さまざまな分子装置が用意され，**複製間違い**[†]を劇的に減らす。大腸菌では約100個，ヒトでは130個以上の遺伝子がDNA修復に関与する。そのうち1つでも機能が失われると，ゲノムが不安定化し，がんが起こりやすくなる。

4·3·1　直接的修復

DNA分子の傷害（lesion）をそのまま単純に元に戻す現象を**直接的修復**（direct repair）という。その代表的な例に，O^6-メチルグアニン-DNAメチル

[†] **複製間違い**（replication error）：塩基対の**誤対合**（mismatch）による複製エラーは10^{-5}の確率で起こるが，DNA Pol自身の校正機能で99%が正される（3·3節）。ミスマッチ修復（4·3·2項①）でさらに100分の1に減り，その他の修復機構も働いた最終的な間違い率は10^{-10}しかない。空港のロストバゲージ（荷物が紛失する）率6.5×10^{-3}（SITA，国際通信航空協会の報告）や，日本の交通事故年間死亡率3.1×10^{-5}に比べると，圧倒的に安全である。ただし，配偶子の形成にはDNA複製を何回も経るので，1世代で新規（de novo）に生じる突然変異の率は$0.96 \sim 1.2 \times 10^{-8}$，数はヒトゲノム$3.2 \times 10^9$ bpに約30個である。

基転移酵素（O^6-methylguanine-DNA methyltransferase）がある（図4・1下）。この酵素は，DNA中のグアニンがアルキル化されたO^6-メチルグアニンのメチル基を除去する。除去前の修飾されたGは，CよりむしろTと対合する傾向があるので，G≡C対からA=T対への変異を誘発する。この修復でDNAから除かれたメチル基は，そのままこの酵素タンパク質に共有結合して永久に残る。そのためこのトランスフェラーゼは1回しか働けず，厳密には酵素（触媒）とはよべない。たった1塩基を修復するのにタンパク質分子を丸ごと1個消費するのは浪費に思われるが，それだけに，DNAの完全性を維持することがいかに大切かを物語っている。

直接的修復のもう1つの有名な例に，**光回復**†がある。紫外線の照射で生じたチミン二量体（4・1節）に対し，DNAフォトリアーゼ（DNA photolyase）という酵素が作用して，二量体間の共有結合を切断して正常に戻す（図4・2右）。この酵素には，補酵素として**葉酸**（**6・2節 側注**）の誘導体であるN^5, N^{10}-メチレンテトラヒドロ葉酸ポリグルタミン酸（N^5, N^{10}-methylenetetrahydrofolyl polyglutamate，略してMTHF poly Glu）と$FADH_2$（$FADH^-$）が結合しており，青色光（波長300～500 nm）を吸収する。この可視光エネルギーがDNA修復の酵素反応を駆動する。

4・3・2 除去修復

二本鎖の片方の塩基あるいはヌクレオチド残基を除去し，相補鎖の塩基に合わせて置き換える修復を**除去修復**（excision r.）という。最も基本的で中核的な修復様式であり，次の3つの機構が代表的である。

①**ミスマッチ修復**（mismatch r., 誤対合修復，略称MMR）：DNA複製時の校正を逃れた誤対合を，その直後に修復する。次の②や③と異なり，もっぱら複製ミスへの対策であるため，「ミスマッチ校正」とよばれることもある。

大腸菌では，MutS，L，Hという3つのタンパク質が相互作用して，この修復の主役を務める（図4・5）。DNA二本鎖のうちどちらが正しい原本かは，**Damメチラーゼ**†という酵素の働きでもともとDNA鎖に刻印されている目印で識別される。この酵素は，複製フォーク通過後 数秒～数分後に，GATC配列のAのN^6位（表2・2）をメチル化する。したがって，複製直後には新生鎖はまだメチル化されていないため，メチル化鎖が正しい親鎖で非メチル化鎖が修復すべき娘鎖だと区別できる（8・4・3項 参照）。この一時的な半メチル化状態のおかげで，複製フォークから数百bp離れた誤対合も効率よく修復しうる。3つのタンパク質のうち，まずMutSがG-Tなど誤対合によって生じた

---

† **光回復**（photoreactivation）：DNAフォトリアーゼは光回復酵素とも通称される。細菌から鳥類まで存在するが，哺乳類にはない。一般に，調理場や生物実験室には紫外線ランプが設置されており，無人の夜間には点灯してその場を殺菌する。これは，雑菌のゲノムDNAに損傷を与えることによって，死滅させる手法である。この際，通常の照明灯を消す必要があるのは，単に省エネのためだけではなく，雑菌に光回復を起こさせないためである。

† **Damメチラーゼ**（Dam methylase）：細菌におけるDNA塩基のメチル化には2つの意味がある。1つは，細菌の生体防御機構である**制限修飾系**（**8・4・3項 側注**）の一部である。外来のプラスミドやバクテリオファージのDNAから自己を守るため，細菌は特定の塩基配列を認識して切断する**制限酵素**を備えている。自分のDNAは制限酵素の標的とならないように，同じ配列中の塩基をメチル化修飾して区別する。もう1つがこの腸内細菌科のDamメチラーゼの働きであり，鋳型鎖と新生鎖の識別に働く。

DNA主鎖のゆがみを認識する（**図4・5**）。これが次にMutLをよび寄せ，それによって活性化されたMutHが二本鎖のメチル化の有無を識別し，間違った新生鎖（非メチル化鎖）の方にエンドヌクレアーゼとして作用し，切れ目（nick）を入れる。特異的なUvrDヘリカーゼとエキソヌクレアーゼが，この切れ目から鎖の一部を除去し，DNAポリメラーゼⅢ（Pol Ⅲ）がその穴を埋め，最後にDNAリガーゼが切れ目をつなぐ。

しかし大腸菌以外のほとんどの細菌や真核生物は，DamメチラーゼやMutHの相同物（homolog）をもたず，半メチル化状態を利用できない。その代わり，岡崎断片（**3・2節**）間のすきまを，目印のニックとして利用する。ただし真核生物でも，MutS相同物のMSH（MutS homolog）タンパク質や，MutL相同物のMLHが見つかっている。ヒトの遺伝性非ポリポーシス大腸がんの遺伝的素因は，大部分がMSH2かMLHT遺伝子の変異だと判明している（がんの遺伝因子については，**14・3節**）。

②<u>塩基除去修復</u>（<u>b</u>ase <u>e</u>. <u>r</u>., 略称BER）：誤って修飾された塩基を1個単位で修復する（**図4・6**）。異常な修飾残基には，3メチルアデニン（3-methyladenine）をはじめ，CやAの脱アミノ化産物，ピリミジン二量体な

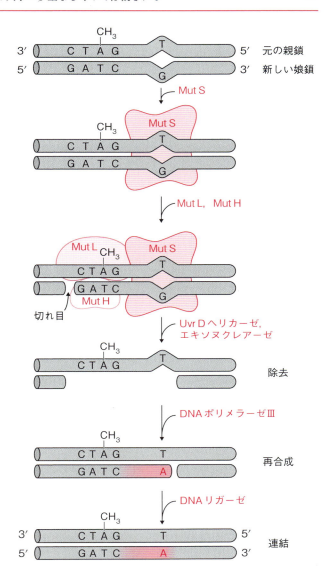

図4・5　ミスマッチ修復（MMR）

どがある。大腸菌では，まずこれらの修飾塩基だけをAlkAというグリコシラーゼ（glycosylase）が切除する。この段階では主鎖の骨格は残る。次にAPエンドヌクレアーゼ（AP endonuclease）がこの損傷を認識し，すぐ横の主鎖に切れ目を入れる。酵素名の"AP"とは，この損傷箇所をAP部位（<u>a</u>purinic site, <u>a</u>pyrimidinic siteより）とよぶことに由来する。さらに，そこに残ったデオキシリボースリン酸を別の酵素が切り取り，DNAポリメラーゼⅠ（Pol Ⅰ）が正しいヌクレオチドを挿入し，最後にDNAリガーゼが連結する。

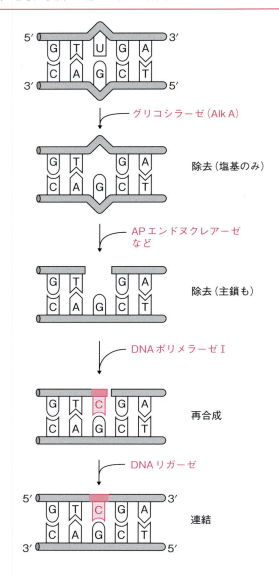

図4・6　塩基除去修復（BER）

③**ヌクレオチド除去修復**（nucleotide e. r., 略称 NER）：数十塩基対にわたって二重鎖をゆがませるような，比較的大規模な損傷に対処する（図4・7）。紫外線で誘起されたチミン二量体や化学物質で生じたその他の損傷に対して，UvrA, B, Cという3つのタンパク質が働いて修復する。UvrABC エキシヌクレアーゼ（excinuclease, "excision endonuclease"からの命名）[*注]がDNA損傷による二重らせんのゆがみを感知する。大腸菌では，5′側に8 nt，3′側に4 nt 離れた2か所を切断する。こうして生じた12 nt 長の断片を UvrD ヘリカーゼが外し，その穴を DNA Pol I が修復合成し，最後に DNA リガーゼが連結する。ヒトや他の真核生物で除かれる断片は，5′側22 nt～3′側6 nt

＊注："exonuclease"（p38 側注）は「エキソヌクレアーゼ」と表記するが，"excision"に由来するこの酵素名は「エキシ」と書き表して区別する。

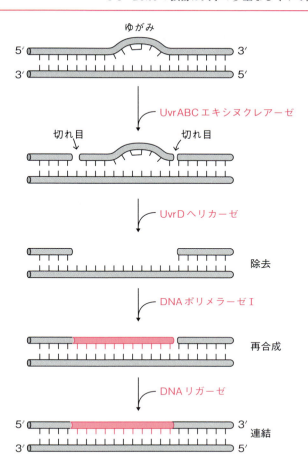

図4·7 ヌクレオチド除去修復（NER）

までの計27〜29 nt 長である．ヒトではこの NER が，ピリミジン二量体を除去する唯一の修復機構である．NER で働く遺伝子が欠損すると，光に対する感受性が極端に高まり，**色素性乾皮症**（xeroderma pigmentosum, XP）の原因となる．

以上①〜③の除去修復は共通に，**除去・再合成・連結**の3工程で行われる．除去工程では，異常ヌクレオチドをヌクレアーゼやグリコシラーゼが切り出し，短いギャップを生成する．再合成工程では，修復 DNA Pol が，3′-末端に相補的ヌクレオチドを付加してギャップを埋めていく．この酵素は，通常の複製用の DNA Pol とは別だが，性質は同様である．多くの生物では，DNA 複製時のプライマー除去後にラギング鎖のギャップを埋める Pol と同一である．連結工程では，DNA 複製時と同じリガーゼが切れ目（nick）をつなぐ．①〜③の分子機構の解明は2015年のノーベル化学賞の対象となり，それぞれモド

リッチ（Paul Modrich），リンダール（Tomas Lindahl），サンジャル（Aziz Sancar）の3博士が受賞した。

4・3・3　二本鎖 DNA の同時修復

　以上の直接的な修復と除去修復は，DNA 二本鎖の片方だけが傷害を受けた際の復旧方法だった。しかし 2 本の鎖がともに切断や損傷を受ける場合もあるので，それに対しては別の修復機構が備わっている．真核細胞の多くは相同染色体をもつ二倍体なので，損傷 DNA の対となる正常 DNA 二本鎖があり，これをお手本として修復しうる．そのような相同 DNA 鎖の利点を生かした修復機構（下の②）は洗練されているが，より単純で乱暴な非相同修復機構（①）もある．

　①**非相同末端連結**（nonhomologous end-joining，NHEJ）：切断された二重鎖 DNA の末端どうしを比較的単純につなぐ修復機構である（**図 4・8(a)**）．末端を保護し加工する過程で，連結部ヌクレオチドの配列情報がいくらか欠失してしまうものの，連結酵素で接続することにより連鎖状態を機動的に復旧する．次の②のような参照情報を使わずアバウトな修復のため，酵母では予備的な機構に過ぎない．しかしいわゆるジャンク領域（**10・1・3 項**）の多い高等動植物のゲノムでは，明確な支障を招かないですむ確率が高いため，実際によく使われる主要な修復経路となっている．手厚い精密な復元より，染色体のグローバルな回復が優先されるようである．

　②**組換え修復**（recombinational r.）：二倍体細胞のように相同染色体を 2 セットもっていると，正常な側の遺伝情報を参照することにより，精密な復旧が可能である．DNA の相同組換え（homologous recombination，**4・4 節**）のしくみを利用する，洗練された高度で複雑なしくみである（**図 4・8(b)**）．この組換え修復では，除去修復の 3 工程（前項）に侵入という別工程が加わり，合計 4 工程になる．最初の除去工程は共通で，ヌクレアーゼが損傷二本鎖ニック部の 5′ 末端を分解し，一本鎖末端を作り出す．第 2 段階として**侵入**（invasion）が追加される．すなわち，除去工程でできた一本鎖末端の片方が，相同な正常二本鎖に侵入し，塩基対を形成する．これにより「交差する分岐点」ができる．第 3 工程が再合成で，交差する分岐点の付近で修復 DNA Pol が侵入一本鎖を 5′→3′ 方向に延長する．この延長に伴い，正常二本鎖が壊れていき，分岐点が移動する．損傷二本鎖のいずれもが合成されると，最後にリガーゼが連結して修復が完成する．この修復機構は，DNA 複製の過程で複製フォークが立ち往生した場合に発動される．

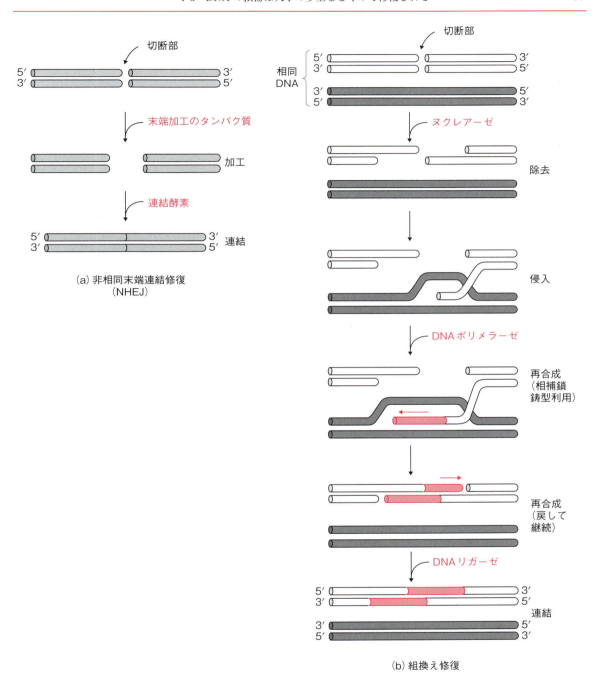

図 4·8　二本鎖同時切断の相同・非相同修復

③ **誤りがちの修復**（error-prone r.），別名 誤りがちな損傷乗越え DNA 合成（e.-p. translesion DNA synthesis，略称 TLS）：紫外線や発がん物質にさらされて DNA 損傷が多発した場合には，鋳型鎖や相同 DNA 二本鎖を参照しないまま修復するこの TLS のしくみが起動する。直接的修復や除去修復が間に合わず，DNA の損傷が見逃されたままで複製フォークが到達し二本鎖が引きはがされると，損傷や切断のある一本鎖が露出する。この損傷一本鎖 DNA に **RecA タンパク質**[†] が結合すると，大腸菌では DNA Pol V（3・3 節）の合成が誘導される。この特殊な DNA Pol は，通常の複製なら停滞するような損傷部位を乗り越えて複製が進む。しかし正しい塩基対は形成できず不正確なので，変異が高頻度で生じる。真核細胞の場合，DNA Pol η (イータ) は正しい塩基を挿入するが，DNA Pol ζ (ゼータ) はやはりしばしば誤った塩基を挿入する。

大腸菌は放射線や薬剤に曝露されると，さまざまな防御反応が誘導・発現される。ストレスに応答する救難信号になぞらえて，これら一群の反応は **SOS 応答**（SOS response）と名付けられた。その中核を DNA 修復系が占めることから，SOS 修復ともよばれる。SOS 修復に働く 20 あまりの遺伝子は，ふだん LexA タンパク質によって発現が抑制されているが，RecA タンパク質が一本鎖 DNA などに協調的に結合してフィラメント構造を形成すると，LexA を切断し不活性化して，SOS 遺伝子の発現が誘導される。そのうち *umuC* と *umuD* の遺伝子産物と RecA が複合体を形成して，乗換え複製をする DNA Pol V として働く。遺伝子名の *umu* は，これらが欠損すると誤りがちな修復が起こらず変異が誘発されないことから，"un*mu*table" と形容されることに由来する。

4・4　DNA 組換えは，修復とも深く関係している

DNA 2 分子間（あるいは同一分子内の 2 領域間）でつなぎ直しが起こることを **DNA 組換え**（DNA recombination）という（1・5 節 側注）。4・3 節で述べた修復が，一般に「変化を避ける」しくみであるのに対し，組換えは「変化を作り出す」しくみである。まるで相反する現象のように思われるが，分子レベルの具体的なしくみは深く関連している。DNA 組換えには多様な現象があるが，主に次のようなタイプに分類できる。

① **相同組換え**（homologous recombination，HR）あるいは普遍的組換え（general r.）：1 対の DNA 二本鎖の間で，完全にあるいはほぼ同一の配列が長く続く部分に起こる組換え。真核細胞では，減数分裂の際に染色体の **交差**（乗換え，1・5 節）を伴って起こる（図 4・9）。相同組換えの前半は，組換え修復（4・3・3

[†] **RecA タンパク質（RecA protein）**；DNA の組換えに関与する分子量約 4 万のタンパク質。一本鎖 DNA に特異的に結合し，ATP 存在下で相補的な DNA 鎖を対合させる働きがあり，大腸菌やファージの相同組換え・DNA 修復・SOS 応答・プロファージの誘発などに大きな役割をもつタンパク質。RecA に似た構造をもち，相同 DNA の対合を促進するタンパク質は，原核・真核にまたがる生物界に広く分布し普遍的な役割を果たすため，**RecA 類似タンパク質**と総称される。

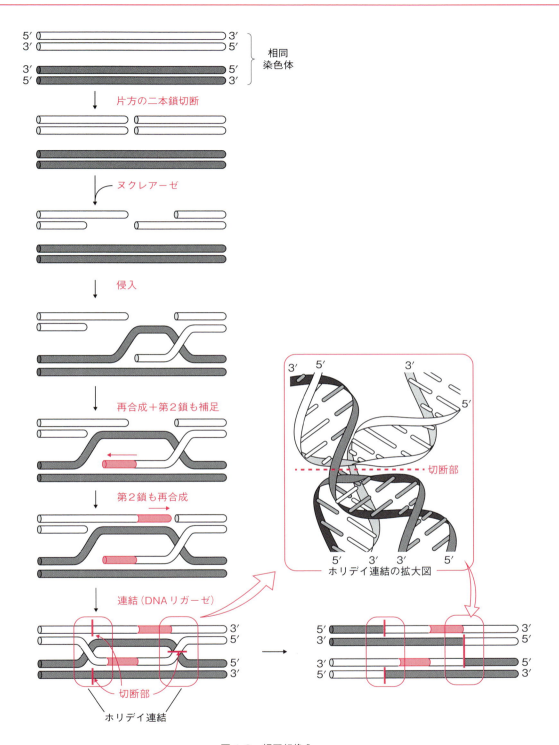

図 4·9　相同組換え

† **抗体**（antibody）：脊椎動物の生体防御機構である**免疫**（immunity）の中心的しくみとして，病原菌など異物である**抗原**（antigen）と特異的に結合するタンパク質。免疫応答に働く**リンパ球**（lymphocyte）のうち**B細胞**（B cell）が成熟して産生し血中に分泌する。抗体とその関連タンパク質をまとめて**免疫グロブリン**（immunoglobulin, Ig）とよぶ。Ig の分子構造（アミノ酸配列）は，抗原に応じて限りなく多様である。この多様性は，リンパ球の核ゲノムで Ig 遺伝子に再編成が起こり，突然変異も誘発されるしくみによる。

† **T 細胞受容体**（T cell receptor, TCR）：免疫応答に関与するリンパ球には 2 種類ある。そのうち B 細胞は抗体（Ig）を産生・分泌することで**体液性免疫**（humoral immunity）に関わるのに対し，T 細胞（T cell）はみずから**細胞性免疫**（cellular i.）で働く。TCR は T 細胞の表面にある膜タンパク質であり，これが病原体に感染した細胞を認識し，キラー T 細胞がそれを攻撃する。TCR は基本構造が Ig と共通で，ともに Ig スーパーファミリーに属する。ゲノム DNA の再編成と高頻度の突然変異で多様化するしくみの基本も，Ig と共通である。

項②）と同様のしくみである。すなわち，片方の二本鎖の切断に続き，ヌクレアーゼによる除去で生じた一本鎖末端が他方の二本鎖に侵入し，そちらを鋳型にして再合成により伸長する。その後は修復の場合とは異なり，第 2 の一本鎖が残りの鎖を鋳型として補足し，やはり再合成で伸長する。連結まで進むと，**ホリデイ連結**（Holliday junction）という特別な構造が 2 つ生じる。この構造が適切な方向に切断され，再結合すると，組換えが完了する。細菌では，接合（11・2 節①）の際に細胞どうしの接触によって供与菌の DNA が受容菌に移って組換えを起こす。減数分裂時の組換えは，子世代の遺伝的多様性を増加させ，集団としての環境適応力を高めたり，種の進化に寄与したりする（13・3・3 項）。

②**非相同組換え**（nonhomologous r.）：非相同末端連結修復（4・3・3 項①）のように，相同性のない DNA どうしのつなぎ換えで起こる。

③**部位特異的組換え**（site-specific r.）：短い相同配列どうしの組換え。ある種のウイルス DNA が，宿主細胞のゲノム DNA の特定の場所に組み込まれてプロファージになったり，そこから切り出されたりする際に起こる（11・3・2 項）。ただし，プロファージが変則的な切り出しを受け，宿主遺伝子をもち出して形質導入ファージ（1・3 節）として働く場合，この切り出しは②の非相同組換えである。

④**DNA 転位**（DNA transposition）：トランスポゾン（11・1 節）とよばれる DNA 単位は，ゲノムのある場所から他の不定の場所に移動する。広義には非相同組換えだが，特に転位とよんで区別する。脊椎動物のリンパ球では，ゲノム DNA の再編成によって**抗体**†や **T 細胞受容体**†の多様性を生み出すが，そのようなゲノム再編成のしくみも，トランスポゾンの転位に関係が深く，進化的にはそれから派生したと考えられる。

⑤**DNA 操作技術としての組換え**：①〜④のような *in vivo*（3・2 節 側注）の組換えの他に，制限酵素やリガーゼを使い，単離された DNA 分子どうしをつなぎ直す *in vitro* の手法がさまざまに開発されている。そのような DNA 組換えは，**遺伝子工学**（genetic engineering）の中心技術になっている。

5. 転写：RNA の生合成
― 格納庫から路上ライブへ ―

　遺伝子 DNA の発現は 2 段階で起こります。その 1 段階目がこの転写，すなわち DNA をお手本にした RNA の生合成です。転写の中心段階である重合反応は，遺伝情報をそのまま書き写すだけの単純な作業のように見えますが，転写産物が成熟し完成されるまでには，多くの役者が関わります。安定な格納の役割をもつ DNA から，活発な細胞活動の元となる RNA への変換は，堅い殻を破って卵からヒナが孵化するような，めくるめく複雑な変身の過程です。

5・1　核酸 2 種類の小さな化学的違いが大きな生物学的違いをもたらす

　RNA と DNA の化学的な違いは 2 点ある。1 つは糖の部分，もう 1 つは塩基の部分である（2・1 節）。RNA の糖部分はリボースであるのに対し，DNA はその 2′ 位が還元された 2′-デオキシリボースである。塩基が主に 4 種類であることは RNA と DNA とで共通であり，そのうち 3 つがアデニン（A）・グアニン（G）・シトシン（C）であることも共通だが，4 つめの塩基が DNA ではチミン（T）なのに対し，RNA ではウラシル（U）である。言い換えると，DNA と RNA の化学的な違いは，糖の 2′ 位に酸素原子（O）がないかあるかと，塩基の 5 位にメチル基（CH_3-）があるかないかの 2 点である。

　しかし細胞における両分子の高次構造には，もっと大きな違いもある。DNA は必ず二重らせん構造をとるのに対し，ほとんどの RNA は一本鎖である。この鎖が分子内でさまざまに折りたたまれているため，DNA よりも立体構造の多様性がずっと高い。塩基も部分的にしか対合していないので，DNA では成り立つ**シャルガフの規則**（2・2 節 側注）が，RNA では成り立たない。また RNA は 2′ 位に官能基†のヒドロキシ基があるおかげで，化学的な活性が高く，触媒活性のあるものも多い。RNA は，遺伝情報と酵素活性を合わせもつ唯一の高分子であり，生命現象でさまざまな機能を発揮するうえ（6，10 章），生

† **官能基**（functional group）：-OH をはじめ -NH_2, -COOH など，反応性の高い基（原子団）のことであり，その基を含む分子の反応性の特徴を決める。対照的に飽和炭化水素鎖（-C_nH_{2n+1}）などは，反応性が低い。DNA に比べ RNA の反応性が高いことは，**リボザイム**（6・3 節 側注）になりうるという生理的な違いだけでなく，分解されやすく扱いにくいという実験上の違いももたらす。DNA 実験（遺伝子組換え）が「ガレージで手軽にできる」と言挙げされる現在でも，混入（contamination）しやすく安定な RNA 分解酵素（**RNase**）による分解を防止しにくい *in vitro* の RNA 実験には，より周到な準備が必要である。

命の初期進化の主役でもあった（**13・1 節**）。

大部分の酵素（enzyme）の物質的実体はタンパク質だが，一部の酵素活性はRNAが担っている。そのようなRNA性の酵素を特に区別して**リボザイム**とよぶ（**6・4・2 項②**）。リボザイムの重要な例にリボソームがある（**6・3 節**）。

5・2　転写の基本は複製と共通だが，素早い生成に特化している

転写の反応も，ごく基本的な面は複製と共通である（**3・2 節**）。連続反応性の **RNA ポリメラーゼ**（RNA polymerase，RNA Pol）が鋳型鎖の一本鎖 DNA 上を $3'→5'$ 方向に滑りながら，新生鎖を $5'→3'$ 方向に伸長していく（**図5・1**）。その際の基質はヌクレオシド三リン酸（NTP）であり，この**高エネルギー**

† **吸エルゴン反応**（endergonic reaction）：系の自由エネルギーが増加する反応（$\Delta G > 0$）。逆に減少する反応（$\Delta G < 0$）は**発エルゴン反応**（exergonic r.）といい，自発的に進行するが，吸エルゴン反応は自発的には起こり得ず，進行するためには他から自由エネルギーを供給する必要がある。ここでは，$(NMP)_n + NMP → (NMP)_{n+1} + H_2O$ という単純な重合は単独では起こり得ない吸エルゴン反応だが，$NTP + H_2O → NMP + PP_i$ という発エルゴン反応と組み合わさることによって（この反応からエネルギーを供給されることによって）進行している，と考えられる。このような**エネルギー論**的組み合わせを**共役**（coupling）という。

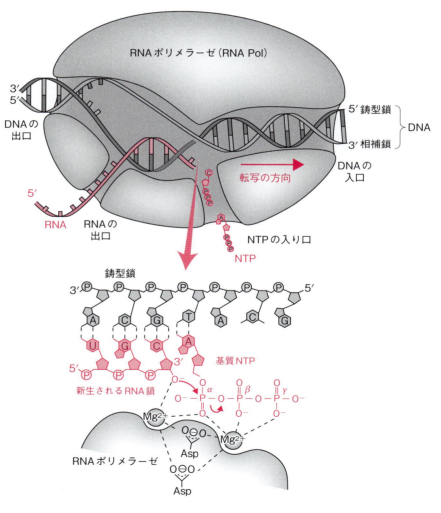

図5・1　RNAの重合反応

5・2 転写の基本は複製と共通だが,素早い生成に特化している

リン酸化合物(1・4節 側注)を加水分解してピロリン酸(PP_i)を遊離する際の化学エネルギーによって,この**吸エルゴン反応**†を駆動する。転写の素段階を反応式で書くと,次のようになる。

$$(NMP)_n + NTP \rightarrow (NMP)_{n+1} + PP_i$$
　　RNA　　　　　　　　　1 nt 伸びた RNA

化学反応式に現れる**複製**との違いは,(1)基質ヌクレオチドが dNMP や dNTP から NMP や NTP に変わった点だけである(3・2節)。しかし実際の細胞での反応には,他にもいくつもの違いがある。まず,酵素反応の要素をまとめた**表5・1**にあるように,(2)反応の開始にプライマーが不要である。その他,(3) DNA 分子の限られた領域だけが写しとられる,(4)二本鎖の片方だけが鋳型となる,(5)1か所から多数(1個から数百個,ときには千個も)の RNA コピーが合成される,(6)配列にミスが多い,などの相違がある。(4)の相違点に関連して,転写産物が mRNA(1・4節 側注:RNA)の場合,新生されるのは遺伝暗号(6・1節)が含まれている鎖であり,それに相補的な鎖を鋳型にする。前者を**センス鎖**(sense strand,(+)鎖)あるいは**コード鎖**(coding s.)といい,後者を**アンチセンス鎖**(antisense s.,(−)鎖)という。これらの相違点にも触れながら,次に転写の具体的なしくみを説明する。

転写で働く DNA 依存性 RNA Pol は,細菌からヒトまで共通性が高い。大部分の酵素は中心部分が複数の**サブユニット**(1・3節 側注)からなり,原核・真核生物を通じて相同なものも多いし,その全体的な立体構造も似ている。ただしウイルスや細胞小器官には,単一サブユニットからなる RNA Pol もある。

大腸菌の RNA Pol は,$\alpha_2\beta\beta'\omega$ のヘテロ五量体(分子量 390,000)がコア酵素(core enzyme)である(**図5・2**)。in vitro ではこのコア酵素で機能する。その場合,DNA 分子のどこからでも転写を開始できる。細胞では,6番目のサブユニットとして**σ因子**が一時的に結合し,**ホロ酵素**†となって働く。σ因子は,DNA 上の特定の部位(プロモーター,**次項**)からしか転写を始めないように,酵素の構造を変化させる。σ因子には,サイズの異なるいくつかの変

†**ホロ酵素(holoenzyme)**:多くの酵素(enzyme)は,ポリペプチド部分だけでは働かず,低分子有機化合物などが加わって活性を示す。前者の主要部分を**アポ酵素**(apoenzyme),後者の補助的成分を**補酵素**(coenzyme)といい,両者が合わさって完成した酵素を特に**ホロ酵素**(holoenzyme)と称する。多くの補酵素は,微量栄養素である**ビタミン**(vitamin)が修飾(活性化)された分子だが,酵素の補助的成分には金属原子などもあり,語義が拡張して使われることもある。ここではσというポリペプチド(サブユニット)が「コア」に加わった状態を「ホロ」と表現している。

表5・1 DNA 複製・転写・逆転写の比較

反応	酵素	基質(モノマー)	鋳型	プライマー
複製	DNA 依存性 DNA ポリメラーゼ	デオキシリボヌクレオシド三リン酸(dNTP)	1本鎖 DNA	短い RNA
転写	DNA 依存性 RNA ポリメラーゼ	リボヌクレオシド三リン酸(NTP)	1本鎖 DNA	不要
逆転写	RNA 依存性 DNA ポリメラーゼ(逆転写酵素)	デオキシリボヌクレオシド三リン酸(dNTP)	1本鎖 RNA	短い DNA

* 逆転写については,図1・2参照。

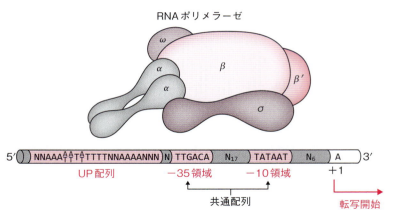

図5・2 大腸菌のプロモーターとRNAポリメラーゼ

種（variant）がある．大腸菌にはσ^{28}やσ^{54}など7種あるが，圧倒的に多いのはσ^{70}（分子量70,000）である．

RNA Polは，DNA Polのような校正活性（3′→5′エキソヌクレアーゼ活性，3・3節）をもっていないし，事後的なミスマッチ校正（4・3・2項①）も受けないので，誤りの確率は$10^{-4} \sim 10^{-5}$と高い．しかし，細胞が複製ほどには転写の正確さに気を配らないのはもっともである．なぜなら，DNAは遺伝情報を永続的に保管し子孫にも伝承するため，ミスの悪影響が大きいのに対し，転写産物は一度に多数が生じ，素早く役目を終えて置き換わる「使い捨て」のコピーだからである．

RNA Polは，いくつかの**抗生物質**（antibiotics）の標的である．結核などの治療薬であるリファンピシン（rifampicin）は，細菌の酵素のβサブユニットに特異的に結合し，転写を阻害する．また，アクチノマイシンD（actinomycin D）やアクリジン（acridine）は，細菌と真核細胞両方のRNA Polの伸長反応を阻害する．これらの分子の平面構造部分が，DNA二重らせん中の連続するG≡C塩基対の間に挿入（intercalate）されて立体構造を変形し（4・1節），鋳型鎖に沿ったRNA Polの移動を阻害する．毒キノコの1種タマゴテングタケに含まれるα-アマニチン（α-amanitin）は，このキノコを捕食する動物のPol II（8・3・1項）を阻害するが，Pol Iや細菌のPolには作用しない．

転写も複製と同様，開始（initiation）・伸長（elongation）・終結（termination）の3段階で起こる．

5・2・1 開　始

転写は，RNA Polが**プロモーター**（promoter）という特別なDNA配列に

結合して，開始される（図5・2）。大腸菌のプロモーターは，転写が開始される地点の約70 bp 上流から約30 bp 下流までのうちにある。一般に，DNA 上の位置は転写開始点を基準に正負の符号をつけて表すので，プロモーターの位置はおよそ－70〜＋30位と表現される。σ^{70} を含む RNA Pol が結合するプロモーターには，保存性の高い2つの6 nt 長の配列要素（element）がある。－35領域の(5′)TTGACA(3′)と－10領域の(5′)TATAAT(3′)である。このようなモチーフを共通配列（consensus sequence）というが，プロモーターによって2，3 nt 程度の違いはある。発現活性の高いプロモーターでは，－60〜－40位の間に AT 含量の高い第3の認識配列があり，**UP 配列**（upstream promoter element）と称される。UP 配列には，RNA Pol の α 因子が結合する。

大腸菌のプロモーターにはある程度の多様性があり，それぞれ異なる σ を介して RNA Pol が結合する。例えば，突然の温度上昇などのストレスを細胞が受けると，RNA Pol の σ^{70} が σ^{32} に置き換わる。この σ^{32} を結合した酵素は，特定の配列のプロモーターに結合し，その遺伝子群を高発現させる。これらの遺伝子は共通に，熱ショックタンパク質†を発現させる。どの σ 因子が働くかは，その生合成と分解の速度や，活性型と不活性型を決める翻訳後修飾，特定の抗 σ タンパク質の有無などで調節される。

σ 因子を伴う RNA Pol は，DNA 分子に出会うと緩やかに結合し，その上を素早く滑る。プロモーターに遭遇すると，そこで DNA との結合を強める。この配列認識は，二重らせんを保ったまま，その外側から主溝（図2・3）を通して行われる。まず DNA 二本鎖が閉じたままの閉鎖型複合体（closed complex）となり，次に－10領域前後のらせんが部分的に14 bp ほど分離された状態の開放型複合体（open c.）に変わる。

5・2・2 伸　長

最初の10 nt ほどは付加反応の効率が悪いが，その後安定化していく。約10 nt の RNA が合成されると σ 因子は離れ，その後の転写が続行される（図5・3）。DNA の二重らせんは，RNA Pol によって一時的に約17 bp が巻き戻され，8 bp ほどの DNA-RNA ハイブリッド二本鎖ができる。このハイブリッドはすぐに離されて，DNA の二本鎖が再生される。DNA 複製の場合と異なり，新生された RNA 鎖はすぐ鋳型から離されるため，ただちに次の仕事すなわち翻訳（次章）にたずさわれることになる。細菌では実際にそうなっており，転写と翻訳が緊密に連携して同時進行する（図6・7）。ただし真核生物では事情が異なり，転写は核内で起こり，翻訳は細胞質に移ってから進行する。一方，

† **熱ショックタンパク質**（heat shock protein, HSP）：細胞や個体が通常より5〜10℃高い温度に急激にさらされた際に発現が誘導されるタンパク質の総称。熱ショック以外でも，放射線・重金属・エタノール・呼吸鎖（12・1・2項 側注）の阻害剤・翻訳後のフォールディング（立体構造形成）を誤った異常タンパク質などでも誘導されるため，**ストレスタンパク質**（stress p.）ともよばれる。細菌からヒトまで生物界に広く存在する。代表例に大腸菌の GroEL や真核生物の HSP70，HSP90 などがある。

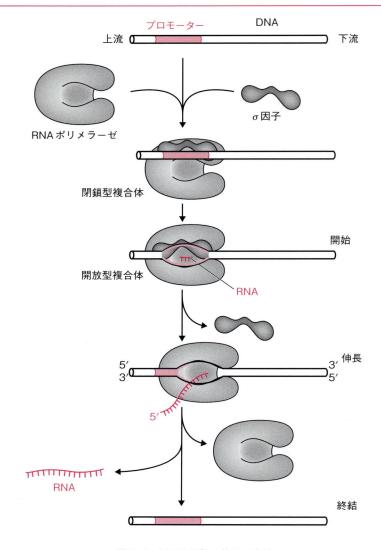

図 5·3 転写の開始・伸長・終結

DNA の方にもすぐ次の RNA Pol 分子が取り付いて，新たな転写をしうる。細菌ではこうして，1つの遺伝子から短時間に多数の遺伝子産物を次々と生成できる。RNA の伸長速度は，大腸菌で $50 \sim 90$ nt·s^{-1} である。

5·2·3 終　結

プロモーターが転写の開始シグナルであるのに対し，**ターミネーター** (terminator) は終結シグナルである（図 2·5(a)）。大腸菌の転写終結は，ρ（ロー）とよばれるタンパク質が関与するかしないかで 2 大別され，ρ 依存性および ρ 非依存性とよばれる。**ρ 非依存性**（ρ-independent）のターミネーターは，DNA

5・2 転写の基本は複製と共通だが，素早い生成に特化している

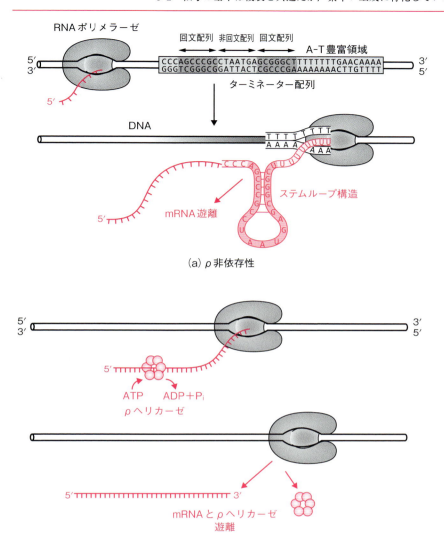

(a) ρ非依存性

(b) ρ依存性

図5・4　大腸菌の2種類のターミネーター

配列だけで転写を終結させるのに十分なため，内在性ターミネーター（intrinsic t.）ともよばれる．そのほとんどには，塩基配列に2つの明確な特徴がある（図5・4(a)）．まず，転写領域の3′末端から15〜20 nt内側（上流）に15〜20 nt長の**回文配列**[†]をもつ．そこにはG≡C塩基対が多い．またその下流側に，6〜8個連続するA=T塩基対が高度に保存されている．RNA Polがこのターミネーター配列に到達すると，生成直後のRNA鎖が回文箇所で自発的にステムループ構造（**側注**）を形成し，DNA-RNAハイブリッド二本鎖が壊れるため，RNAは遊離し転写が終結する．この型のターミネーターは，DNA配列以外

[†] **回文配列**(palindrome)：二本鎖DNAにおいて2回回転対称の構造をもつ配列．逆方向反復配列，自己相補的配列ともいう．例えば5′-GGATCC-3′の相補鎖は3′-CCTAGG-5′で，上流(5′)側から読むと同じ配列である．「たけやぶやけた」のような言葉遊びの回文にたとえた名称．制限酵素（8・4・3節 側注）の多くも回文構造を認識し，例えば上の例はBamHIの認識配列．図5・4上段の例のように中間部に短い非回文配列が挿入されていると，1本鎖内部で対合してヘアピン(hairpin)形の**ステムループ**(stem loop)という二次構造（2・2節）を形成しうる．

の因子を終結作業に必要としない。

一方，ρ依存性（ρ-dependent）のターミネーターは，回文配列やA=T対連続配列のような明確な特徴を欠く．代わりに転写領域上にCAの豊富な配列があり，これは*rut*エレメント（rho utilizationより）とよばれる．ρタンパク質は六量体のヘリカーゼであり，この*rut*エレメントでRNAに結合する（図5・4(b)）．ρはRNA鎖上を3′方向に滑って行き，転写終結部に達するとATPの加水分解を伴ってRNAを遊離させる．

いずれにせよ転写が終了し，RNA PolがDNAから離れると，改めてσ因子を結合し次のプロモーターを探して新たな転写を始める．

5・3 真核生物では，転写のしくみに細菌と5つの違いがある

前節では，転写の基本的なしくみについて，大腸菌を中心とする細菌の例で説明した．真核細胞の転写にはいくつかの違いがあり，さまざまな面でもっと複雑である．

① **転写の単位**：細菌は多くの場合，関連する複数の遺伝子が隣り合っており，1つながりで転写されるのに対し，真核生物では基本的に1遺伝子ごとに転写される．前者のmRNAを**多シストロン性**，後者のmRNAを**単シストロン性**であるという（2・3節 側注）．多シストロン性の遺伝子群は，転写調節を同時に受ける単位であり，**オペロン**（operon）とよばれる（7・1節）．真核細胞では，1遺伝子に複数のプロモーターがある場合もあり，ヒトでは遺伝子全体の半分がそうなっている．実際にどのプロモーターが働くかは条件によって切り換わるので，選択的なプロモーターである．

② **酵素の種類**：大腸菌のRNA Polは1種類だけだが，真核生物には3種類（I〜III）あり，転写対象がそれぞれ異なる．また分子構造も複雑で，サブユニット数も細菌のRNA Polより7〜11個多い．

・**RNA Pol I**；ほとんどのrRNA（正確にはその前駆体）を転写する．ただし5S rRNAは例外で，下のPol IIIで転写される．

・**RNA Pol II**；3つのうち最も主要な酵素で，すべてのmRNA（つまり全タンパク質遺伝子）に加え，miRNAなど多数の非コードRNA（12章参照）も転写する．この酵素は，多様な配列の数千種類ものプロモーターを認識できる．Pol IIの最大サブユニット（RBP1）のC末端には，7アミノ酸残基が繰り返す配列があり，**CTD**（carboxy terminal domain）とよばれる（図5・5）．YSPTSPS*注かそれに似た配列が，酵母では27回，ヒトでは52回繰り返している．このCTDは，特定の構造をもたないリンカー配列によって本体ドメイ

＊注　YSPTSPS：アミノ酸の1文字表記（表6・1）．具体的には，チロシン−セリン−プロリン−トレオニン−セリン−プロリン−セリン

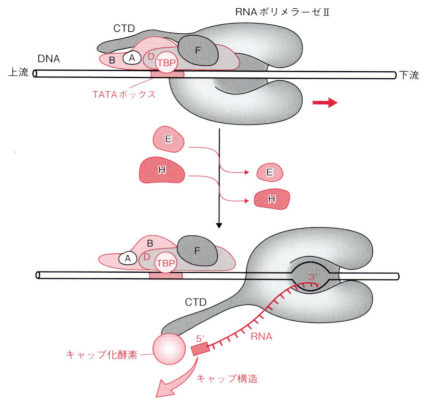
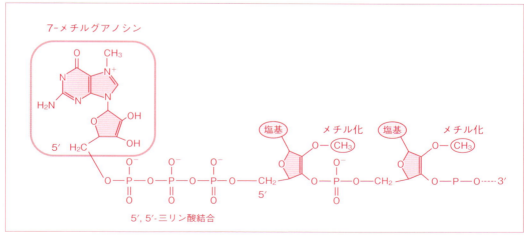

図 5·5 RNA ポリメラーゼ II の基本転写因子とキャップ構造

ンとつながり，調節など多様な役割を担っている。

・**RNA Pol III**：tRNA と 5S rRNA をはじめ，他にもいくつかの特殊な低分子 RNA を転写する。

③ **タンパク質因子**：大腸菌の RNA Pol では，コア酵素の5サブユニットの他に必要なタンパク質は σ 因子1つだけなのに対し，真核生物の RNA Pol II は，合計 12 個のサブユニットからなる上，他にも多数のタンパク質群の助けが必要である。主なものは 基本転写因子（general transcription factor，**GTF**）とまとめられる5種類のタンパク質 TFIIB，D，E，F，H である（TFII は transcription factor for RNA Pol II の略，図 5·5）。このうち TFIID はそれ自体が複数のサブユニットを含み，**TATA ボックス**（TATA box）に結合する **TBP**（TATA-binding protein）と残りの **TAF**（TBP-associated factor）からなる。

④ **調節のしくみ**：転写調節の機構も複雑である。まず，ゲノム上の遺伝子間の非コード領域が長く，そこに多くの調節領域（シス因子，7·1 節）が散在する。転写調節因子（トランス因子のタンパク質）の種類も多く，両因子の組み合わせで転写は複雑な制御を受ける。特に重要な転写調節因子が結合する配列要素（element）は，転写開始点の上流下流それぞれ 1 kb 以内に存在する。うち 80% の配列要素は 0.5 kb 以内にある。調節領域のうち **TATA ボックス**に **TBP**（前項③）が結合すると，DNA に特殊なゆがみが生じる。多くの DNA 結合タンパク質は，α ヘリックスを DNA の主溝（2·2 節）におだやかに沿わせて結合するのに対し，TBP は **副溝**に β シートをねじ込んでひずませる。このひずみをねらって，他の調節タンパク質も多数結合して作用する。そこに RNA Pol II も結合し，転写開始複合体が形成される。TFIIH が RNA Pol の尾部をリン酸化すると複合体から外れ，転写が開始される。転写が終わると酵素は DNA から離れ，脱リン酸化されて次の反応にたずさわる。

⑤ **転写後の加工**：mRNA の転写後修飾も複雑である。真核生物の RNA は核内で前駆体が転写された後，化学的に複雑に加工され**成熟**†してから核膜孔（核膜に開いた小孔）を通り，細胞質で翻訳される（図 5·6）。核膜孔複合体は，正確に加工された RNA だけを選択的に通す「検問所」である。このように，真核細胞では転写は核内，翻訳は細胞質で分かれて起こるのに対し，細菌では転写と翻訳が同じ細胞質ですぐ続いて起こる。

以上①〜⑤のうち，⑤は特に複雑なので，節を改めてさらに詳述する。

† **成熟**（maturation）：本来は個体や細胞が完全に成長し，それぞれに特異的な構造や機能を備えるか過程あるいは達した状態をいうが，ここでのように転写後のRNAや翻訳後のタンパク質についても適用される概念である。**前駆体**（precursor）が化学的な修飾（付加・切断）・立体構造の変化・超分子複合体の構築などを経て最終産物になることをいう。

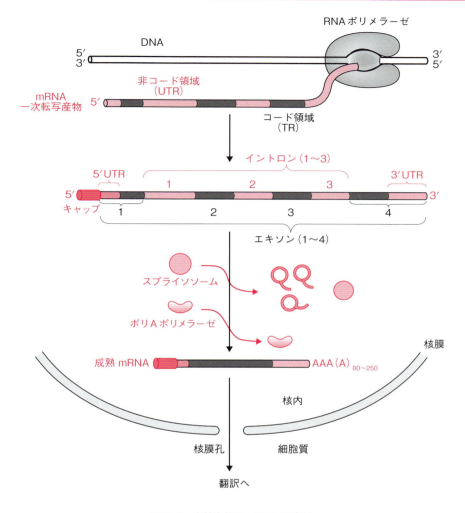

図 5・6 真核生物の mRNA の成熟

5・4 真核生物の mRNA は 3 種類の加工を受けて成熟する

新たに合成された RNA 分子は**一次転写産物**(primary transcript)とよばれ，多かれ少なかれ合成後に加工（processing）を受ける．加工が顕著なのは真核生物の mRNA だが，tRNA や rRNA は真核・原核を問わず加工を受けてから成熟する（**次節**）．これら RNA の加工過程で働く酵素の一部はリボザイムである（**6・4・2 項②**）．真核生物の mRNA 一次転写産物の修飾は，両末端と中間部で起こる（**図 5・6**）．

5・4・1　5′末端：キャップ形成

7-メチルグアノシン（7-methylguanosine）という特殊な修飾残基が，5′,5′-三リン酸結合という特殊な方式で，一次転写産物の5′末端に付加される。これを**キャップ構造**（cap structure）という（図5・5）。ただしこの5′キャップは，核ゲノム由来のmRNAのみに付加され，ミトコンドリアや葉緑体のゲノムに由来するmRNAには存在しない。キャップに隣接する1つ目と2つ目のヌクレオチドの2′-ヒドロキシ基もメチル化される。これらの反応を触媒するキャップ化酵素は，RNA Pol IIのCTDに結合しており，転写のごく初期20〜30 ntが重合した時点で働く。転写が完了してから修飾が始まるのではない。このキャップ構造は，分解酵素からRNAを保護するのに有効であるとともに，のちほど翻訳開始のシグナルとしても関与する。

5・4・2　3′末端：ポリA尾部

ほとんどすべてのmRNA一次転写産物の3′末端が，ポリアデニル化される。この構造を**ポリA尾部**（poly A tail）という（図5・6）。ポリA尾部には特定のタンパク質が結合し，細胞質における酵素的分解から保護する役目を果たす。一次転写産物の3′末端には最初，余分の配列があり，それがまず切除されてからポリA尾部が付加される。切除に働く酵素は，RNA Pol IIのCTDに結合している大きな酵素複合体の中にあるエンドヌクレアーゼ成分である（3・3節側注）。切断位置は，2つの配列エレメントで識別される。1つは，切断部位の10〜30 nt上流（5′側）に高度に保存された(5′)AAUAAA(3′)であり，もう1つは，逆に20〜40 nt下流（3′末端）にあるG, Uが豊富な配列である。切断で露出した3′-ヒドロキシ基に，ポリアデニル酸ポリメラーゼ（polyadenylate polymerase）が80〜250 ntのA残基を付加する。単純なポリマーの合成に鋳型は不要だが，切断されたmRNAをプライマーとして必要とする。

5・4・3　中間：RNAスプライシング

真核生物のmRNA遺伝子は，イントロン（2・3節）も含めて転写された上で，事後的にイントロンが切り出される。この切り出しを**RNAスプライシング**（RNA splicing）という（図5・7）。イントロンとエキソンの境界に特定の配列があり，専用のタンパク質かRNAがそれを識別して切り出す。イントロンには4つのクラスがある。

①**グループ I**：タンパク質や高エネルギーリン酸化合物（ATPなど，1・4

節 側注）の加水分解（エネルギー供給）を必要としない自己スプライシング（self-splicing）型のイントロン（**図5・7(a)**）。歴史上，**繊毛虫類**[†]テトラヒメナのrRNAで最初に見つかった。rRNA・mRNA・tRNAをコードするミトコンドリア・葉緑体のある種の遺伝子にあり，真核生物の核遺伝子では稀（rRNAに限定）。わずかながら真正細菌にもある。グアノシン（あるいはGMP，GDP，GTPでもよい）の3′-ヒドロキシ基がイントロンの5′末端のリンを求

[†] **繊毛虫類（ciliate）**：体表に多くの繊毛をもつことで特徴づけられる単細胞真核生物。テトラヒメナ*Tetrahymena*のほかゾウリムシ*Paramecium*・ツリガネムシ・ラッパムシなどとともに一門（**13・4節**）をなす。このうちテトラヒメナは，リボザイム（ただし**本文②末尾の注釈参照**）・テロメラーゼ（**3・5節**）・ダイニンなどが最初に発見された重要なモデル生物（**1・5節 側注**）である。**ダイニン**（dynein）は，ATPを加水分解しながら微小管のチューブリン（**2・4節 側注**）と相互作用し，繊毛・鞭毛による細胞運動や紡錘糸による細胞内輸送を駆動するタンパク質である。

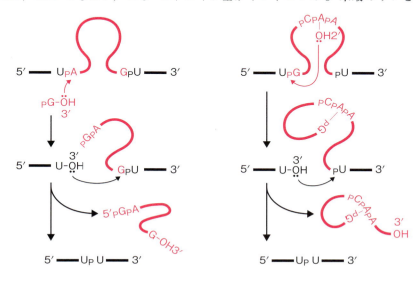

(a) グループⅠイントロン　　(b) グループⅡイントロン

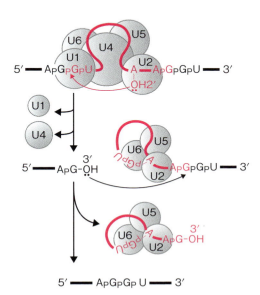

(c) スプライソーム型イントロン　　図5・7　スプライシングの3機構

核攻撃（3・5節 側注）し，古いジエステル結合（図2・2）のエネルギーを使って，新たなホスホジエステル結合が生成する。したがってエネルギーを外から投入する必要はない。これで生じる5′側エキソンの3′末端のヒドロキシ基は，イントロンの3′末端のリンに対して同様に求核攻撃し，結果としてイントロンが正確に切り出される。

②**グループⅡ**：同じく自己スプライシング型だが，反応様式はスプライソソーム型（下の④）と同様であり，こちらと祖先が共通らしい（図5・7(b)）。真菌・藻類・植物におけるミトコンドリア・葉緑体の一般的なmRNAの一次転写産物。わずかながら真正細菌にもあるが，古細菌では稀である。反応機構はグループⅠイントロンに似ているが，イントロンの5′末端のリンを求核攻撃するのが独立のグアノシン分子ではなく，イントロン内にあるアデノシン残基の2′-ヒドロキシ基であり，中間体として投げ縄（lariat）構造が形成される点が異なる。①や②のような自己スプライシング型イントロンも「リボザイム」とよばれるが，自己の切り出しを1回しか行えないので，厳密には酵素（触媒）ではない。

③**タンパク質を要する型**：切り出しにヌクレアーゼとATPが必要である点で，グループⅠ，Ⅱとは異なる。主に古細菌と真核生物の特定のtRNAにある。

④**スプライソソーム型**：スプライソソーム（spliceosome）というRNA-タンパク質複合体によってイントロンの除去が起こる（図5・7(c)）。真核生物に限られるが，その核ゲノムのmRNA遺伝子ではほとんどのイントロンがこの型である。スプライソソームは，リボソームと同じくらい巨大で複雑な超分子構造体であり，100〜300 nt長の5種類の核内低分子RNA（small nuclear RNA，略して**snRNA**。U1, U2, U4, U5, U6）と100個以上のタンパク質群からなる。その中心的な構成要素は**核内低分子リボ核酸タンパク質**（small nuclear ribonucleoprotein，略してsnRNPあるいはsnurp（スナープ））とよばれ，1個のsnRNAに6〜10個のタンパク質が結合している。このsnRNAがイントロンとエキソンの境界を識別する分子であり，U1はイントロンの5′末端に，U2は同じく3′末端に相補的な配列をもち，対合して働く。イントロン切り出しの中間体としてやはり投げ縄構造が作られる。この型のスプライシングでは大量のATPが消費されるが，RNA鎖の切断や再連結の化学反応にではなく，スプライソソームの集合に必要とされる。

イントロンは，結局切り捨てられるのだから無用の長物のようにも見えるが，2つの存在意義が考えられる。個体発生の上での利点と，進化的な（系統発生上の）利点とである。まず1点目について，真核生物のmRNA遺伝子には，

組織や発生段階によって異なるスプライシングを受け，複数の異なる mRNA とタンパク質（アイソフォーム，isoform）を生成するものが多い．これを**選択的スプライシング**（alternative splicing）という（**図5・8**）．どういう加工が起こるかは，RNA に結合するプロセシング因子によって決められる．この因子は特定の加工経路を促進する．例えばカルシトニン遺伝子 *CALCA* の産物として，甲状腺ではカルシム調節ホルモンであるカルシトニン（calcitonin, CT）が生成されるが，脳では別の加工を受けて **CGRP**[†]が作られる．また，5′側のプロモーターや3′側のポリ A 尾部付加部位が複数ある遺伝子でも，同様に選択的な多様性が生じ，それぞれの末端にエキソンが追加や省略されたアイソフォームができる．選択的スプライシングは多くの真核生物で起きているが，酵母ではわずかであり，ショウジョウバエで 40%，ヒトでは 75% の遺伝子に見られる（**12・1・1項**）．特にヒトの神経系でよく発達している．

[†] CGRP（calcitonin-gene-related peptide）；カルシトニン遺伝子関連ペプチド．アミノ酸 37 残基からなるペプチドで，中枢神経（脳）と末梢神経にあり，幅広い生理活性を示す．後者の標的である心臓・血管などの受容体に結合して cAMP を増加させ，血管拡張（降圧）・心拍数減少（徐脈）・心筋収縮力増大などをもたらす．CGRP 受容体は大脳皮質・大脳基底核・小脳などにも広く分布し，片頭痛やうつなどの治療薬開発への応用が期待されている．ヒトなど真主齧類（**表 13・1，13・5節**）にはアミノ酸配列がわずかに異なる 2 種類の CGRP がある．*CALCA* 遺伝子から産生されるのは αCGRP で，βCGRP は側系遺伝子（**13・3・2項**）*CALCB* の産物である．

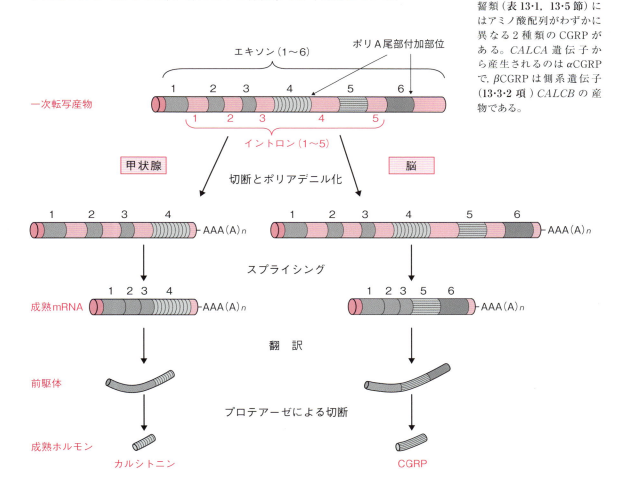

図5・8 カルシトニン遺伝子の選択的スプライシング

以上のような個体レベルの発生上の利点に対し，生物種の進化上での利点として，新しいアイソフォームやさらには新しい遺伝子が創生されやすい点が考えられる（13・3・3項）。例えば，RNAスプライスのされ方は，ヒトとマウス-ラット間で保存されていないものも多い。すなわち，同一遺伝子からできるタンパク質の種類や組み合わせは，生物進化の比較的短い期間で変化しうるわけである。より大きな変化として，既存の遺伝子から新しい遺伝子の創生さえ起こりやすい。すなわち，異なる遺伝子のイントロン間でDNA組換えが起こると，エキソンの組み合わせが異なる新規の遺伝子が生成される。タンパク質のレベルでいえば，ドメインの組み合わせが新しいタンパク質が創生される。これを**エキソン-シャフリング**（exon shuffling）あるいはドメイン-シャフリング（domain s.）という。

5・5　rRNAとtRNAは，原核生物でも転写後に加工され成熟する

　rRNAは，細菌・古細菌・真核生物のいずれでも，プレリボソームRNA（preribosomal RNA，プレrRNA）という長い前駆体（一次転写産物）から作られる。細菌の場合，約6500 ntからなる単一の30 S RNA前駆体から16 S，23 S，5 SのrRNA1つずつ（図6・4）と1～2個のtRNAが切り出される。16 Sや23 SのrRNAは，残基の一部が修飾を受け，2′-ヒドロキシ基や塩基がメチル化されたものや，プソイドウリジン（Ψ）・ジヒドロウリジンなど非標準的ヌクレオシドを含むRNA分子が形成される。大腸菌ゲノムには7つのプレrRNA遺伝子がある。それらの間でrRNAは基本的に共通だが，tRNAは異なる。

　真核生物での加工はさらに複雑である（図5・9）。まず45 SプレrRNA前駆体は，**核小体**（nucleolus）で切断や修飾を受けて加工され，18 S，28 S，5.8 S rRNAが生じる。RNAの加工に厳密に連動してリボソームタンパク質も会合し，90 Sプレリボソームから40 Sと60 Sのプレサブユニットが形成される。この過程で，RNAの切断や修飾を指示する多数の核小体低分子RNA（small nucleolar RNA，**snoRNA**）や非リボソームタンパク質が働く。酵母の場合，リボソームタンパク質78種類，非リボソームタンパク質170種類以上，snoRNA約70種類にものぼる。snoRNAは60～300 nt長で，それぞれrRNAの一部と完全に相補的な配列10～21 ntを含む。snoRNA1個が4～5種類のタンパク質と会合してsnoRNA-タンパク質複合体（snoRNA-protein complex，snoRNP）を形成し，rRNAの修飾に働く。このsnoRNPは，スプライソソームに似た複合体である。

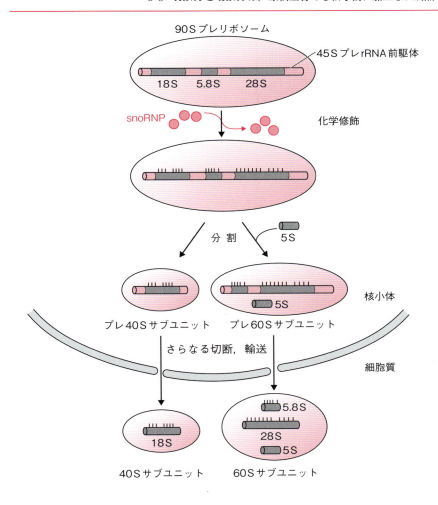

図 5・9 脊椎動物での rRNA の成熟

　tRNA も，rRNA と同様に長い前駆体から両末端の余分な配列が酵素によって除去されて作られる。真核生物では，数種類の tRNA 前駆体にイントロンもあり，スプライスされなければならない。複数の tRNA が単一の一次転写産物に含まれているものもあり，それぞれ切り出される。tRNA ではさらに，多数の塩基や糖もメチル化・還元・脱アミノ化などの修飾も受け，非標準ヌクレオシド残基を多く含む。

6. 翻訳：タンパク質の生合成
— 異なる言語の異文化体験 —

遺伝情報の流れの後半が「翻訳」です。この翻訳という過程では，核酸のヌクレオチドの配列が，化学的にはまったく異なるタンパク質のアミノ酸配列に変換されます。前段階の「転写」が，化学的に近縁の物質間で起こる現象なのと対照的です。このような現象は，「生物」が「化学」の単なる拡張を超えた独自の実体だと強く印象づけます。細胞では糖質・脂質・タンパク質・核酸などさまざまな生体物質が生合成されますが，その化学エネルギーの9割がタンパク質合成に費やされます。

6・1 塩基配列からアミノ酸配列への翻訳は，遺伝暗号表に基づく

翻訳の理解に関する3つの大きな進歩が，1950年代になされた。まず，タンパク質合成が，RNAとタンパク質からなる粒子（のちにリボソームと命名）で起こることが確認された。次に，ATPがあると細胞質ゾルでアミノ酸が「活性化」されることが発見された。そしてDNAの「4文字言語」がタンパク質の「20文字言語」に翻訳されるという枠組みが提唱された。のちに，tRNAとよばれるアダプター分子が，アミノ酸を結合して「アミノアシル-tRNA」を形成し，リボソームにおいてmRNAの塩基配列に従うアミノ酸配列のポリペプチドを合成することがわかり，翻訳機構のあらすじが短期間に整った。

1960年代の初めには，アミノ酸残基1つを指定するには塩基3つが必要だとわかってきた。4種類の塩基（A，T，G，C）2つだけでは，$4^2 = 16$種類のアミノ酸しか指定できず，主要20種類の残基を区別し得ないからである。しかし3つだと逆に，$4^3 = 64$通りの過剰な組み合わせが可能であり，複数の三つ組（triplet）が同一のアミノ酸を指定しているか，アミノ酸に対応しない余分の三つ組があると考えられる。このような「意味」の単位となる三つ組をコドン（codon）とよぶ（表1・2）。

コドンの意味を解読するため，大腸菌細胞の抽出物に化学合成したRNA

を添加して，生成されてくるポリペプチドの組成を分析する実験が 1960 年代に行われた．例えばポリウリジル酸（poly U と表記）を，20 種類のアミノ酸，ATP，GTP とともに細胞抽出物に添加すると，ポリフェニルアラニン（poly Phe）が生成された．このことは，UUU の三つ組はフェニルアラニン（Phe）を指定するコドンであると解釈される．同様に，poly C では poly Pro，poly A では poly Lys が生成された．また，2 種類の塩基が 8 対 2 など特定の比率でランダムに並んだ合成 RNA を添加した上で，どのアミノ酸がどういう確率でポリペプチドに取り込まれるかを定量すると，コドンとアミノ酸の対応関係が推定できた．さらに，順番の決まった 2〜4 塩基の繰り返し配列をもつ RNA を化学合成する技術が開発され，決定的な威力を発揮した．例えば，$(AC)_n$ ポリマーからできるポリペプチドは，トレオニン（Thr）とヒスチジン（His）を等量含んでいた．このことは，ACA と CAC がそれぞれ Thr か His のいずれかのコドンであることを示す．

このような実験により，1966 年までに 64 個すべてのコドンの意味が確立された（**表 6・1**）．このようなコドン表は一般に，遺伝子 DNA ではなく mRNA の配列で表現し，T ではなく U を用いる．この表の左欄は三つ組の 1 字目（5′ 側）の塩基を示し，上欄は 2 字目（真ん中），右欄は 3 字目（3′ 側）の塩基を表す．したがって表 6・1 中の枠内には，1 字目と 2 字目が共通な 4 つのコドンがそれぞれ縦にまとめられている．

このような**遺伝暗号**（genetic code）は，大腸菌だけに当てはまるのではなく，細菌からヒトまでほとんどの生物の核ゲノムに共通であり，普遍性がきわめて高いことがわかった．ただし，**マイコプラズマ**[†]などゲノムサイズの小さな一部の細菌や，真核生物の進化のごく初期に分岐した**繊毛虫**（5・4・3 項 側注）などの原生生物では，一部のコドンが異なっている．また，ヒトも含めミトコンドリアのゲノムでも，核ゲノムとはコドンの一部が食い違っている（表 6・1 赤字）．ミトコンドリアには，核や細胞質とは異なる独自の転写‐翻訳系が備わっているため，遺伝暗号が**標準コード**（standard code）とは違っていても，それなりに一貫した翻訳が可能になっている．

64 コドンのうち 61 個がアミノ酸に対応し，残る 3 個は対応するアミノ酸がなく，翻訳の終結を意味する**終止コドン**（stop codon, termination c.）である．一方，翻訳の開始を意味する**開始コドン**[†]の AUG には対応するアミノ酸があり，メチオニン（Met）である．ただし細菌でこの開始コドンが指定するのは，Met の α-アミノ基が修飾された N-ホルミルメチオニン（fMet）である．AUG という 1 つのコドンが，似ていながらも異なるアミノ酸をコードし

† **マイコプラズマ** (mycoplasma)：細胞壁（ペプチドグリカン）をもたず不定形で可塑的な特徴がユニークで，細胞のサイズが直径 0.2〜0.3 μm で細菌ろ過フィルターも通り抜ける最小の細菌．べん毛で水中を遊泳する多くの細菌とは異なり，独特の分子機構で固体表面を滑走する．*Mycoplasma pneumoniae* は肺炎の原因菌．標準コード（表 6・1）で終止の UGA が，脊椎動物のミトコンドリアなどと同じくトリプトファン（Trp, W）をコードする．ゲノムサイズも特別小さく，0.58 Mb の *M. genitalium* は，インフルエンザ菌と並んで全ゲノム塩基配列が 1995 年に最初に解かれた生物の 1 つ．

† **開始コドン** (start c., initiation c.)：DNA では，U の代わりが T なので，開始コドンも ATG であることに注意．細菌では，GUG（GTG，バリン）や UUG（TTG，ロイシン）なども開始コドンとして使われることがある（図 6・1(b)）．RBS（SD 配列，6・4・1 項①）の 8〜13 bp 程度下流に位置することで見当がつく．ただし AUG より頻度は低いし，その頻度は生物種によって異なる．

表6・1 コドン表

2文字目

1文字目 (5′末端)		U	C	A	G	3文字目 (3′末端)
U		UUU UUC Phe (F) UUA UUG Leu	UCU UCC UCA UCG Ser (S)	UAU UAC Tyr (Y) UAA 終止 UAG 終止／Pyl	UGU UGC Cys (C) UGA 終止／Trp・Sec UGG Trp (W)	U C A G
C		CUU CUC CUA CUG Leu (L)	CCU CCC CCA CCG Pro (P)	CAU CAC His (H) CAA CAG Gln (Q)	CGU CGC CGA CGG Arg (R)	U C A G
A		AUU AUC Ile (I) AUA ／Met AUG Met／fMet	ACU ACC ACA ACG Thr (T)	AAU AAC Asn (N) AAA AAG Lys (K)	AGU AGC Ser AGA AGG Arg ／終止	U C A G
G		GUU GUC GUA GUG Val (V)	GCU GCC GCA GCG Ala (A)	GAU GAC Asp (D) GAA GAG Glu (E)	GGU GGC GGA GGG Gly (G)	U C A G

網かけ赤字はミトコンドリアのコドン。その他の赤字は本文参照。
カッコ内はアミノ酸の1文字表記。Metは (M)。

ている。すなわちペプチド鎖中ではMetそのものを指定するし，真核生物と古細菌ではN末端も含め，みなホルミル基のないMetに対応する。細菌には，GUGやUUGが開始コドンとなる遺伝も，少数ながら存在する。

たった1個のコドンで指定されるアミノ酸は，Metとトリプトファン（Trp，UGG）の2つだけであり，残り18アミノ酸は複数のコドンが対応する。後者のような現象を縮重（degeneracy, 縮退）といい，同じアミノ酸を指定する別のコドンを同義コドン（synonym）という（4・2節）。同義コドンの多くは，表6・1のコドン表で1つの枠内に収まり，三つ組はお互い最初の2文字が共通で，3字目だけが異なる。ただし同義コドンが6つあるロイシン（Leu）・アルギニン（Arg）・セリン（Ser）の3アミノ酸は，それぞれ2枠にまたがる。

遺伝暗号は，特定の開始点からコドンが連続しており，隣り合う三つ組どうしは，重なりもせず，逆にすきまや句読点もない（図6・1(a)）。アミノ酸400個を指定する塩基配列は，ちょうど1200 nt長である。ただし終止コドンまで含めた遺伝子†の長さは1203 ntとなり，配列データベースには普通こちらが

† **遺伝子 (gene)**：開始コドンから終止コドンまでのDNAの連なりを遺伝子とよぶ。ただし場合によっては，その上流（5′末端）の調節領域も含めて遺伝子とよぶ場合もある。翻訳されないRNA遺伝子（10・1節）も増えてきた。光子や電子が粒子性と波動性の二面をもつことにたとえば，遺伝子はそもそも実体としての粒子性・構造としての一次元性・機能としてのシステム性を合わせもつ多面的な存在だが（2・3節 末尾），定義の歴史的変遷や細部の多義性もある。

6・1 塩基配列からアミノ酸配列への翻訳は，遺伝暗号表に基づく

```
        280       290       300       310       320       330       340       350       360
TTCATAAGGGGGATGAATCATGAACGGCTATGATCCAGTGTTGCTTAGCCGTATTTTGACAGAATTGACGTTAACGGTCCATATTATTT
            cbdA  M N G Y D P V L L S R I L T E L T L T V H I I Y
                                         (中略)
       1630      1640      1650      1660      1670      1680      1690      1700      1710
GGGAGGTGGCGCCATGACGCTCGAAGTCATCGGCATCTCGGTACTATGGCTGTTTTTGTTTGGCTACATTATTGTTGCCTCGATTGATTT
    E V A P *
           cbdB  M T L E V I G I S V L W L F L F G Y I I V A S I D F
                                         (中略)
       2620      2630      2640      2650      2660      2670      2680      2690      2700
TTTGTTTAACAAAGCGTACGTCAAAGGAAAATGGGAAGGAGGAAAAGGGTGAATGCAAACATTTTTGATCATGTATGCGCCGATGGTTGTC
 L F N K A Y V K G K W E G G K G *
                                                   cydS  M Q T F L I M Y A P M V V
       2710      2720      2730      2740      2750      2760      2770      2780      2790
GTCGCACTGTCGGTCGTTGCTGCGTTTTGGGTTGGCTTGAAAGATGTACACGTGAATGAGTAAACACTTTCAATGTTTGATGATGCATAG
 V A L S V V A A F W V G L K D V H V N E *
```

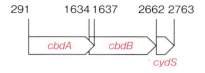

(a) 塩基配列とアミノ酸配列の対応

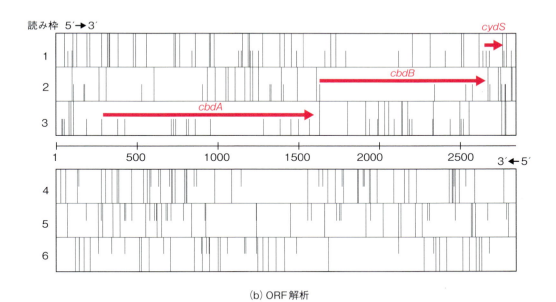

(b) ORF解析

図6・1 遺伝子の配列解析の例
好熱性細菌の*bd*酸化酵素をコードする3遺伝子 *cbdA*, *cbdB*, *cydS* のオペロン 2848 bp 領域の解析例。(a) 塩基配列の翻訳結果 (一部)。アミノ酸は1文字表記 (**表6・1**) で表した。(b) DNA二本鎖の6つの読み枠。終止コドンを長い縦線で，開始コドン候補 (ATG, GTG, TTG) を短い縦線で表示。読み枠3, 2, 1にある3つのORF (**次頁 側注**) が，実際に3サブユニットをコードする遺伝子だと判明した。文献6-1, 6-2 より。

†読み枠 (reading frame): 塩基配列を 3 文字ずつのコドンとして解釈することが可能な区切り方. 1 本の DNA 鎖には 3 つの読み枠があり, 相補的な鎖には反対方向に 3 つあるので, DNA 二本鎖には計 6 つの読み枠がある (図 6·1(b)). 開始コドン候補から始まり, 途中に終止コドンが出現せずある程度の長さをもつ枠を開放読み枠 (open r. f., **ORF**) という. ORF はタンパク質遺伝子の候補であり, 翻訳産物を同定すれば確認できる. RNA 遺伝子や, イントロンのある真核生物のタンパク質遺伝子の確認には, 転写産物の解析が重要である.

登録されている. イントロン (5·4·3 項) のない細菌ゲノムでは, 開始 AUG の位置さえ決まれば, 終止コドンまでの**読み枠**†が一義的に定まる.

標準コードにはない 21 番目のアミノ酸を指定する遺伝暗号が見つかっている. 通常は終止コドンとして働く UGA が, 稀ながら**セレノシステイン** (selenocysteine, 3 文字表記 Sec, 1 文字表記は U) を指定する. Sec はシステイン (Cys) の硫黄原子 (S) がセレン (Se) に置き換わったアミノ酸である (図 6·2). ヒトを含む哺乳類のグルタチオンペルオキシダーゼや細菌のギ酸デヒドロゲナーゼなど, 酸化・還元に関わるいくつかの酵素は, Se 含有タンパク質 (selenoprotein) である. Se は栄養学的に必須な**微量元素** (7·4 節 ③ 側注) の代表例の 1 つであり, セレノタンパク質を構成することがこの栄養素の生化学的機能である.

セレノタンパク質をコードする mRNA では, 特別な二次構造をとる塩基配列が, 翻訳領域か 3´ 非翻訳領域 (3´ UTR, 2·3 節) に挿入されており, そういう mRNA でのみ UGA が Sec として読み取られる. すなわち UGA は, 終止コドンとともに (稀に) Sec コドンとして, 二重の役割を演じるわけである. タンパク質分子に含まれる非標準アミノ酸の例は, コラーゲン中のヒドロキシプロリンなど数多いが, その大部分は翻訳後修飾 (post-translational modification) で生じる. Sec はその例外である. 遺伝暗号の例外的な拡張はもう 1 つ見つかっている. メタン菌という嫌気性古細菌で UAG のコドンが, **ピロリシン** (Pyl) という 22 番目のアミノ酸を指定する (図 6·2).

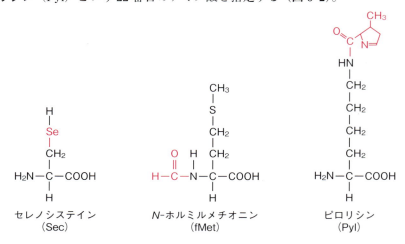

図 6·2　20 種以外のアミノ酸

セレノシステイン (Sec)　　　N-ホルミルメチオニン (fMet)　　　ピロリシン (Pyl)

6·2　tRNA は, コドンとアミノ酸を結びつけるアダプター分子である

転移 RNA (transfer RNA, **tRNA**) は, 分子量約 3 万 (24,000 〜 31,000) で約 80 (73 〜 93) nt 長の短い RNA 分子であり, コドンとアミノ酸を正確に対

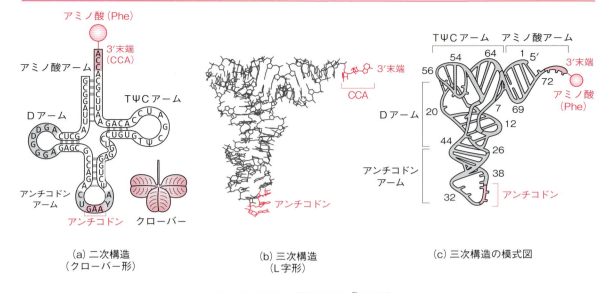

図6・3 tRNAの構造（tRNA^Pheの例）

応づけるアダプターである（**図6・3**）。4つの短い領域（それぞれ4〜7 bp）で部分的な塩基対を形成し，4本のアーム（arm）からなるクローバー形の二次構造（**2・2節**）をとる。5′末端と3′末端付近が対合したアームは，3′末端にアミノ酸が共有結合するため，アミノ酸アームとよばれる。残り3つのアームは**ステムループ構造（5・2・3項 側注）**からなり，5′末端から順に，非標準ヌクレオシドであるジヒドロウリジン（dihydrouridine, 略号D）を含むDアーム，mRNAのコドンに対合する**アンチコドン**（anticodon）を含むアンチコドンアーム，また別の非標準ヌクレオシドのリボチミジン（T）やプソイドウリジン（pseudouridine, 略号Ψ）を含むTΨCアームである。tRNAによっては，アンチコドンアームとTΨCアームの間に第5の追加アームがある場合もあり，サイズも異なる。この二次構造がさらに折りたたまれた立体構造（三次構造）は，ねじれたL字形であり，Lの一端（3′末端）にアミノ酸アーム，他端にアンチコドンが位置する。

　ヒトゲノムにはtRNA遺伝子が500以上ある。アンチコドンは，コドン数に対応して61種類あってもよさそうだが（**6・1節**），実際には49種類しかない。したがって1つのアンチコドンが複数のコドンに対合するわけである。具体的には，コドンの3字目の塩基には正確に対合しなくても働くtRNAがある。この現象を**ゆらぎ**（wobble）という。例えば，tRNAのアンチコドンの5′側がGだと，mRNAのコドンの3′側（3字目）がCでもUでも許容する場合が多い。また，Aが転写後修飾されたイノシン（inosine, 略号I）をアンチコ

ドンの5′側に含むtRNAも多く，このIはA, U, Cいずれとも対になりうる。

tRNAの3′-ヒドロキシ基には，アミノ酸のα-カルボキシ基がエステル結合して，**アミノアシルtRNA**（aa-tRNA）が形成される。この反応を触媒する酵素を**アミノアシル-tRNA合成酵素**（aminoacyl-tRNA synthetase, 略号aaRS）という。このエステル化反応には，ATPをAMPとPP_iに加水分解する化学エネルギーを要する（5・2節 側注：吸エルゴン反応）。

$$aa + tRNA + ATP \xrightarrow{aaRS, Mg^{2+}} aa\text{-}tRNA + AMP + PP_i$$

前節冒頭でアミノ酸の「活性化」に触れたが，その「活性化されたアミノ酸」とはこのaa-tRNAのことである。aaRSの種類は，61（コドン数）でも49（アンチコドン数）でもなく，20（アミノ酸数）である。すなわち，大腸菌やヒトを含めほとんどの生物で，1つのアミノ酸に対して1つのaaRSが存在し，対応するtRNAがたとえ複数種類であってもみな反応する。これら20の酵素は，それぞれTrpRSとかLeuRSなどと略称される。Ala用のtRNAを$tRNA^{Ala}$と表記し，これにAlaRSが作用して$Ala\text{-}tRNA^{Ala}$が生成される。ヒトの49番目のtRNAはSec専用の$tRNA^{Sec}$だが（6・1節），専用のSecRSは存在せず，SerRSが$Ser\text{-}tRNA^{Sec}$を合成した上で，別の酵素が$Sec\text{-}tRNA^{Sec}$に化学変換する。

aaRSは，一次構造や三次構造，反応機構などの類似性に基づき，ちょうど10個ずつ2つのクラスに分類される。クラスIとクラスIIの区分はすべての生物に共通で，両クラスには分子進化的な共通祖先が想定できないほど隔たっている。正確な翻訳には，このaaRSによるtRNAの特異的識別が重要である。このため，aaRS:tRNA間の相互作用様式は，コドン表に次ぐ「第2の遺伝暗号」とよばれることがある。ただしこれは第1の遺伝暗号より複雑であり，aaRSはtRNAのアミノ酸アームとアンチコドンにまたがる10以上のヌクレオチド残基を認識している場合もある。

MetのコドンはAUGの1つだけだが，tRNAは2つある。細菌では，その2つは$tRNA^{Met}$と$tRNA^{fMet}$と書き分けられる。後者は開始コドンのAUGだけに使われ，前者はポリペプチド内部のMetをコードするのに使われる。$tRNA^{fMet}$は，まずMetRSでメチオニル化されて$Met\text{-}tRNA^{fMet}$となった後，別種の酵素トランスホルミラーゼ（transformylase）の作用により，補酵素N^{10}-ホルミルテトラヒドロ**葉酸**†からホルミル基をMet残基に受けとって，$fMet\text{-}tRNA^{fMet}$が完成する。真核生物のMetはどちらもホルミル化されないが，2つのtRNAが使い分けられている点は共通である。真核細胞中でありながら，

---

† **葉酸**（folic acid）：水溶性ビタミンの1つで，かつてはビタミンMと呼ばれた。緑黄色野菜・果物・レバーなどに多く含まれ，最初ホウレンソウから発見されたため，葉を意味するラテン語foliumから命名された。生体内では，還元されたテトラヒドロ葉酸（THF）の形で**補酵素**（5・2節 側注）となり，ホルミル基・メチル基・メチレン基・メチニル基などC_1単位の転移反応で運搬体として働く。C_2単位の運搬体である補酵素A（CoA）より不足しがちなので，さまざまな病気の予防や治療に有効なビタミンとして注目を浴び，特に妊婦などに摂取が推奨されている。

ミトコンドリアや葉緑体の中の翻訳は fMet で始まる。このことは，これら細胞小器官の進化的起源が細菌であるとする細胞内共生説（2・4 節 側注：ミトコンドリア）を支持する証拠の1つである。

6・3 リボソームは，ポリペプチドを正確に合成する能動的な場である

リボソーム（ribosome）は，遺伝情報の翻訳が行われる細胞小器官であり，単量体のアミノ酸どうしを結合させてポリペプチドを合成する超分子複合体である。

大腸菌の細胞には 15,000 個以上のリボソームが存在し，乾燥重量の約4分の1を占める。リボソームは大小2つのサブユニットからなる粒子で，両サブユニットはそれぞれ，少なくとも1個の大きな rRNA と数十個の小さなタンパク質を含む（図 6・4(a)）。数はタンパク質の方がはるかに多いが，質量の3分の2は rRNA である。リボソームの構造や大きさは細菌と真核生物で異なっており，細菌では直径 18 nm で**沈降係数**[†]は 70 S，合計分子量は 2.5×10^6 だが，真核生物ではより大きく，直径 23 nm で 80 S，4.2×10^6 である（図 6・4(b)）。各サブユニットは RNA とタンパク質の2成分に分離できる。また単離したそれらの成分から全体構造が in vitro で再構成できることを，1960 年代後半に野村眞康（Nomura Masayasu）が示したことにより，リボソーム研究は大きく進展した。これらの成分のうち，小サブユニットの rRNA（原核生物の 16 S rRNA と真核生物の 18 S rRNA，図 6・5）の塩基配列（一次構造）の類似性は，生物の系統分類のための定量的指標として活用される（13・4 節）。リボソームは組成の複雑な不定形の混合物などではなく，精密に組み上げられた巨大な超分子構造体であり，21 世紀に入るとその全体の立体構造が高解像度で解明された（図 6・6）。

両サブユニットは不規則な形をしており，ぴったり結合していながらも間に割れ目が見て取れる。各サブユニットでは RNA が構造的なコアを形成しており，タンパク質はその表面をおおう補助的な成分である。ペプチド結合が形成される活性中心は大サブユニットにあるが，そこから 1.8 nm 以内にはタンパク質が存在せず，化学反応を触媒するのは RNA の方である。すなわちリボソームは巨大な**リボザイム**[†]である。DNA の複製や転写も多くの成分からなる巨大な複合体で行われるが，それらの活性中心はタンパク質にあり，リボソームとは対照的である。

翻訳中は，mRNA に沿ってリボソームが移動する際，その mRNA は両サブユニット間の割れ目を通過する。翻訳の速さは，原核生物で

[†]**沈降係数**(sedimentation coefficient)：高分子や細胞内顆粒の大きさを示す便利な指標。一般にスベドベリ単位 S で表す。単位名は，スウェーデンの化学者スベドベリ（Theodor Svedberg）にちなむ。彼は20世紀前半に超遠心機を発明し，高分子溶質の解析で活躍した。$s \equiv (dr/dt)/r\omega^2$，すなわち移動速度（$dr/dt$）を遠心加速度 $r\omega^2$ で割った値と定義され，時間の次元をもつ。一般に $S = 10^{-13}$ s（秒）を単位とする。同じ遠心力をかけても粒子が大きいほど沈降は速いが，形状なども影響するので，正確な加算性はないことに要注意。

[†]**リボザイム**(ribozyme)：一般の**酵素**（1・3 節 側注）は物質的実体がタンパク質であるのに対し，RNA 性の酵素。リボ酵素ともいう。RNA（ribonucleic acid）と酵素（enzyme）から造語された。チェック（Thomas R. Cech）が繊毛虫類テトラヒメナで自己スプライシング型イントロンとして（5・4・3 項），またアルトマン（Sidney Altman）がリボヌクレアーゼ P の主要部分として，1980 年代初頭に発見した。その後リボソームの**ペプチド転移反応**をはじめ多数が認定された。また遺伝子工学のツールにもなっている。

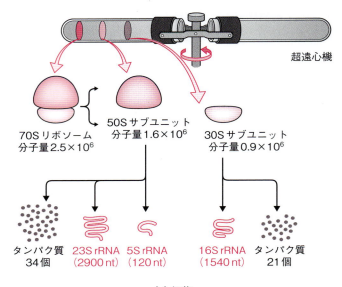

(a) 細菌

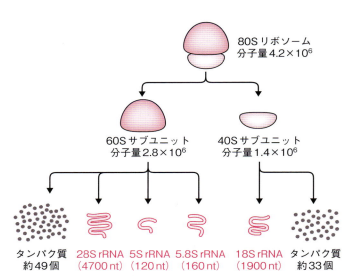

(b) 真核生物

図6・4　リボソームの構成

20 aa·s^{-1}（aa は amino acid の略），真核生物では 2～4 aa·s^{-1} 程度であり，DNA 複製の速さがそれぞれ 1000 bp·s^{-1} と 100 bp·s^{-1} くらいであるのに比べ（3・2 節），ずっと遅い．真核生物では，転写が核内，翻訳が細胞質で起こるのに対し，原核生物では同じ区画で起こるので，RNA Pol から mRNA が出たとたんにリボソームがそこに取りついて翻訳をスタートさせることができる（5・2・2 項）．実際，原核細胞では 1 本の mRNA に多数のリボソームが

6·3 リボソームは，ポリペプチドを正確に合成する能動的な場である

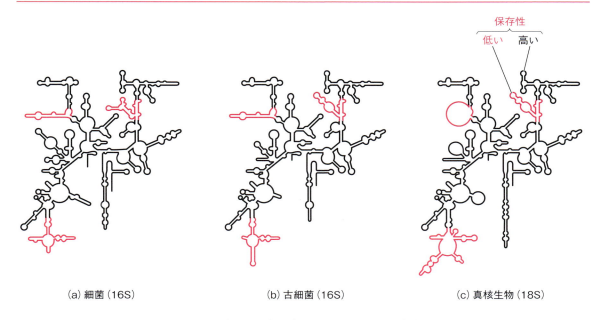

(a) 細菌（16S）   (b) 古細菌（16S）   (c) 真核生物（18S）

図 6·5 リボソーム 小サブユニットの rRNA の二次構造

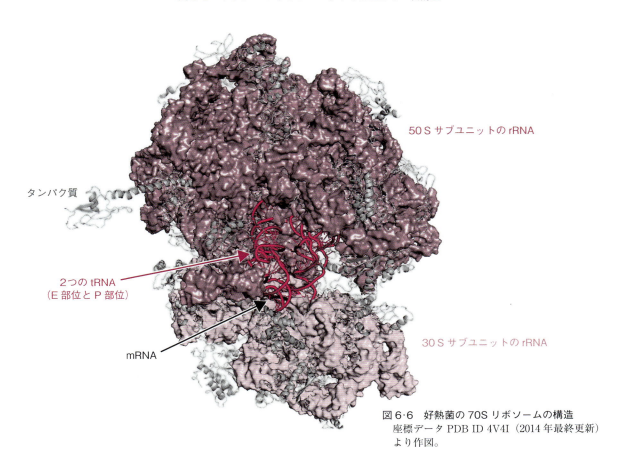

図 6·6 好熱菌の 70S リボソームの構造
座標データ PDB ID 4V4I（2014 年最終更新）より作図。

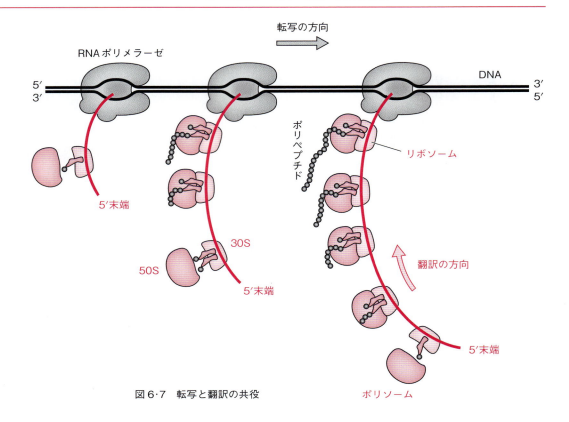

図6・7 転写と翻訳の共役

結合した**ポリソーム**（polysome）を観察できる（**図6・7**）。1個のリボソームはmRNAの約30 nt分と接触しているだけだが，リボソームはかさばるので実際に結合する密度は80 ntあたり1個程度である。翻訳速度20 aa·s^{-1}はmRNAに換算すると60 nt·s^{-1}であり，RNA Polの転写速度50〜100 nt·s^{-1}にほぼついていける。1分子のmRNAでたくさんのリボソームが働けるので，細胞におけるタンパク質生合成への需要が高いとはいえ，総RNAに占めるmRNAの割合は1〜5％という低さで間に合っている。

ポリペプチドを合成するには，伸長中のペプチドのC末端に，次のaa-tRNAからアミノ酸を転移させなければならない。伸長中のペプチドもtRNAに結合しており，それを**ペプチジルtRNA**（peptidyl-tRNA）とよぶ。実際には，新しいアミノ酸のアミノ基がペプチドC末端のカルボキシ基を求核攻撃して，ペプチド鎖が隣に移される（**図6・8**）。この反応を**ペプチド転移反応**（peptidyl transfer reaction）という。リボソームには，aa-tRNAとペプチジルtRNAの少なくとも2つのtRNAを同時に結合できる必要がある。その2つの結合部位をそれぞれ**A部位**（A site），**P部位**（P site）というが，リボソームにはもう1つ第3の**E部位**（E site）もある。これはexit（出口）の頭文字であり，

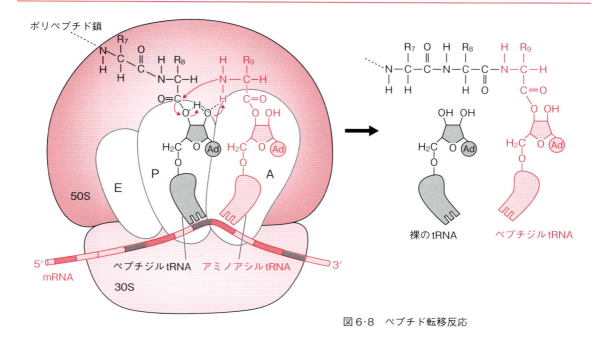

図6·8 ペプチド転移反応

ペプチド鎖を aa-tRNA に与えて解放されたあとの遊離 tRNA が出ていく部位である。

ペプチド転移反応の活性中心（peptidyl transferase）とともに，これら3つの tRNA 結合部位も大サブユニット側にあるが，アンチコドンを境界面に向ける。mRNA の結合部位は小サブユニット側にあるが，その解読センターでコドンを境界面に向け，アンチコドンと対合する。大サブユニットにはもう1つ，ポリペプチドの出口用トンネルもある。

細菌の70Sリボソームと真核生物の80Sリボソームとで構造が大きく異なることは，これが医薬品の標的としてふさわしいことを意味する。ある化合物が，病原菌のリボソームには結合して翻訳を阻害するが，その宿主であるヒトや家畜には無害なら，その物質は**選択毒性**（selective toxicity）の高い抗菌薬になりうる。実際リボソームは，**抗生物質**（antibiotics）の代表的な作用点である（表6·2）。抗生物質とは，アオカビのような真菌や放線菌のような繊維状細菌などが生産し，生育環境で競争相手となる他の細菌の増殖を阻害するために放出する物質である。20世紀半ばから人類は，感染症の治療薬として多くの抗生物質を実用化してきた。例えば，テトラサイクリンは aa-tRNA が A 部位へ結合するのを妨害し，クロラムフェニコールは活性中心でペプチド転移反応を阻害する。ストレプトマイシンは翻訳の開始段階を，シクロヘキシミドは伸長段階を，それぞれ阻害する。

表6·2 主な抗生物質（と毒素）の作用

標的細胞	抗生物質／毒素	標的部位	作　　用
原核	テトラサイクリン	30S サブユニットの A 部位	aa-tRNA の結合を阻害
	クロラムフェニコール	30S サブユニットの A 部位	aa-tRNA の位置決めを妨害し，ペプチジル転移反応を阻害
	ストレプトマイシン	30S サブユニット	翻訳の開始を阻害し，低濃度では翻訳の間違いを引き起こす
	エリスロマイシン	50S サブユニットのペプチド出口通路	伸長中のペプチド鎖がリボソームから出るのを阻害し，鎖の伸長を停止
原核と真核	ピューロマイシン	大サブユニットの A 部位	aa-tRNA の 3′ 末端を装い，鎖の伸長を阻害
真核	シクロヘキシミド	60S サブユニット	ペプチジル転移反応を阻害
	ジフテリア毒素（535aa のタンパク質）	伸長因子 eEF2	化学修飾（ADP リボシル化）し，鎖の伸長を阻害

6·4　翻訳も開始・伸長・終結の3段階に分けられる

まず細菌における翻訳過程を述べたあと，真核細胞における相違点を付け加える。

6·4·1　開　始

翻訳を**開始**（initiation）するには，リボソームの大小サブユニット，翻訳の情報源である mRNA，最初の単位素材である fMet-tRNA^{fMet} の 3 者が必要である。開始複合体の形成は，小サブユニットを核として，それに順次① mRNA，② fMet-tRNA^{fMet}，③大サブユニットが結合する 3 ステップで起こる（図 6·9）。その過程で，さらに**開始因子**（initiation factor, IF）とよばれる 3 つのタンパク質 IF-1, IF-2, IF-3 および GTP と Mg^{2+} イオンも必要とされる。このうち IF-2 は，GTP を結合・加水分解する GTP アーゼである。GTP 結合型と，分解後の GDP 結合型とでは**立体配座**†が異なり，前者は活性型（active form），後者は不活性型（inactive f.）である。

① **mRNA の結合**：リボソームの小サブユニットに，まず IF-1 と IF-3 が，次に mRNA が結合する。IF-1 は，小サブユニットの A 部位に結合し，そこを tRNA からふさぐ。IF-3 は E 部位に結合し，tRNA からふさぐとともに，大サブユニットが小サブユニットに結合するのを妨げる。これら両 IF による妨害のおかげで，最初に tRNA が結合しうるのは 3 部位のうち P 部位だけに絞られる。この翻訳の開始には，小サブユニットが単独で存在する必要があるため，IF-3 には前の翻訳が終わる際に大サブユニットの乖離を促す働きもある。

mRNA が結合する際には，その開始 AUG コドンが正確に P 部位にくる必

† **立体配座**（conformation）：分子の立体構造のタイプ別を表す用語。単に配座と略すこともあり，またカタカナ書きでコンホメーションとも記す。共有結合の連なりは同一のまま，原子間の単結合の回転によって生じる立体的に異なった分子形態。水素結合や静電的結合は変わる。共有結合の連なり自体が異なる異性体どうしの違いは，立体配置（configuration）の違いという。

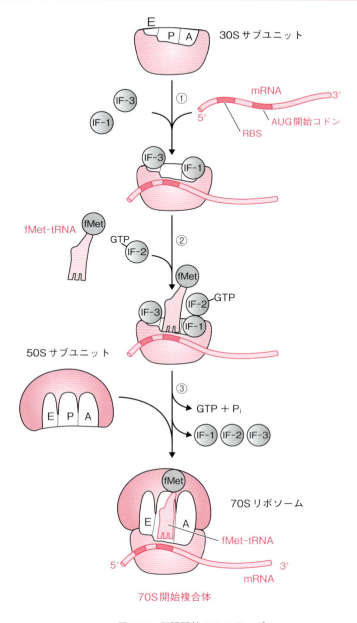

図6·9 翻訳開始の3ステップ

要がある。この定位は，開始コドンの上流8〜13 ntにあるリボソーム結合部位（ribosome-binding site，略称 **RBS**）によって可能となる（**図2·5(a)**）。RBSは4〜9個のプリン残基からなるコンセンサス配列であり，同定した2人のオーストラリア人研究者 John Shine と Lynn Dalgarno にちなんで**シャイン・ダルガノ配列**（Shine-Dalgarno sequence，**SD配列**）ともよばれる。小サ

ブユニットに含まれる 16S rRNA の 3′ 末端付近には，ピリミジン残基に富んだ相補的な配列があり，RBS はそこに対合する。細菌の mRNA は一般に多シストロン性であり（5・3 節①），RBS は各遺伝子のすぐ上流にある。したがって RBS は，数ある AUG コドンから開始コドンを識別する指標でもある。

② **fMet-tRNA^{fMet} の結合**：小サブユニットと mRNA の複合体に対し，続いて IF-2 と fMet-tRNA^{fMet} が結合する。GTP 結合型の IF-2 は，他の aa-tRNA を排斥し fMet-tRNA^{fMet} だけが選択的に小サブユニットに結合するのを助ける。通常の aa-tRNA は A 部位に結合するのだが，最初の fMet-tRNA^{fMet} だけは P 部位に結合する。そのアンチコドンが mRNA の開始コドンと対合する。fMet のホルミル基は，後ほど除去されることが多い。それどころか Met やもう 1 つ次のアミノ酸が除かれることも少なくないため，完成段階のポリペプチドは，N 末端が fMet や Met ではないことも多い。

③ **大サブユニットの結合**：最終ステップでやっと，大サブユニットが合体して完全なリボソームができ上がる。この合体により，IF-2 では GTP が加水分解されて GDP に変わる。この GDP 結合型 IF-2 を含む 3 つの開始因子がともにリボソームから乖離すると，情報源 mRNA と最初の単位素材 fMet-tRNA^{fMet} とリボソームの 3 者が結合した **70 S 開始複合体**（70 S initiation complex）が完成する。

6・4・2　伸　長

開始複合体においてペプチド鎖を**伸長**（elongation）するには，活性化された素材としての aa-tRNA のほかに，**伸長因子**（<u>e</u>longation <u>f</u>., EF）とよばれる 3 つのタンパク質 EF-Tu，EF-Ts，EF-G および GTP が必要である（図 6・10）。アミノ酸 1 残基の付加は，①次の aa-tRNA の結合，②ペプチド転移反応，③コドン 1 個分の転位，の 3 ステップで起こり，付加の回数だけ①～③が繰り返される。

① **2 番目（以降）の aa-tRNA の結合**：aa-tRNA は独力ではリボソームに結合せず，GTP 結合型の EF-Tu がそれをエスコートする。まず 2 番目のコドンに対応したアンチコドンをもつ aa-tRNA が，GTP 結合型 EF-Tu と会合した上で，A 部位に結合する。A 部位上部にある因子結合センターで EF-Tu の GTP が加水分解されると，その GDP 結合型 EF-Tu がリボソームから乖離する。EF-Tu から解き放たれた aa-tRNA は，「順応」とよばれる回転運動をし，3′ 末端が 7 nm 近くも動いて P 部位の反応中心に近づく。一方遊離状態となった EF-Tu は，EF-Ts の助けで GDP が GTP に置き換わると再生され，次の利

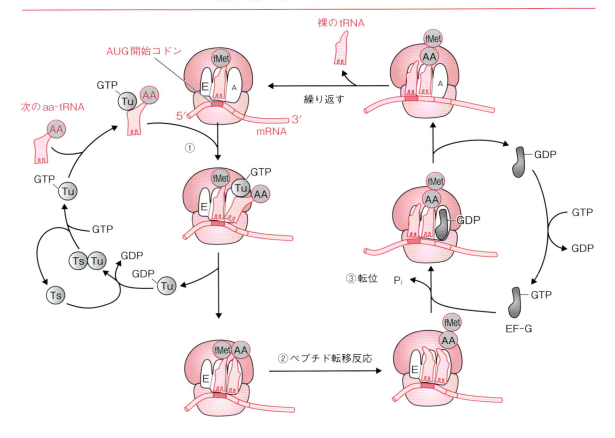

図6・10 ペプチド鎖の伸長の3ステップ

用に供される。

　翻訳の誤読率は10^{-3}から10^{-4}である。これほどの精度は，コドンとアンチコドンの対合の正誤のエネルギー差だけでは説明できない。追加的な3つの機構が，この精度を支えている。第1に，小サブユニットのA部位を構成する16S rRNA内にある隣り合った2つのアデニン残基は，コドン-アンチコドン対の副溝に水素結合するが，それが誤対合だと溝にうまくはまらないため，不適当なtRNAの親和性は非常に低い。第2に，そこが誤対合だとEF-Tuの位置もまた敏感にずれ，因子結合センターからそれて，GTP加水分解反応が遅くなる。第3に，順応時の回転で生じるひずみに誤対合は耐えられず，不適当なtRNAだけ高頻度で遊離してしまうらしい。

　②**ペプチド転移反応**：いよいよタンパク質合成のメインイベントとしてのペプチド転移反応が起こる。aa-tRNAのアミノ酸残基のα-アミノ基が求核基として働き，P部位にあるtRNAと置き換わってペプチド結合が形成される。この転移反応は，大サブユニットの23S rRNA（真核生物では28S rRNA）が，

リボザイム（6·3節 側注）として触媒する。この結果 A 部位にペプチジル tRNA が生成され，P 部位には裸に戻った（脱アシル化された）tRNA が残る。ここでペプチジル tRNA は 3′ 末端だけ P 部位に位置しており，裸の tRNA も 3′ 末端だけ E 部位に移動して，ともに複数の部位をまたぐハイブリッド結合の状態になる。

③ **コドン1個分の転位**：次は，mRNA に沿ってリボソームが1コドン分だけ移動する<u>転位</u>（translocation）のステップである。上述のハイブリッド状態は，大サブユニットだけ小サブユニットに先んじて転位した中途半端な状態である。この転位を完了させるのは，第3の伸長因子である EF-G である。ハイブリッド結合状態で空いている A 部位の因子結合センターに，GTP 結合型の EF-G が結合する。このセンターで GTP が加水分解されると，EF-G の立体構造が変化し，小サブユニットにも届くようになる。これによってペプチジル tRNA は A 部位から P 部位へ押しやられ，裸の tRNA もドミノ倒しのように P 部位から E 部位へ押しやられるらしい。mRNA のコドンはアンチコドンを介してまだ tRNA に結合したままなので，mRNA もまたリボソームに対してコドン1つ分ずれる。これによって転位は完了し，裸の tRNA は細胞質ゾルに放出され，その後再利用される。ここで働く EF-G は，タンパク質のみからなるにもかかわらず，EF-Tu を結合した状態の tRNA を模倣するような立体構造を取っている。このような現象を<u>分子擬態</u>（molecular mimicry）という。

以上の伸長1サイクル（①〜③）ごとに，3分子の NTP が加水分解される。アミノ酸を tRNA に共有結合させる際に ATP が1つ分解されるのに加え（6·2節），①の EF-Tu と③の EF-G で GTP がそれぞれ1分子ずつ分解された。これらのうち，ペプチド結合を形成する化学反応を駆動するエネルギー源になっているのは ATP 1分子だけであり，2分子の GTP は翻訳反応を秩序よく正確に進行させるために消費されている。翻訳の開始段階で IF-2 が1分子の GTP を分解するのと合わせると，アミノ酸 n 個からなるポリペプチドの生合成には，$3 \times (n-1) + 1 = (3n-2)$ 分子の NTP の加水分解が必要である。

6·4·3　終　結

伸長段階が $(n-1)$ 回繰り返され，最後のステップ③（転位）によって，いよいよ終止コドンが A 部位に至ると，**終結**（termination）の段階に移行する（図 6·11）。**終結因子**（termination f. 別名 解放因子 <u>r</u>eleasing <u>f</u>., RF）というタンパク質が3つあり，RF-1 は終止コドンの UAG と UAA を，RF-2 は UGA と

UAAを認識する．RF-1とRF-2はEF-Gと同様，tRNAに擬態する分子である．tRNAのアンチコドンにあたる位置には3個のアミノ酸があり，終止コドンの識別に働くことから，ペプチドアンチコドンとよばれる．一方，3′末端にあたる位置にはGly-Gly-Gln（GGQ）という配列が保存されており，ポリペプチドの加水分解に不可欠である．RF-1，RF-2のどちらかがaa-tRNAの代わりにA部位に結合すると，ペプチジルトランスフェラーゼ（ペプチド転移の活性中心）に働きかけて，伸長しつつあるペプチド鎖を次のアミノ酸の代わりに水分子に転移させるよう誘導する．その結果ポリペプチド鎖は依り所を失い，P部位から放出される．RF-3は，RF-1やRF-2の解離を促進する．

さらにリボソームリサイクル因子（ribosome recycling factor，RRF）と呼ばれるタンパク質がEF-GやIF-3と協力して，裸のtRNAやmRNAを遊離させ，大小サブユニットを解体に導いて，ポリペプチド1分子の生合成工程が大団円を迎える．解体された成分は，その後新たな翻訳過程に再利用される．

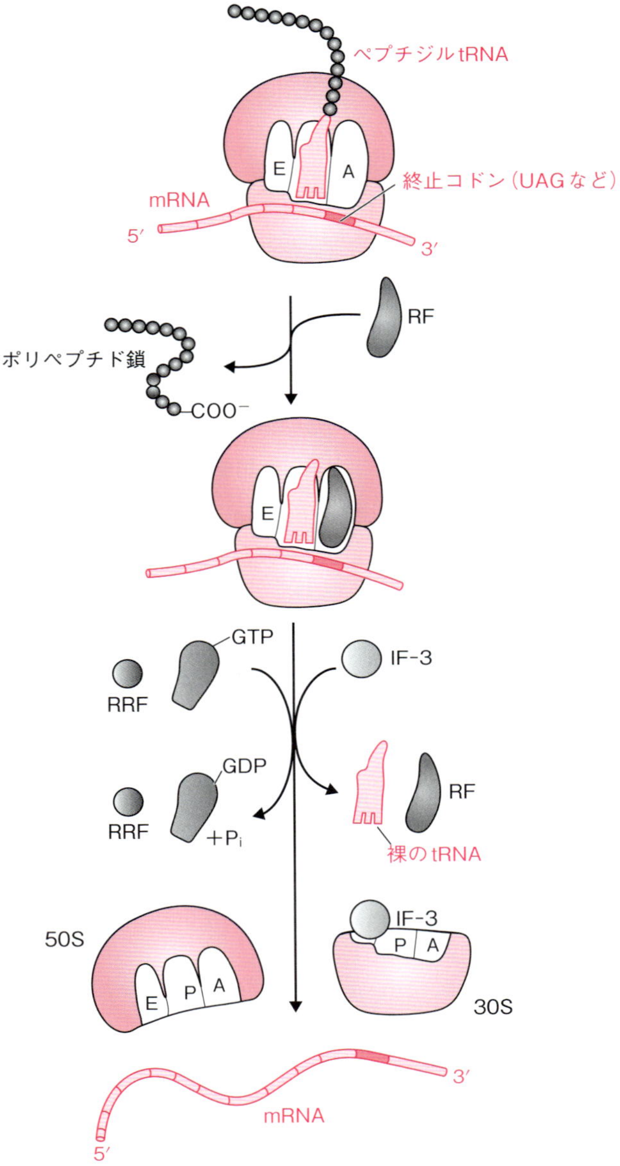

図6·11 翻訳の終結

6·4·4 真核細胞での違い

翻訳の過程は真核細胞でも細菌と似ているが，関与する成分の数や進行の細部に違いがある．まず開始段階では，開始因子が数多く，少なくとも12個ある．略号はIFの前に"e"をつける（真核のeukaryoticより）．eIF1AとeIF3は，細菌のIF-1とIF-3の機能的相同物だが，そのほかにもeIF4G，eIF5Bなどが関わる．第2に，小サブユニットへの結合は，開始tRNAがつねにmRNAより先立つ．第3に，mRNAの開始コドンを特定する方法も異なる．細菌ではRBSが開始コドンの位置を指示したが，真核生物ではまず小サブユニットが5′キャップ

構造（図5·5）に引き寄せられてから，5′→3′方向にスキャンされ，最初に遭遇するAUGコドンを開始コドンと認識する。この認識は，先に小サブユニットに結合していた開始tRNAのアンチコドンの対合によって実現する。真核生物のmRNAは大部分が単シストロン性だから，mRNA分子の中途にある開始コドンを探す必要がないのである。そのあと多くのIFが遊離した上で，大サブユニットが合体して開始複合体が完成する。

　開始因子のうちeIF4Gは，ポリA結合タンパク質（poly-A-binding protein）と相互作用することにより，5′，3′両末端を架橋してmRNAを環状構造にする。このおかげで，翻訳を終えていったん乖離したリボソームが再び同じmRNAで翻訳を開始しやすくなり，翻訳が効率化される。

　真核細胞の伸長段階は，開始段階よりもっと細菌に似ている。3つの伸長因子eEF1α，eEF1$\beta\gamma$，EEF2が，それぞれ細菌のEF-Tu，EF-Ts，EF-Gに対応する機能を果たす。終結因子は開始因子とは対照的に，真核生物には2つしかない。eRFとよばれる単一の因子がRF-1とRF-2両者の代役として終止コドンを3つとも認識する。RF-3の代役はeRF3とよばれる。

7. 転写調節（基本を細菌で）
― デジタル制御の生命 ―

　遺伝子の発現の調節は，転写と翻訳の一連の過程のうち，主にその初期段階である転写開始の時点で行われます。細菌における転写調節は，抑制因子と活性化因子のバランスでオン‐オフされる比較的単純なしくみです。遺伝情報が，A, T, G, Cの4文字が線状に並ぶデジタルな記録であったのに似て，情報発現の調節機構もデジタルな因子を組み合わせたモデルで理解できます。動物ではかなり複雑なので次章以降に回し，この章では大腸菌を中心に，遺伝子調節の基本を理解しておきましょう。ただし章末では，真核生物も含めた調節因子の主な種類を見ておきます。

7·1　遺伝子の発現は主に転写の抑制と活性化で調節される

　細胞は，置かれた環境によって遺伝子産物の細胞内レベルが変動する。このような場合，その遺伝子の発現は信号物質などによって調節を受けている。このような発現様式を**調節性遺伝子発現**（regulated gene expression）という。これに対し，細胞の基本的な生存に必要なため，環境や発生段階によらず常にほぼ一定レベルで発現する遺伝子を**ハウスキーピング遺伝子**（8·1節 側注）といい，またそのような発現様式を**構成的**[†]**遺伝子発現**（c. g. e.）という。伝統的に構成的とみなされる遺伝子には，中枢代謝の酵素であるグリセルアルデヒド-3-リン酸脱水素酵素（略称GAPDH）や細胞骨格タンパク質のβ-アクチン，翻訳の伸長因子EF1αなどの遺伝子があるが，これらも条件によっては発現量が変動することが観察され，厳密に構成的なものを措定するのは難しい。

　調節性遺伝子のうち，外部の条件に応答して遺伝子産物レベルが上昇する遺伝子は**誘導的**[†]であるといい，逆に低下する遺伝子は**抑制的**（repressive）であるという。また前者の現象を**誘導**（induction）という。例えば大腸菌において，ラクトース利用系の遺伝子は，培地にラクトースがあると発現が促進されるため，誘導的であり，トリプトファン合成系の遺伝子は，培地にトリプトファンがあると発現が妨げられるため，抑制的である。

[†] **構成的**（constitutive）**と誘導的**（inducible）：遺伝子発現の2様式。条件によらず常に発現していることを構成的といい，特定の条件だけで発現することを誘導的とよぶ。*Lac*オペロン（次節）内の遺伝子は誘導的で，その調節に関わるLacリプレッサーの遺伝子などは構成的であることから，歴史的にこの2つが対比されたが，論理的にはこの節で整理したように，誘導的と抑制的を調節的（regulative）とまとめ，構成的に対比する方がわかりやすい。

7. 転写調節（基本を細菌で）− デジタル制御の生命 −

遺伝子発現の調節は，次のような7段階で起こりうる（図7・1）：①転写（mRNAの合成），②mRNAの転写後修飾，③mRNAの分解，④翻訳（タンパク質の合成），⑤タンパク質の翻訳後修飾，⑥タンパク質の細胞質内移送，⑦タンパク質の分解。ただし真核生物の場合は，転写は核内で，翻訳は細胞質で起こるため，②と③の間にさらに②′mRNAの核外移送がはさまる。真核生物での②は，一次転写産物（mRNA 前駆体）から mRNA への成熟という大規模な過程である（5・4節）。

遺伝子発現は，生体高分子の生合成を含み大量のエネルギー消費を伴う複雑

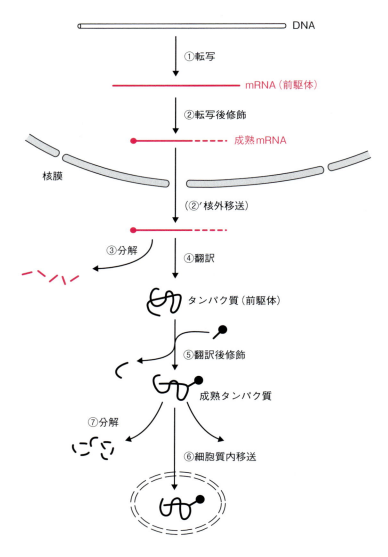

図7・1　遺伝子発現の調節7段階

な過程なので，細胞は無駄なエネルギー消費を避けるため，その最初の段階で調節することが多い．すなわち①転写の開始段階が最も重要な調節点である．転写は，RNAポリメラーゼ（RNA Pol）がDNAのプロモーター領域に結合することから始まる（5・2・1項）．プロモーターの塩基配列は変化に富んでおり，RNA Polが結合する際の親和性に大きな影響を及ぼす．構成的発現ではこの結合が律速段階となるため，プロモーター配列の違いによって，転写速度には1000倍以上の開きがでる．大腸菌のプロモーターの大部分は，**共通配列**（consensus sequence）を基本とする配列になっており（図5・2），それからのずれが大きいほど，プロモーター活性は一般に低下する．真核生物のプロモーター配列は，細菌のそれ以上に変化に富んでいる．そこに調節が加わると，プロモーター活性はさらに上下する．

転写調節には，外部条件を仲介する調節タンパク質が関与する．そのようなタンパク質を，**転写調節因子**（transcription regulator）という．転写調節因子は，RNA Polとプロモーターの相互作用を強めたり弱めたりすることによって働く．真核細胞のRNA Polの活性には**基本転写因子**（GTF，5・3節③）が必要である．名前がまぎらわしいが，「転写因子」と略すとふつうはGTFの方ではなく転写調節因子を指す．転写因子には，正の調節因子である**アクチベーター**（activator，活性化因子）と，負の調節因子である**リプレッサー**（repressor，抑制因子）とがある（図7・2）．これら転写因子は，DNA二重らせんの**主溝**（2・2節）に結合して機能する．リプレッサーの結合部位は**オペレーター**（operator）とよばれる．オペレーターはプロモーターと重なるか，あるいはすぐ前後に位置する．ゲノムには転写因子をコードする遺伝子が多く，細菌でも数百，ヒトでは数千もある．この事実は，細胞において精密な転写調節が重要であることのあかしである．

細菌では，関連する一連の過程に関わるタンパク質の遺伝子が互いに隣接して配置されており，**オペロン**とよばれる（5・3節①）．プロモーターはオペロン全体の上流にあり，まとめて転写，調節されるので，mRNAは多シストロン性である．

転写を制御する因子のうち，プロモーターやオペレーターのように，遺伝子と同じDNA二本鎖に載っている塩基配列のまとまりを**シス因子**（*cis* factor）という．これに対し，アクチベーターやリプレッサーなど転写因子は，標的遺伝子付近のDNA（シス因子）に結合して作用するタンパク質であり，このような分子やそれをコードする遺伝子は，**トランス因子**（*trans* factor）とよばれる．この２つを明確に区別するため，前者はシス調節配列（*cis*-regulatory

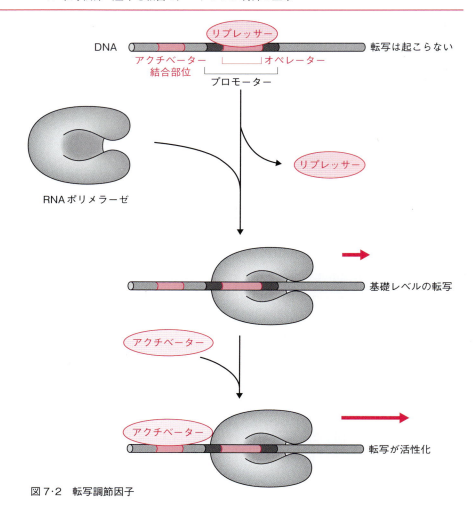

図 7・2 転写調節因子

sequence) あるいは短く**シス配列**とよばれることもある。

　この2つは，次のような実験上の差異から立てられた対概念である．すなわち，ある細胞の中で，転写因子（トランス因子）をコードする遺伝子（これもトランス因子）に変異が生じ，標的遺伝子を調節する機能が損なわれても，その細胞に外から同等のトランス因子を導入すると，元と同じような調節現象が回復する．これとは対照的に，プロモーターやオペロン（シス因子）に変異が生じると，たとえ同じ配列の DNA を外部から注入しても，調節機能は回復しない．このように，標的遺伝子とは独立の位置から作用する様式をトランス作用，同一 DNA 分子上に存在しており直接的に作用する様式をシス作用として，対比するわけである．転写因子の遺伝子でも，物理的には標的遺伝子（標的オペロン）の近傍に位置する場合があるが，その作用がタンパク質産物を介して及ぶのであれば，トランス因子である（次節の *lac* オペロンはこのケースで

7・2 ラクトース - オペロンはラクトースで活性化される

フランスのヤコブ（François Jacob）とモノー（Jacques Monod）は、ラクトース（lactose, 略称 Lac, 表 2・1）を炭素源†として大腸菌の変異株を培養する実験を行い、遺伝子の発現調節に関する史上最初のモデルとして「**オペロン説**」を、1960年代初期に提唱した。彼らの実験ではまず、培地に Lac を加えたときのみ、大腸菌はその分解酵素である β-ガラクトシダーゼの活性を発現させた。つまり遺伝子発現の誘導現象（前節）を観察した。次に、大腸菌にランダムな変異を誘発し（4・1節）、この酵素活性を構成的（前節）に発現する変異株を選び出したところ、2種類の株があった。

1種類の変異株は、野生株の染色体 DNA 断片を一部含むプラスミド（2・4節、図 2・6）を細胞に導入することによって、Lac による酵素活性の誘導現象が回復したのに対し、もう1種類の変異株では、同じプラスミドを導入しても、活性の発現は構成的なままだった。この差は、**前節**で述べたトランス因子とシス因子を含むモデルで説明できる。1つ目の変異株は、β-ガラクトシダーゼ遺伝子を標的として抑制するトランス因子が欠損していたために、外からトランス因子を補充することで、Lac による抑制的調節が回復できたのに対し、2つ目の変異株は、同じく抑制的ながらシス因子の方が欠損していたため、外から加えたのでは代替できなかったと解釈できる。このトランス因子が、標的の酵素遺伝子を抑制するリプレッサーとその遺伝子であり、シス因子が標的遺伝子に隣接して働くオペレーターである。

さらなる研究によって、ラクトース - オペロン（*lac* operon）の詳しい構造と調節様式が明らかにされた。このオペロンは、ラクトースを分解・処理する酵素や輸送体をコードする3つの遺伝子を含む（**図 7・3**）。大腸菌の主な炭素源・エネルギー源はグルコース（Glc）であり、優先的に利用される。したがってふだん *lac* オペロンに用はないが、培地の Glc が枯渇し代わりに Lac が与えられた条件下では、このオペロンが発現する。3つの遺伝子のうち ***lacZ***†は、二糖の Lac を単糖の Glc とガラクトース（Gal）に分解する β-ガラクトシダーゼ（β-galactosidase, **LacZ**†）をコードし、*lacY* は培地の Lac を細胞内に取り込む Lac 輸送体（Lac permease）をコードする。3つ目の *lacA* がコードするチオガラクトシドトランスアセチラーゼ（thiogalactoside transacetylase）は、

† **炭素源**（carbon source）：生物が必要とする炭素原子を含む炭素化合物。大腸菌やヒトを含む多くの生物（従属栄養生物）はグルコースなど有機物質を炭素源とし、それは同時にエネルギー源（energy s.）でもある。植物など光合成生物（独立栄養生物）は無機物質の CO_2 を炭素源とし、エネルギー源は太陽光である。なお、生物にとって窒素源（nitrogen s.）も重要で、独立栄養生物は無機の NH_4^+ や NO_3^- を吸収するが、従属栄養生物は有機のタンパク質やアミノ酸などに頼る。

† *lacZ* と LacZ：遺伝子の略号は斜体（イタリック）、そのタンパク質産物の略号は正体で表すのが大原則。生物群ごとでさらに細かい規則がある。例えば細菌では、遺伝子は小文字3つ＋大文字1つで表し、そのタンパク質産物は1文字目（頭文字）を大文字にする。*cbdA* 遺伝子の翻訳産物は CbdA（図 6・1）、オペロンは遺伝子を列挙して *lacZYA*, *trpEDCBA*（図 7・6）などと書くこともある。表記規則は生物によって異なり、その一部を**表 7・1**に示す。

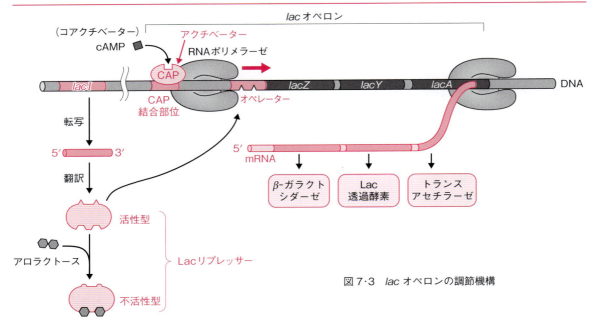

図7・3 lac オペロンの調節機構

表7・1 遺伝子とタンパク質の表記法

生物	例			補足説明
	遺伝子	タンパク質	アレル	
細菌	*cydS*	CydS	*cydS12*	遺伝子は小文字3つと大文字1つ,産物は先頭も大文字
出芽酵母	*ATG16*	Atg16p	*atg16-1*	遺伝子は大文字3つと番号,産物は先頭を大文字(+p)
シロイヌナズナ	*CRY2*	CRY2	*cry2-4*	野生型アレルはすべて大文字,変異型アレルは小文字
線虫	*unc26*	UNC26	*unc26-e205*	遺伝子は小文字3つと番号,産物はすべて大文字
ショウジョウバエ	*Clock*	CLOCK	*Clock^{Jrk}*, *Clock^{ar}*	産物はすべて大文字,遺伝子は先頭だけ。アレルは上付
マウス・ラット	*Pax6*	PAX6	*Pax6^a*	産物はすべて大文字,遺伝子は先頭だけ
ヒト	*SHH*	SHH	*SHH* A01*	すべて大文字。アレルはアスタリスク付き

共通の規則:遺伝子は斜体,タンパク質産物は正体。
ギリシャ文字・ローマ数字・カナ・漢字は使えない。α, β, γ, I, II, III → a, b, g, 1, 2, 3

*注:正確には,Lac リプレッサーに結合するのは Lac そのものではなく,Lac の異性体のアロラクトース (allolactose) である。Lac リプレッサーによる *lac* オペロンの抑制は完全ではなく,効率は 10^{-3} 程度ながら転写が起こっており,Lac 輸送体も β-ガラクトシダーゼもわずか数分子ながら細胞に存在する。後者は,Lac を分解する主反応だけではなくアロラクトースに異性化する副反応も触媒する。少量の輸送体を介して細胞に入った Lac は,少量のこの酵素の副反応でアロラクトースに変換され,リプレッサーを不活性型に変える。

有毒な Gal 配糖体を化学修飾して細胞から排除するための酵素らしい。

さて,*lac* オペロンの調節の主役の1つは Lac リプレッサー(トランス因子)である。これはホモ四量体のタンパク質であり,*lac* オペロンとは別の *lacI* 遺伝子にコードされている。*lacI* 遺伝子は *lac* オペロンの近くに存在するが,プロモーターは別で,構成的に発現している。培地に Glc が豊富な通常の条件下,大腸菌の細胞では Lac リプレッサーがオペレーター(シス因子)に結合しており,*lac* オペロンの発現を妨げている。しかし Glc がなく Lac のある条件になると,Lac がこのリプレッサーに結合して立体配座(**6・4・1項**)を変化させ,不活性化 (inactivate) する*注。不活性化されたリプレッサーはオペレーターから遊離するため,RNA Pol がプロモーターに結合できるようになり,転写を開始する。このようなしくみで合目的的な調節を果たし,Glc 不足時には Lac で代替する。

lac オペロンは，このようなリプレッサーで負の調節を受ける一方，アクチベーター（もう1つのトランス因子）で正の調節も受ける．培地に Glc が存在するときは，たとえ Lac やその他の糖が共存していても，後者を利用する酵素の遺伝子発現は Glc によって妨げられている．このような現象を**カタボライト**[†]**抑制**（catabolite repression）という．*lac* オペロンで働くアクチベーターは，カタボライト活性化タンパク質（catabolite activator protein，**CAP**）とよばれるホモ二量体である．また**環状 AMP**[†]が**コアクチベーター**（coactivator，共活性化因子）として結合することから，別名 cAMP 受容タンパク質（cAMP receptor protein，**CRP**）ともよばれる（図7・4）．

Glc が存在しないと，大腸菌の細胞質では cAMP が合成される．この cAMP で活性化された CAP は，*lac* プロモーター近くの DNA 部位に結合し，転写を50倍に促進する．したがって *lac* オペロンにおいて CAP は，cAMP というコアクチベーターの存在を介して，間接的に Glc の不在に応答する正の調節因子であるのに対し，上述の Lac リプレッサーは，Lac の不在に（アロラクトースの不在を介して間接的に）応答する負の調節因子である．したがってこのオペロンは，Glc が不在で Lac が存在するときだけ強く誘導される（図7・5）．先取りしていえば，次の7・3節に出てくる Trp リプレッサーは，これらの転写因子に対比される因子であり，Trp という**コリプレッサー**（corepressor，共抑制因子）の存在に応答する負の調節因子である．

なお，cAMP と CRP は，*lac* オペロンだけでなく，Gal やアラビノースなどマイナーな糖の代謝で働く多くのオペロンを協調的に調節するしくみにも関与する．このように，共通の調節因子によって制御される多数のオペロンや遺伝子のネットワークは**レギュロン**（regulon）とよばれる．特に真核生物では，

†**カタボライト**（catabolite，異化代謝産物）：物質が異化される過程で生じる中間体．この抑制現象は，Glc のカタボライトによって引き起こされていると考えられて，こう命名された．生物が外界から摂取した物質（食物）や太陽光（植物の場合）からエネルギーを獲得し，そのエネルギーを利用（消費）して必要な物質を生合成する化学的変化をまとめて**代謝**（metabolism，新陳代謝）というが，そのうち複雑な物質を単純な物質に分解する過程を**異化**（catabolism），逆に合成する過程を**同化**（anabolism）とよぶ．

†**環状 AMP**（cyclic AMP，cAMP）：ヌクレオチドの1つである AMP（表2・2）にある 5′ 位のリン酸基が，分子内で 3′ 位にも結合して環化している 3′-5′-アデノシン一リン酸．アデニル酸環化酵素（adenylate cyclase）によって ATP から合成される．Ca^{2+} とともに，代表的な細胞内信号物質（二次メッセンジャー，second messenger）の1つ．動物における cAMP の代表的な作用点に，cAMP 依存性タンパク質リン酸化酵素（**A キナーゼ**）がある．この酵素は多くのタンパク質をリン酸化するので，cAMP は多彩な細胞機能を調節する．

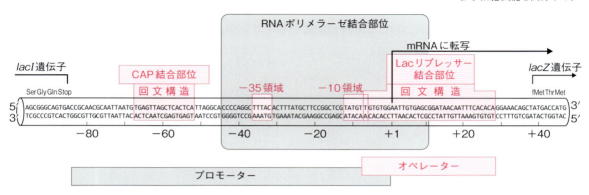

図7・4　大腸菌 *lac* プロモーター／オペレーターの構造

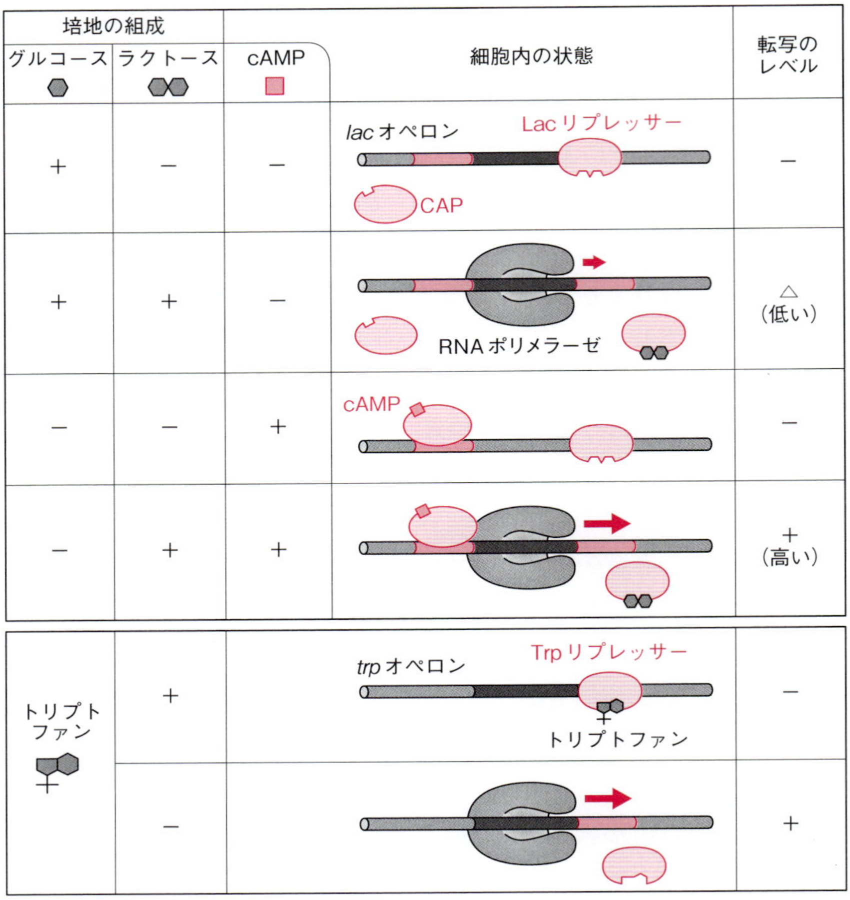

培地の組成			細胞内の状態	転写の レベル
グルコース ⬢	ラクトース ⬢⬢	cAMP ◼		
+	−	−	lac オペロン／Lac リプレッサー／CAP	−
+	+	−	RNAポリメラーゼ	△ (低い)
−	−	+	cAMP	−
−	+	+		+ (高い)
トリプトファン +	+		trp オペロン／Trp リプレッサー／トリプトファン	−
トリプトファン −	−			+

図 7・5 2つのオペロンの正負の制御

機能的に関連する遺伝子もオペロンを形成せずゲノム DNA に散在することが多いので (2・3 節)，遺伝子調節のネットワークは重要な研究課題である．細菌のレギュロンには他に，温度変化に応答する熱ショック遺伝子群や，DNA 損傷に対して防御・修復する SOS 応答 (4・3・3 項③) の遺伝子群などもある．

7・3 トリプトファン-オペロンはトリプトファンで抑制される

大腸菌のトリプトファン-オペロン (*trp* operon) は，アミノ酸の一種であるトリプトファン (Trp, 表 6・1) を生合成する酵素をコードする 5 つの遺伝子を含む (図 7・6)．Trp は，コリスミ酸 (chorismate) を出発材料とし，5 つの素反応を経て合成される．5 つの遺伝子 *trpE*, *trpD*, *trpC*, *trpB*, *trpA* から翻訳される 5 本のポリペプチドは 3 つの酵素を形作るが，そのうち 2 酵素はそれぞれ 2 段階の素反応を触媒する．大腸菌は，Trp に限らず標準アミノ

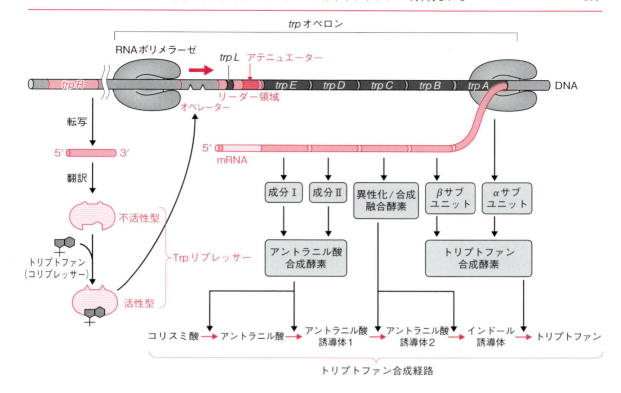

図7・6 *trp* オペロンの調節機構

酸20種類をすべて自前で生合成できる．一般に，アミノ酸を合成するのに必要な酵素の遺伝子群は，それぞれのオペロンとして存在しており（5・3節①），*trp* オペロンはそのうちの1つである．アミノ酸が不足しているときは，そのアミノ酸を合成するオペロンが発現し，十分に豊富なときは抑制される．*trp* オペロンは需要に応じて迅速に調節されており，その転写産物 mRNA の半減期は約3分と短い．

　trp オペロンの調節の主役は，Trp リプレッサー（トランス因子）である．これはホモ二量体のタンパク質であり，遠隔の *trpR* 遺伝子にコードされている．Trp は，豊富に存在するとこのリプレッサーに結合して立体配座（**6・4・1項 側注**）を変化させ，活性化（activate）する．活性化されたリプレッサーはオペレーター（シス因子）に結合し，RNA Pol がプロモーターに結合するのを妨げ，転写を抑制する．このようなしくみで，すでに足りている Trp を過剰に合成するような無駄を防止できる．

　同じくリプレッサーといっても，Lac と Trp は以上のように対照的であることに注意を要する．Lac リプレッサーは，Lac がないときに活性型として抑制機能を発揮し，Lac が結合したときに不活性化されてオペレーターから外

れる．これとは逆に Trp リプレッサーは，Trp のないときに不活性型として DNA から遊離しており，Trp の結合で活性化されてオペレーターに結合して転写を抑制する*注．

このような違いを紛らわしく感じるなら，それは注目点を分子メカニズムだけに狭めているせいだろう．注目を遺伝子産物の生物学的機能に広げるとわかりやすくなる．すなわち，*trp* オペロンの遺伝子産物は Trp を補給する酵素群だから，Trp の存在で遺伝子発現が抑制され，*lac* オペロンの遺伝子産物は Lac を分解・処理するタンパク質群だから，Lac の存在で遺伝子発現の抑制がはずれる．ともに目的にかなった調節として，素直に理解できる．

さて，*trp* オペロンの調節には，このようなリプレッサーというタンパク質が主役を果たすオン‐オフ回路の他に，RNA が主役を果たす**転写減衰**（transcription attenuation）という微調整機構もある．*trp* オペロンの mRNA の 5′側上流非翻訳領域（5′UTR）には，リーダー（leader）とよばれる 161 nt 長の調節領域がある（図 7・7(a)）．このリーダー領域には 4 つの配列が含まれ，5′側から順に 1～4 の番号が振られている．配列 1 とその上流域は，2 個の Trp を含む計 14 アミノ酸からなるリーダーペプチド（TrpL）に翻訳される．配列 3 は，2 とも 4 とも対合しうる．そのうち 3：4 対は，G≡C が豊富で強固なステムループ構造（5・2・3 項 側注）を形成する．この二次構造は転写を妨げ減衰させる ρ 非依存性ターミネーター（5・2・3 項）として機能することから，3：4 対を**アテニュエーター**（attenuator）とよぶ．ただし 2：3 対が先に形成されると 4 とは対合できず，アテニュエーター構造は生じない．

さて，細胞の Trp 濃度が高いと Trp-tRNA^{Trp} 濃度も高くなり，mRNA が合成され始めるや否や速やかにリーダーペプチドの翻訳も進む（図 7・7(b) ①）．RNA Pol が配列 3 に進む頃には，リボソームが配列 2 に達してそこをふさぐため，配列 3 は 2 とは対合できず，代わりに 4 と対合してアテニュエーター構造（3：4 対）を形成し，転写の延長を妨げる．一方，Trp 濃度が低い条件下では Trp-tRNA^{Trp} 濃度も低いため，リーダーペプチドの翻訳が Trp コドンの位置で止まる（同②）．配列 4 が転写される前に 2 と 3 の対が形成され（2：3 対），アテニュエーター構造が生じにくくなるため，オペロン全体が転写されうる．以上のような転写減衰の度合いは，Trp 濃度に従い連続的に変化するため，Trp 需要に応じて転写速度を微調整するしくみとして働く．

転写減衰の調節機構は，Trp に限らず他の多くのアミノ酸の生合成オペロンでも働いている．それぞれのオペロンのリーダーペプチドには，当該アミノ酸を複数含んでいる．例えば *phe* オペロンでは 7 残基の Phe，*leu* オペロンでは

＊注：リプレッサーに対する作用は，Lac と Trp ではこのように対照的である．Trp のような物質を**コリプレッサー**（corepressor, 共抑制因子，**前節**）と呼ぶのに対し，Lac のような物質はインデューサー（inducer, 誘導物質）とよぶ．**インデューサー**には，Lac のような天然物質だけではなく，人工物質の isopropyl thiogalactoside（**IPTG**）などもある．IPTG は Lac 類似体の 1 つであり，大腸菌などの遺伝子組換え細胞に添加することによって外来遺伝子の発現を**誘導**（**7・1 節**）するために用いられる，**遺伝子工学**の代表的なツールである．

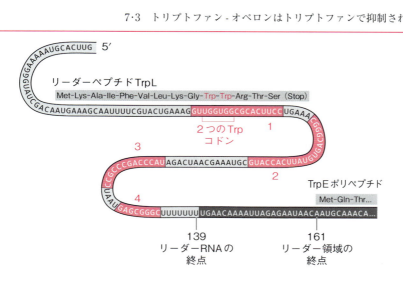

(a) リーダー領域の配列

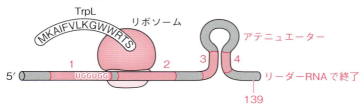

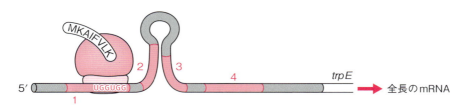

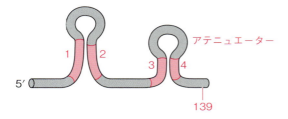

(b) 転写減衰による調節

図 7・7　trp オペロンの転写減衰

連続する4残基のLeu, his オペロンでは連続する7残基のHis を含む。RNAの二次構造は十分な威力を発揮しうるものであり, his オペロンなどいくつかのアミノ酸オペロンでは, リプレッサーによらずアテニュエーターだけで十分に鋭敏な調節がなされている。

7・4　転写調節因子はヘリックスで主溝から塩基配列を識別する

転写調節因子がDNA配列を識別する基本的なしくみは, 細菌と真核生物で共通である。二本鎖DNAがらせんと塩基対の密な構造を保ったままでありながら, タンパク質がその塩基配列を認識するためには, タンパク質分子の一部分が主溝にはまり込んで塩基の官能基平面にわきから接触しなければならない。主溝にはまるのは多くの場合**αヘリックス**†であり, これを**識別ヘリックス**（recognition helix）とよぶ。識別ヘリックスのアミノ酸残基とDNAの塩基との間の相互作用は大部分が水素結合であり, 例外にはシトシンの5位のメチル基によるファン-デル-ワールス結合（van der Waals bond）がある。主溝で塩基対のわきから水素結合できる主なアミノ酸残基は, Asn, Gln, Glu, Lys, Argの5つである。

DNA結合ドメインは, 比較的少数の立体構造モチーフに分類できる。細菌の転写因子は, 次ページの①のモチーフをもち, ホモ二量体になるものが多い。真核生物の転写因子はそれより多彩で, ②〜⑤のようなモチーフがあり, またヘテロ二量体になるものが多い。ヘテロの方が組み合わせ数が多く, 認識配列の多様性の幅を広げられる。転写因子の分子構造の中で, DNA結合ドメインはこのように明瞭な結合モチーフを取りがちなのに対し, 転写を活性化するドメインは明確な構造モチーフをもたない因子も多い。

転写因子が2分子会合して働くことは, DNAに対する親和性や特異性を高めることになる。転写因子の単量体が認識するシス配列（7・1節）は, 通常6〜8 bp程度である。この程度の長さでは, ゲノムの全長から特定少数の場所を識別するのには不十分である。ゲノムの塩基配列がランダムだと仮定して計算すると, たとえば7 bpの特定の配列は 4^7 = 16,384 bp あたり1か所存在する。大腸菌ゲノムで出現する場所は約300か所, ヒトゲノムだと約20万か所にも上る（2・4節）。実際には識別の曖昧さもあるため, 出現頻度はもっと高い。それが二量体だと, 大腸菌では1か所以下に, ヒトでも10か所程度に減少し, 特異性が飛躍的に高まる。

二量体の形成はまた, 結合の**共同性**（cooperativity）にも顕著な影響がある。転写因子は, タンパク質分子どうしの結合力は弱く, 細胞の水溶液中では大部

† **αヘリックス**（alpha helix）：タンパク質やペプチドの代表的な二次構造の1つ。アミノ酸3.6残基ごとに1回転するらせん構造で, ピッチ（**2・2**節）は0.54 nm。主鎖のカルボニル基（>C=O）が4残基先（C末端方向）のアミド基（>N-H）と水素結合する規則的な構造。もう1つの代表的な二次構造である**βシート**（β sheet）は, ほぼ伸びきったペプチド鎖2本以上が平行（か逆平行）に並び, 主鎖のアミド基とカルボニル基が, 隣の鎖のそれぞれカルボニル基とアミド基に水素結合する。二次構造にはほかに, αとピッチの異なる 3_{10}-ヘリックスなどもある。

分が単量体として存在する．ところがDNA上の認識部位に1分子が結合すると，すぐ隣の部位へのもう1分子の結合親和性が高まり，結局DNA上で二量体を形成する．このような結合を**共同的結合**という．横軸に水溶液中の遊離濃度，縦軸にDNAへの結合量をとったグラフを描くと，単純な結合では双曲線（hyperbolic curve）になるのに対し，共同的結合ではS字形曲線（sigmoidal c.）になる．結合の共同性が高いほど（2分子目の結合親和性の高まりが大きいほど）S字の立ち上がりの勾配は急になり，全か無か（all or nothing）の様相に近づく．言い換えると，転写調節が離散的（digital）に近くなる．

① ヘリックス-ターン-ヘリックス（helix-turn-helix，HTH）

細菌の転写因子の多くは，このモチーフをもつポリペプチドのホモ二量体である（図7・8(a)）．HTHモチーフを含む約20アミノ酸残基のαヘリックスと，7〜9残基からなるαヘリックスとが，短いβターン領域で結ばれている．長い前者が識別ヘリックスとしてDNAの主溝にぴったりはまり，そのアミノ酸の側鎖が直接的あるいは水分子を介した水素結合でDNAの塩基と結合する．短い後者のヘリックスは，主溝をまたいでDNAの主鎖と接触して支え，二量体を形成する．すでに登場した転写因子のうち，LacとTrpの両リプレッサーやCAPアクチベーターもこのタイプである．このうちLacリプレッサーは例外的で，二量体2つがさらに会合した四量体としてふるまう．σ因子（5・2節）にもこのモチーフが含まれている．

② ホメオドメイン（Homeodomain）

動物の基本発生プログラムを司る転写因子（9・4節）のモチーフとして発見されたが，酵母のような単細胞生物も含むすべての真核生物に見られる（図7・8の同じく(a)）．細菌の転写因子にある①のHTHモチーフともよく似ており，広義にはその一種としてまとめられる．①と同様に，DNAの主溝に入り込む識別ヘリックスと，DNAの主鎖の外で支えるヘリックスからなる．ただしその多くがヘテロ二量体である点は細菌の①と異なり，非対称的なDNA配列を認識する．このグループは，立体構造の細部が多様性に富む．

③ 亜鉛フィンガー（zinc finger）など

亜鉛（zinc，Zn）原子を含むDNA結合ドメインには，多様なタイプが含まれる．そのうち亜鉛フィンガー（図7・8(b)）とよばれる代表的な構造は，約30残基のアミノ酸からなるコンパクトなドメインで，そのうち4つのCysあ

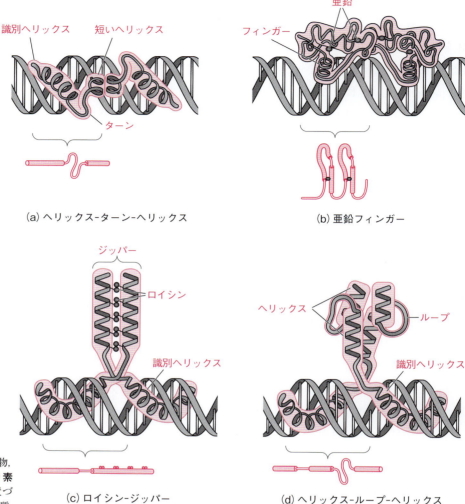

図7・8 転写調節因子の構造モチーフ

†**ミネラル**(mineral): 鉱物, 無機物の意。5大**栄養素**(nutrient)の1つに位置づけられる。糖質・タンパク質・脂質の3大主要栄養素とは別で, ビタミンとともに微量栄養素である。これら5大栄養素のうち4群は有機物で, ミネラルだけが無機物だが, その多くも生体内では有機化合物に結合して機能する。Seは21番目のアミノ酸 Sec (6・1節) として, Znは転写因子の補因子などとして働く。ヒトに必須な元素約30のうち, 欠乏が心配されミネラルに指定されているのは, 上記 Se, Zn のほか Ca, P, Mg, K, Na, Fe, Cu, Mo, Mn, I, Cr の計13元素。

るいは2つのCysと2つのHisが1つのZn^{2+}と配位結合しているものや, 6つのCysが2つのZn^{2+}と結合しているものがある。亜鉛フィンガードメインが複数つながった例もあり, その連結数が多いほどDNAとの接触点が増え, 結合親和性も高まる。Znは栄養学的に必須な**ミネラル**†の1つだが, この転写調節因子モチーフは, その主な生化学的機能の1つである。

哺乳類ゲノムには, 亜鉛フィンガーをもつタンパク質の遺伝子が数百も存在する。亜鉛フィンガーの古典的な代表例には, アフリカツメガエルで5S rRNA遺伝子の発現を開始する基本転写因子 (5・3節③) TFIIIAや, 酵母の

ガラクトース代謝でアクチベーターとして働く GAL4 タンパク質などがある。

線虫からヒトまで幅広い動物に存在する**核内受容体**[†]も，Zn を含む転写調節因子である。これら核内受容体は，糖質コルチコイド・鉱質コルチコイド・男性ホルモン・女性ホルモン・黄体ホルモンなどのステロイドホルモンや，甲状腺ホルモン・活性化ビタミン D・レチノイドなど多様なホルモンの刺激に応答して遺伝子発現を調節するタンパク質スーパーファミリーである。これらの転写因子には，リガンド結合ドメインと DNA 結合ドメインを含み，後者では 8 つの Cys 残基が 2 原子の Zn^{2+} イオンを配位している。

④ **ロイシン-ジッパー（leucine zipper）**

このモチーフでは，2 本の長い α ヘリックスが二量体をなし，DNA をつかむ洗濯バサミのような構造をとる（図 7・8(c)）。ホモ二量体とヘテロ二量体がある。ヘリックスの C 末端側は，疎水性残基が 1 つの側面に集まり，親水性残基が他の側に集まった両親媒性であり，2 本が平行に寄り添って疎水面どうしを向け合っている。7 残基単位の繰り返し構造の 4 残基目が Leu で，この Leu どうしの疎水性相互作用でジッパー（ファスナー）のように結合し，互いに巻き付き合ってねじれた はしごのようなコイルドコイル（coiled coil）を形成する。N 末端側では 2 本が緩やかに広がり，DNA 二重らせん上で半回転離れた主溝に識別ヘリックスとして挿入される。識別ヘリックスが塩基性（basic）に富む場合が多く，その場合は塩基性ジッパータンパク質（bZIP）とよばれる。

細胞分裂に関与する転写因子に多い。酵母のアクチベーター GCN4 や，ラット肝臓のエンハンサー結合タンパク質 C/EBP などが詳しく調べられている。

⑤ **ヘリックス-ループ-ヘリックス（helix-loop-helix, HLH）**

このモチーフは④と同じく，2 本のポリペプチドそれぞれの一端が識別 α ヘリックスとして DNA の主溝に挿入され，柔軟なループ領域をはさんで他端の短い α ヘリックスが互いに結合して二量体を形成する（図 7・8(d)）。免疫システムに関与する転写因子に多い。上述の① HTH と名前は似ているが異なる。二量体にホモとヘテロの両方がある点も，④と同様である。さらに，やはり識別ヘリックスが塩基性残基に富む場合が多く，それは塩基性 HLH タンパク質（bHLH）とよばれる。このように④と⑤は類似点が多く，まとめて扱われることもある。

[†] **核内受容体（nuclear receptor）**；細胞内受容体（intracellular r.）ともいう。ホルモンや神経伝達物質など細胞外の信号物質に対する細胞の受容体には 2 つのタイプがある。タンパク質やペプチドホルモン，生理活性アミンなど親水性物質は細胞膜を透過できないため，受容体は細胞表面にある（9・2 節）。この**細胞膜受容体**（cell membrane r.）が活性化されると，細胞内信号伝達系を介して，細胞質成分や核内の遺伝子に作用する。一方，脂溶性生理活性物質やステロイドホルモンは細胞膜を通過するため，細胞質の受容体に結合し，核内で転写因子として遺伝子発現を調節する。

7・5 転写後にもタンパク質やRNAで発現調節するしくみがある

遺伝子発現調節のうち，リプレッサーやアクチベーターは転写の開始をオン-オフするものだったのに対し，*trp* オペロン（7・3節）で述べた転写減衰は転写の途中段階で作用し，転写産物のサイズを変える調節だった。それらのほかにも，転写が完了した後に，その mRNA 分子に作用して翻訳をオン-オフするしくみも存在する。細菌に限っても，シス作用（7・1節）の RNA，トランス作用の RNA，トランス作用のタンパク質など多様なしくみが知られている（図7・9）。

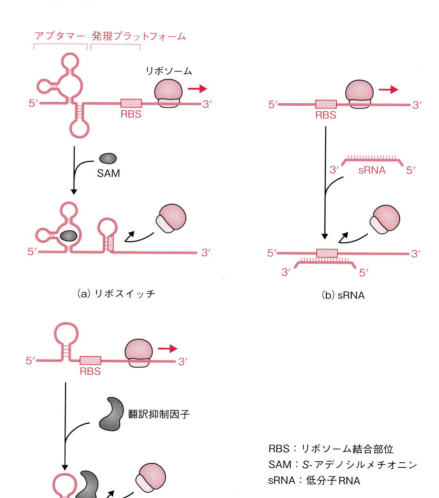

RBS：リボソーム結合部位
SAM：*S*-アデノシルメチオニン
sRNA：低分子RNA

図7・9 転写後調節の3つのしくみ

7・5・1　シス作用の RNA：リボスイッチなど

　転写減衰は，mRNA 内の上流部にある非翻訳領域（5′ UTR）の二次構造変化によって起こる調節だった（7・3 節）。**リボスイッチ**（riboswitch）も同様に 5′ UTR 領域の構造変化による調節だが，転写の延長幅を左右するのではなく，完成した mRNA の翻訳をオン-オフするしくみである（**図 7・9(a)**）。リボスイッチは，アプタマー（aptamer）と発現プラットフォーム（expression platform）という 2 つの部分からなる。アプタマーは，小分子の代謝産物を結合して構造を変化させ，隣接する発現プラットフォームの二次構造も変えて，リボソーム結合や翻訳を阻害する。20 種類以上のリボスイッチが見つかっており，それを制御する小分子には，リシンやグリシンなどのアミノ酸のほかにプリン塩基のグアニンやアデニン，補酵素のチアミンピロリン酸（TPP，ビタミン B_1 誘導体）・フラビンモノヌクレオチド（FMN，ビタミン B_2 誘導体）・コバラミン（ビタミン B_{12}），S-アデノシルメチオニン（SAM）などがある。細菌によっては，ゲノムの 2% 以上の遺伝子がリボスイッチで調節されている。

　シス因子として作用する RNA には，ほかに温度センサーもある。これも mRNA の上流域にあり，低温ではステムループ構造（**5・2 節　側注**）をとることによって翻訳の開始が妨げられているが，温度が上がるとその二次構造が解け，リボソームが結合できるようになり，翻訳が進む。例えば食物感染でヒトに風邪様症状を起こすグラム陽性桿菌のリステリア菌では，病原遺伝子がこの温度センサーで調節されており，ヒトの体内に侵入して温度が 37℃ を超えたときに発現する。

7・5・2　トランス作用の RNA：sRNA（アンチセンス RNA）

　RNA にはトランス作用で転写調節に働く分子もあり，**sRNA**（低分子 RNA，"s" は small の意味）とよばれる（**図 7・9(b)**）。調節性の低分子 RNA は，高等動物や植物など真核生物で特に広く注目を浴び出した新しいタイプの遺伝子産物である。ヒトを含む哺乳類のゲノムでも大きな地位を占めていることから，**10 章**で詳しく取り上げる。真核生物の調節 RNA には，マイクロ RNA（miRNA）や低分子干渉 RNA（siRNA）がある。これら真核生物の RNA と細菌の sRNA には 2 つの違いがある。第 1 に，真核生物の miRNA や siRNA が 21 〜 23 nt と短いのに対し，細菌の sRNA は 80 〜 110 nt と長い。第 2 に，真核生物の RNA は大きな二本鎖 RNA 前駆体の切断によって生じるのに対し，細菌では初めからサイズの小さな遺伝子にコードされている。大腸菌では約 100 種類の sRNA が知られており，その多くは遺伝子の配列情報から同定され

† **ネガティブフィードバック (negative feedback)**: フィードバックとは，ある現象を物質・エネルギー・情報の因果の流れとしてとらえ，その下流（結果の側）の状態によって上流（原因の側）に影響を与えるループが存在すること．フィードバックのうち，下流の状態を抑制（減少）させる方向の影響を上流に与える場合をネガティブ，増強（増加）させる方向の場合をポジティブ (positive f., 9・1 節）と形容する．前者には系を安定化させる効果があり，生体の**恒常性** (homeostasis) を保つために利用されるのに対し，後者には変化を拡大・伝播させる効果がある．

た．sRNA の大部分はアンチセンス RNA であり，標的 mRNA 内で配列が相補的な部分と対合し，その mRNA の分解を促すことによって翻訳を阻止する．多くの細菌で，鉄を貯蔵するためのタンパク質の遺伝子がこのタイプの調節を受けている．鉄イオンは細胞の生存に必須だが，高濃度では逆に有害である．大腸菌の 81 nt 長の RybB RNA は，鉄貯蔵タンパク質の発現量を制御し，遊離鉄の量を調節する．sRNA には，少数ながらむしろ翻訳を促進するものも存在する．

7・5・3　トランス作用のタンパク質

　前節までに登場した調節タンパク質は DNA に結合するが，mRNA に結合して調節するタンパク質も存在する（**図 7・9 (c)**）．それらは配列特異的に特定の mRNA に結合し，リボソームが RBS（**6・4・1 項**）に結合するのを妨害して翻訳を阻害する．例えばリボソームタンパク質の一部は，自身の mRNA に結合して**ネガティブフィードバック**†をかける．このような自己調節ループにより，細胞の翻訳系を適正なレベルに保っている．

第Ⅱ部　応用編
ヒトゲノム科学への展開

　基礎編が主に単細胞微生物の研究成果に基づいていたのに対し，本編ではヒトを中心とする動物の発生（9章）・進化（13章）・病気（14章）など多様な生命現象の奥で働く遺伝子に話を広げます。エピジェネティクス（9章）・調節 RNA（10章）・可動性遺伝因子（11章）など多くの新規な話題にも説き及びます。

8 章　**発現調節（ヒトなど動物への拡張）**── 複雑系の重層的秩序 ──
　　⇨ 116 ページ

9 章　**発生とエピジェネティクス** ── メッセージが作る身体 ──
　　⇨ 129 ページ

10 章　**RNA の多様な働き** ── 小粒だがピリリと辛い ──
　　⇨ 147 ページ

11 章　**動く遺伝因子とウイルス** ── 越境するさすらいの吟遊詩人 ──
　　⇨ 160 ページ

12 章　**ヒトゲノムの全体像** ── ジャンクな余裕が未来を拓く ──
　　⇨ 173 ページ

13 章　**ゲノムの変容と進化** ── 遺伝子の冒険 ──
　　⇨ 188 ページ

14 章　**病気の遺伝的要因** ── ゲノムで読み解く生老病死 ──
　　⇨ 200 ページ

8. 発現調節（ヒトなど動物への拡張）
― 複雑系の重層的秩序 ―

　第Ⅰ部最後の7章（前章）では，大腸菌を主役として，培地など周囲の環境に対する遺伝子の調節を学びました。これに対し，ヒトなど多細胞生物では単細胞生物と違い，細胞分化という新たな課題が加わります。外部環境に加え，体内にある別の細胞とともに自分たちで作り出す内部環境にも対応する必要があります。互いに役割を分担するような多種類の細胞を生み出すため，遺伝子発現の調節はもっと重層的で複雑になります。

8・1　多細胞生物の発現調節は，環境適応の他，細胞分化でも重要である

　動物の体は色々なタイプの細胞からできている。たった1個の**受精卵**（zygote）から始まり，細胞分裂を繰り返し，**胚**（embryo）から胎児を経て，**成体**（adult）が**発生**（development）する過程で，神経細胞や赤血球・胃壁細胞などさまざまな細胞に**分化**（differentiation）していく（図8・1）。

　ヒトの成体は37兆個の細胞からなっており，細胞の種類は200強と数えられている。ゲノムには約20,400個のタンパク質遺伝子があり，未分化な**幹細胞**†ではそのうち6～7割程度が発現しているが，分化に伴って形質が特殊化し，典型的な分化細胞では2～3割程度に減少する。発現している数千の遺伝子は，染色体DNA鎖上では乱雑に散らばっているが，核内の地理的位置は約300～500か所の大きなスポット状に集積し，「転写工場」の様相を示す。つまり核内が機能的に区画化されている。ただしこのような核内の区画化は，細胞質の区画化とは対照的である。すなわち，核の区画は透過性の高い繊維質の網目構造でできており，しかも細胞周期のうちで変動するのに対し，細胞質の区画は生体膜で囲まれた細胞小器官（organelle）でできており，脂質二重層が形作る疎水性バリアーで内外の水相がしっかり隔てられている。

　細胞の種類と発現する遺伝子とは，明確で排他的に対応している場合がある。

† **幹細胞**（stem cell）；複数種類の細胞に分化する能力と自己増殖する能力を兼ね備えた特殊な細胞。胚の段階の胚性幹細胞（embryonic s.c., **ES細胞**）は，広い分化能を保持する。分化後の組織にある体性幹細胞（somatic s.c.）は，組織に固有の限られた細胞種だけに分化する。京都大学の山中伸弥は，体細胞に人工的な操作をほどこして人工多能性幹細胞（induced pluripotent s.c., **iPS細胞**）を作出した。

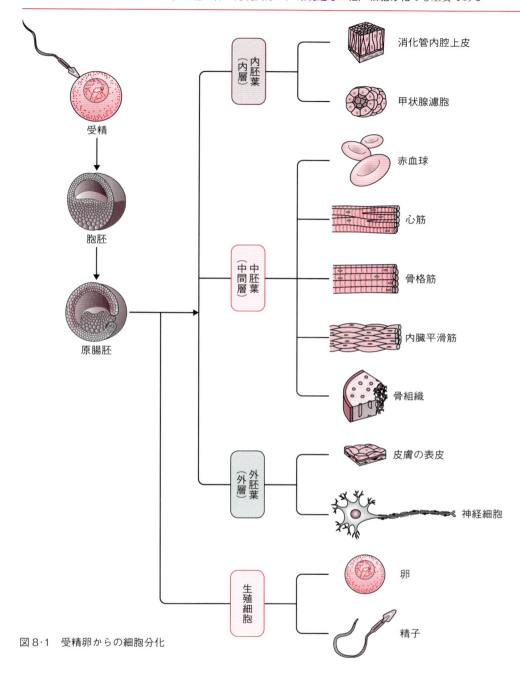

図8·1 受精卵からの細胞分化

例えばヘモグロビン遺伝子が発現するのは赤血球のみであり，抗体すなわち免疫グロブリンを作るのはBリンパ球だけである。膵臓のランゲルハンス島では，血糖値を調節する2種類のペプチドホルモンが作られるが，そのうち血糖値を上昇させるグルカゴンを作るのはA細胞（α細胞）であり，降下させるインスリンを分泌するのはB細胞（β細胞）である。ただしこれほど発現細胞が顕

†**ハウスキーピング遺伝子**
(housekeeping gene); 解糖系など中枢代謝で働く酵素や細胞骨格タンパク質などの遺伝子 (7·1節)。「ハウスキーピング」とは家事のこと。家族員の趣味や仕事は家庭ごとで異なるが、掃除や洗濯・調理などの家事はどの家庭でも共通に必要だからである。

著に限定されている遺伝子はごく一部であり、多くの遺伝子は、細胞によって発現量が大小さまざまである。すべての細胞で共通に発現する遺伝子を、**ハウスキーピング遺伝子**†という。

細胞の構造や機能はたいへん多様だが、ゲノム DNA の塩基配列はほぼすべてもとのまま保たれている。すなわち細胞の専門化は、不要な遺伝子を取り除いたり必要な遺伝子を増幅したりといったゲノム DNA 自体の変化によるのではなく、遺伝子発現の調節による。多細胞生物における遺伝子の発現調節は、前章の大腸菌などで見たような環境への適応に重要なだけではなく、体内の細胞をタイプ別に専門化させるのにも重要である。そうやって多様化した細胞の種類によって、環境への応答の仕方にもまた差が生じる。

8·2 細胞の分化は、ゲノム情報が不変のまま、発現パターンの変化で起こる

塩基配列の不変性は、植物や動物の**クローン**†形成の実験で知られている。たとえばニンジンの根(オレンジ色の可食部)から小片を切り出し、適当な栄養培地の上で増殖させ、振盪して細胞をばらすと、たった 1 個の細胞から新しい胚が形成され、根だけではなく葉・茎・花も備えた個体が成長する。このようにたった 1 個の細胞が個体のあらゆる細胞に分化しうる能力を**全能性** (totipotency) という。

動物でも受精卵は全能性をもつが、発生の段階が進むにつれてそれぞれの細胞の分化能力の幅が狭まり、将来の運命は徐々に制限されていく。初期胚の細胞の多くは、成体の(全部ではないが)大部分の細胞を作り出す能力を備えており、この能力を**万能性** (pluripotency) という。成体でも幹細胞には、数種類の細胞に分化しうる能力を保っているものがあり、その能力を**多能性** (multipotency) とよぶのに対し、ただ 1 種類だけの細胞に分裂する性質は**単能性** (unipotency) という。

動物では、分化の進んだ体細胞に全能性を回復させるのは、一般に植物より難しいが、人工的な操作によって復帰させる実験研究が進められてきた。カエルについては、英国の**ガードン**†による 1962 年の古典的な核移植 (nuclear transplantation) の実験で示された (図 8·2)。カエルの卵に紫外線を当てて核を破壊すると、そこからオタマジャクシは発生しない。ところが別の胚の細胞や

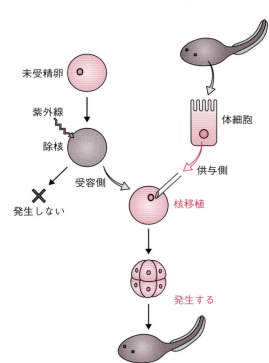

図 8·2 分化した体細胞の核の全能性

成体の体細胞（供与側）から抜き出した核をその除核卵（受容側）に注入すると，オタマジャクシが発生した。ただし，正常な発生の頻度は供与側の齢に反比例して下がった。また，発生を成功させるには，供与側の組織の種類を選んだり，核移植を繰り返して適応させたりなどの工夫も必要だった。いずれにせよ，分化（特殊化）した体細胞の核ゲノムにも，発生に必要なあらゆる遺伝情報が保たれていたことが判明した。

さて，両生類で証明された後，哺乳類でも同様にゲノム情報の持続性が関心の的になった。色々な生物種の色々な組織で核移植が試された結果，35年もの長い期間を経て1997年にやっとスコットランドの研究者によりヒツジで証明された。供与側の体細胞として乳腺細胞を用いて誕生したクローン羊だったため，巨乳で国際的に有名な米国女優ドリー＝パートンにちなんで，ドリーと名付けられ注目を浴びた。その後ウシ・ブタ・ネコ・マウスなどの家畜や実験モデル動物でも同様な体細胞クローンを作りうることが示され，ゲノム配列の不変性が幅広く確かめられた。ただし，免疫に関わるリンパ球は例外で，分化の過程でゲノムDNAの再編成が起こり，塩基配列が変化する。

8・3　真核生物では原核生物より転写調節のしくみが複雑である

ヒトをはじめとする真核生物でも，遺伝子発現の調節は転写の段階が最も重要なことは共通している（7・1節）。またその転写調節には，**活性化因子**と**抑制因子**という2群のDNA結合タンパク質が鍵になることも，やはり共通である。しかし調節タンパク質の種類が多い上，それらが働く際の組み合わせも複

†**クローン (clone)**：完全に同一の遺伝情報をもつ複数の個体。球根や種イモ・株分けなど栄養細胞（非生殖細胞）で増やした作物はクローンであり，減数分裂と受精を経た種子（生殖細胞系列）で増えた植物と対比される。動物でも，全能性を保った複数の細胞からなる初期胚をばらして作ることができ，これを**胚細胞クローン**という。本文のように体細胞の核移植による**体細胞クローン**と対比される。ただしクローンも，表現型まで同一になる訳ではない（10・5節）。

†**ガードン（John B. Gurdon)**：カエルの核移植の研究により，2012年に日本の山中伸弥とともにノーベル生理学・医学賞を受けた。ともに細胞の分化能とその初期化（リセット）に関わる研究だという点では共通だが，山中の受賞がiPS細胞（8・1節 側注）の開発からほんの5〜6年後だったのと対照的に，ガードンの受賞は10倍の年月を経た。

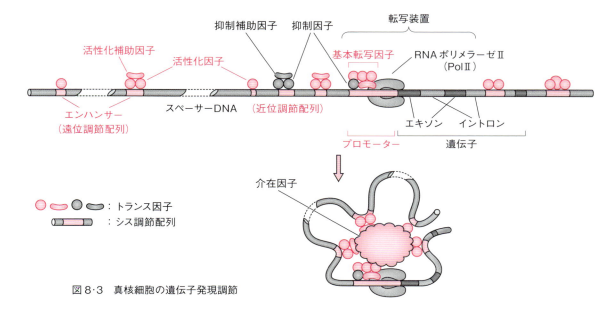

図8・3　真核細胞の遺伝子発現調節

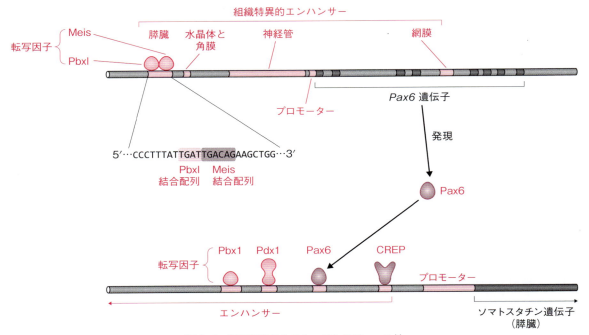

図8・4 転写調節のカスケードとモジュール性

†カスケード (cascade): 「滝」を意味する英単語に cascade と fall がある。フォールが華厳の滝やナイアガラ瀑布のように，高い所から一気に直線的に落ちる水であるのに対し，カスケードは岩の間を左右に分かれ広がりながら何段にも連なって流れ下る連滝である。転じて，多段階で増幅的な反応の連鎖を表す。転写調節の連鎖の他，細胞内信号伝達系 (9・2節) などにもある。

雑である (図8・3)。また，それら**トランス因子**の結合する**シス配列** (7・1節) の数が多く分布範囲も広く，作用メカニズムが複雑である。転写因子の遺伝子発現が別の転写因子によって調節され，その因子もさらに第3の転写因子によって増減する，といった多段階の調節機構もある (図8・4)。このような**カスケード**†は細菌にもあるが，真核生物ではさらに階層が深く広範である。ここでは主に大腸菌などの細菌とヒトなどの動物を対照しながら，後者の複雑さを次の5項目にまとめて説明する。

8・3・1　RNAポリメラーゼ

細菌では，転写の主要な酵素である RNA ポリメラーゼ (**RNA Pol**) が1つであるのに対し，真核生物には3つあり，ローマ数字で区別する (5・3節②)。Pol I～III は使い分けられており，調節のされ方も異なっている。そのうち **Pol II** が最も主要で，すべてのタンパク質遺伝子 (2・3節) すなわちすべての mRNA と，多くの調節 RNA 遺伝子を転写する。

8・3・2　基本転写因子

細菌では，RNA Pol 本体の他には σ 因子さえ1個あれば転写できるのに対し，真核細胞では，Pol II 単独では不活性である。基本的な酵素活性を発揮す

るためには，他に**基本転写因子**（5·3節③，**GTF**）とよばれる5つのタンパク質因子が必要である．それらはB，D，E，F，Hの記号を添えて区別され，そのうち**TFIID**（transcription factor D for Pol II）が中心となる．これら5つのうち，TFIIB以外は複数のサブユニットからなり，合計では27個ものサブユニットが必要である．真核生物では，RNA PolとTFを合わせて**転写装置**（transcriptional machinery）とよぶこともある．

8·3·3 転写（調節）因子

細菌の転写因子（トランス因子，7·1節）の多くは，ヘリックス-ターン-ヘリックス モチーフをもつホモ二量体であるのに対し，真核生物の転写因子は単量体分子に多様な種類がある上（7·4節），ヘテロ二量体の組み合わせでもさらに多様性を高めている．真核生物には数千種類もの転写因子があり，その一部は細胞外からやってくる**ステロイドホルモン**†など信号物質に対する核内受容体でもある．一つの遺伝子が数十種類の転写因子による調節を受けることも多い．単一の活性化因子の結合は弱いが，近傍のシス配列に影響を与え，さらに**次項**の介在因子が関与すると，他の活性化因子も引き寄せ，効率的に結合しうるようになる．このように真核生物では多数の因子が集合的・共同的に作用しており，このことも細菌の転写因子がそれぞれ単独でDNAに結合するのと対照的である．

細菌では，ほとんどの転写因子はオペロン内の第一遺伝子のすぐ上流（5′側）近傍に結合する．シス配列がそのように転写開始点から数十bpの範囲に収まっているならば，そこに結合する転写因子はRNAポリメラーゼに対して直接的なタンパク質分子どうしの相互作用で作用を及ぼせる．これに対し，真核細胞では数千bpから数十kbの領域に点在し，そのような遠隔地からも遺伝子発現に影響を及ぼす．1 Mbも離れた上流にもあり，また下流側やイントロン内から，さらには別の遺伝子のイントロンから作用を及ぼすものさえある．それらを**遠位調節配列**とよんで，近傍の**近位調節配列**と対比する．そのような場合，DNAがループ状に曲がることによって，物理的に近づいて作用する（図8·3）．細菌でも例外的に，数百bpから中には3 kb離れていることもあり，そのようなまれな場合だけループ形成で作用するが，真核生物ではすべての遺伝子でそれが起こる．

これら遺伝子調節に関わるDNA配列（シス因子）の全体を，プロモーターと合わせて**調節領域**†（2·3節）と総称する．調節領域のうち，転写の活性化に働く部分は**エンハンサー**（enhancer），抑制に働く部分は**サイレンサー**

†**ステロイドホルモン**（steroid hormone）：ステロイド骨格をもつ脂溶性ホルモンで，生殖腺から分泌される性ホルモン（男性・女性・黄体ホルモン）と，副腎皮質から分泌されるコルチコイド（糖質・鉱質コルチコイド）に2大別される．活性化ビタミンDなど他の脂溶性ホルモンと同じく，標的細胞の内部に入り込み，細胞質受容体に結合して核内で特定の遺伝子の発現を調節する．ペプチドホルモンや生理活性アミンなど水溶性ホルモンが，細胞膜受容体に結合して作用する（図9·3）のと，しばしば対比される．

†**調節領域**（regulatory region あるいは control r.）：訳語として regulatory（名詞は regulation）には「調節」，control には「制御」を当てることが多いが，ほぼ同義語として，しばしば混ぜて使われる．後者の方がやや，機序（mechanism）が明確で固定的・強制的なニュアンスが強い．

(silencer) とよばれる。エンハンサーは，たいてい数百 bp の長さがあり，いくつかの転写因子結合部位がモジュールとして含まれる（図 8·4）。また 1 つの遺伝子がいくつかのエンハンサーで調節されていることもあり，エンハンサーは内部の構造および複数間の連携という 2 重のモジュール性がある。エンハンサーは塩基配列だけで特定するのは困難で，プロモーターに比べるとやや漠然とした存在である。サイレンサーは，特定の組織で特定の時期に特定の遺伝子の発現を積極的に抑制する DNA 配列である。例えば神経特異的サイレンサー - エレメント（neural restrictive silencer element，略して NRSE）は，神経系だけで発現するイオンチャネルや神経栄養因子などの遺伝子を，神経細胞を除くすべての細胞で抑制することで，逆に神経細胞だけで神経特異的遺伝子を発現することを可能にしている。

調節配列が点在する長い DNA 領域の中では，調節には直接関与しない「つなぎ」役のスペーサー（spacer）部分が大半である。ヒトなど脊椎動物のゲノムには平均 100～200 kb ごとに遺伝子があるので，エンハンサーが 400 kb も離れた位置から特異的に作用するためには，標的遺伝子を選択するしくみが必要である。この役割を担う DNA 領域を**インスレーター**†という。この特定の塩基配列がエンハンサーとプロモーターの間に存在すると，そのプロモーターに対するエンハンサーの活性化作用が妨げられる。インスレーターは，エンハンサーとプロモーターが DNA ループ形成によって互いに近寄って作用するのを阻害すると考えられる。

8·3·4 介在因子など

上の転写因子とは異なり，直接の DNA 結合部位をもたず，活性化因子や抑制因子に共同的に結合して働くタンパク質を，それぞれ**活性化補助因子**，**抑制補助因子**†とよぶ。代表的な活性化補助因子に，約 30 個のサブユニットからなる巨大なタンパク質複合体があり，**介在因子**（mediator）とよばれている（図 8·3）。介在因子は，転写装置（8·3·2 項）と転写因子（トランス因子）（前項）の間に介在することで転写を調節する因子であり，DNA のループ化を引き起こしてエンハンサーをプロモーターに引き寄せて RNA Pol の働きを開始させる。

細菌の転写因子は，タンパク質表面の一部が DNA に結合し，他の一部が RNA Pol に結合するが，真核細胞の転写因子は，RNA Pol に直接結合することはまれで，このような介在因子や基本転写因子を介して間接的に作用するものが多い。真核細胞では，以上の 4 要素が集合し，大規模で相乗的な組合せに

---

†**インスレーター（insulator）**："Insulator" には絶縁体・防音材・防火材・防振材などの訳もあり，一般に 2 つの物の間に位置して何らかの作用を遮断する。だから，たとえエンハンサーのすぐそばにあっても，DNA 上で反対方向にあるプロモーターに及ぼす活性化作用は妨げないし，またプロモーターの真横にあっても，反対側から受けるエンハンサーの効果は妨害しない。

†**活性化補助因子（coactivator）と抑制補助因子（corepressor）**：これらの英語は，真核生物と原核生物（細菌および古細菌）とで異なった意味に使われる。真核生物では，本文のようにタンパク質を意味し，原核生物では，cAMP やトリプトファン（Trp）のような低分子物質を指す（7·2 節）。日本語訳も異なり，原核生物では「共活性化因子」「共抑制因子」とすることがある。ただし，いずれも DNA には直接結合せず，活性化因子（activator）や抑制因子（repressor）に作用することによって間接的に遺伝子発現に影響を与える点では共通である。

よる制御（combinatorial control）を実現している。

8・3・5　クロマチン再構成複合体

真核生物のDNAはヌクレオソームに巻きついているが（2・5節），$4\ s^{-1}$の頻度でほどけかけてはまた巻きつくという変化を繰り返しながら揺らいでおり，約20分の1の確率で開いている。そのおかげで転写や複製のタンパク質装置が接触可能になっている。

真核細胞にはさまざまなタイプの**クロマチン再構成複合体**（chromatin remodeling complex）がある。そのほとんどは10個以上のサブユニットからなる大きなタンパク質複合体であり，いろいろな役割を果たしている。ある複合体は，ATPの加水分解によるエネルギーでコア粒子のヒストンを引っ張ってDNA鎖との位置関係をずらし，**ヌクレオソーム-スライド**（nucleosome slide）を起こす。これによりDNAの特定の位置を露出させ，8・3・3～4項で述べたようなタンパク質との相互作用を可能にしている。別の複合体は，ヒストンの一部を交換したり，コア粒子の八量体を丸ごと除去したりしており，その結果ヌクレオソームは$0.5～1\ hr^{-1}$の頻度で交代している。さらに別の複合体は，ヒストンの特異的化学修飾（8・4節）を認識し，その修飾部位で局所的にクロマチン構造を変化させる。これら再構成複合体の存在により，コア粒子タンパク質とDNAの結合の強さやヌクレオソームの位置は，細胞の条件に応じてきわめて動的に変化している。時には，ゲノムDNAの多くの領域が，ヒストンが外れヌクレオソーム構造がなくなるような大規模な変化も起こる。

クロマチンの再構成には，転写因子がDNAから解離するとすぐもとに戻る場合と，その後もしばらく持続する場合とがある。後者の場合は，ヒストンの化学修飾が関わっており，再構成複合体のサブユニットには，そのような修飾酵素の活性をもつものもある。また，DNAの化学修飾による遺伝子発現調節もある（8・4節）。

8・4　DNAやヒストンの化学修飾も大事な調節機構である

8・3節までは，DNAとタンパク質の主に非共有結合性の相互作用による，遺伝子発現調節のしくみを見てきた。真核生物ではさらに，DNAや核タンパク質が共有結合的に化学修飾されることによっても転写が調節される。DNAはメチル基（CH_3-）の付加で不活性化される。ヒストン（2・5節）はアセチル基（CH_3CO-）の付加で活性化される他，メチル基やリン酸基（H_2PO_3-）でも修飾されるが，それらの効果は複雑である。これらの修飾の大部分は，多かれ

124   8. 発現調節（ヒトなど動物への拡張）− 複雑系の重層的秩序 −

少なかれ可逆的であり，付加と脱離をそれぞれ特異的な酵素が触媒する。また，それらの修飾部位を認識して作用を及ぼすタンパク質もある。これらの付加酵素・脱離酵素・認識タンパク質を，それぞれ **書き手**（writer）・**消し手**（eraser）・**読み手**（reader）とよぶとわかりやすいだろう。

8・4・1　ヒストンの化学修飾

ヌクレオソームを構成する4種類のヒストン H2A，H2B，H3，H4（**2・5節**）にある修飾部位は，主にコア粒子から突き出した N 末端尾部の約 30 アミノ酸残基の側鎖だが，コア内にも 20 か所以上ある。リシンはアセチル化やモノ・ジ・トリメチル化を，セリンはリン酸化を受ける（**図 8・5**）。書き手である数種類

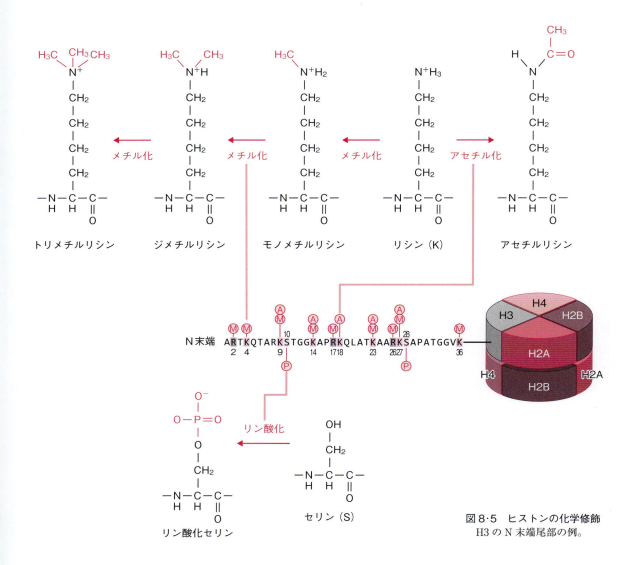

図 8・5　ヒストンの化学修飾
H3 の N 末端尾部の例。

のヒストンアセチル基転移酵素（histone acetyltransferase, **HAT**）が，H3 と H4 にある特定のリシン残基をアセチル化するとその正電荷が中和され，塩基性タンパク質であるヒストンと酸性物質である DNA の結合が緩み，転写が促進される．逆に，消し手である数種類のヒストン脱アセチル化酵素複合体（histone deacetylase complex, **HDAC**）がそれらアセチル基を取り除くと，ヌクレオソームは再び安定化され，転写の抑制が戻る．

　ヒストンには少なくとも 60 種類の修飾があり，作用も段階的である．ヒストン修飾は可逆性も高く，一時的な環境変化にも対応できる．また多様性も高く，個々の遺伝子に作用するものや，広い領域のクロマチン凝縮（ヘテロクロマチン化，2・5 節）に関わるものなど，さまざまなタイプがある．アセチル化と同様に，メチル化にも**書き手**（histone methyltransferase, **HMT**）と**消し手**（histone demethylase）が数種類ずつあるが，メチル化はアセチル化より調節が複雑で，活性化と抑制の両方の場合がある．

　ヒストン修飾の読み手の方は，特定の修飾残基を認識するドメインを含むさまざまな調節タンパク質が集合して複合体を形成し，修飾の組み合わせを認識する．読み手複合体に書き手複合体が結合して，クロマチンの変化が近隣に波及する．この**読み書き複合体**（reader-writer complex）には，ATP 依存性クロマチン再構成タンパク質（8・3・5 項）も含まれていて，DNA 鎖を進みながら協調して脱凝集と再凝集を行う．ヒストン修飾を取り除くときも同様で，消し手の酵素が複合体に加わる．このような伝播の機構によって，遺伝子の発現パターンの変化やクロマチンの凝縮（ヘテロクロマチン化）が，波のようにゲノムに広く伝播していく．

8・4・2　DNA のメチル化

　ヒストンに比べると DNA の化学修飾は単純で，4 つの塩基のうちシトシン（C）の 5 位がメチル化されて 5-メチルシトシン（5-mC）になる（図 8・6）．効果が段階的なヒストンの修飾をラジオの音量つまみにたとえるなら，DNA のメチル化はラジオをオン／オフする電源スイッチにあたる．また，一時的な環境変化にも対応できるヒストン修飾に比べ，DNA 修飾はより持続的で長期的な細胞記憶（9・1 節）に寄与する．書き手である DNA メチル基転移酵素（9・5 節）によってこの修飾が起こり，哺乳類では転写調節の主要なメカニズムの 1 つになっている．哺乳類ゲノムでは C の約 5% が 5-mC に変換されているが，ショウジョウバエや線虫など非脊椎動物では，このような DNA のメチル化は起こらない．

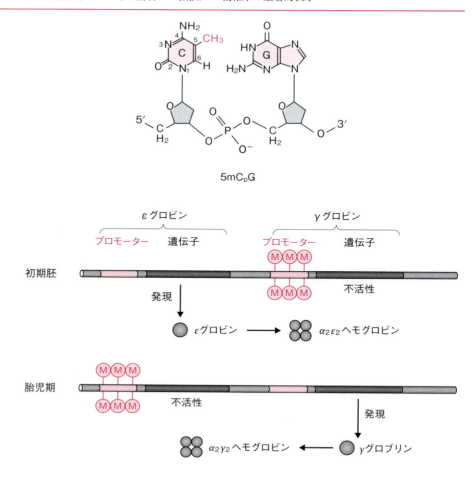

図8·6 ヒト胚の血球細胞におけるグロビン遺伝子のメチル化

　一般に，グアニン（G）の直前のC，すなわち **CpG 配列**のCだけがメチル化される。プロモーターのCpGがメチル化されていると，転写の活性化因子の結合が阻害され，また転写の抑制因子がよび寄せられてヌクレオソームが限局的に安定化されることにより，その遺伝子の発現が妨げられる。ヒト成体の体細胞では，CpGの7割がメチル化される。メチル化パターンは種々の体細胞に広く共有されており，細胞間で違うのはわずか2割ほどで，プロモーター領域に集中している。

　ヒトの**グロビン**†の遺伝子を例にとると，発生中の赤血球では，そのプロモーターはほとんどメチル化を受けていないが，ヘモグロビンを発現しないその他の細胞では，高度にメチル化されている。また，このプロモーターのメチル化パターンは，発生の過程で変化する。ヘモグロビンは，2種類のサブユニット

†**グロビン (globin)**：ヘモグロビン (hemoglobin, 血色素) のポリペプチド鎖 (1·3節 側注：**サブユニット**)。すなわち，各サブユニットから，補欠分子族であるヘムを除いたアポタンパク質 (apoprotein) 部分のこと。筋肉で O_2 を運ぶミオグロビン (myoglobin) も，グロビン - ファミリーに属する (13·2節③)。

2つずつからなるヘテロ四量体だが，その具体的なサブユニット組成は発生の過程で変化する（図8・6）．妊娠10週ころまでの初期胚では$α_2ε_2$であるのに対し，その後の胎児期には$α_2γ_2$となり，出生前ころから$α_2β_2$の成人型へと変遷する．胚性ヘモグロビンを産生する細胞では，$ε$グロビン遺伝子のプロモーターはメチル化されていないが，胎児性ヘモグロビン$α_2γ_2$に移行するころにはメチル化される．また成人型ヘモグロビン$α_2β_2$に置き換わるころには，再び$γ$グロビンのプロモーターがメチル化される．

2塩基配列は一般に，平均的にはゲノムに6%（$1/4^2$）ずつ存在することが予想されるが，哺乳類のCpG配列は実際にはそれよりずっと少ない．ヒトゲノム（32億bp）の場合，2800万しかない．これは進化の過程で，メチル化されたC（5-mC）が選択的に失われたせいである．その理由は，DNAの塩基に自発的に起こる脱アミノ反応のせいである（図4・1）．CはUに変わると本来DNAにない塩基であるため，修復機構（4・3節）によってCに戻されるのに対し，5-mCは脱アミノでTになるため，損傷だと認識されず復帰できないためである．

残ったCpGは，ゲノム内に不均一に分布している．**CG島**（CG island）とよばれる平均1000 bpの領域に，CpGは通常の10倍の密度で集中している．しかし生殖系列細胞や一部の体細胞では，CG島のCpGはメチル化されず，そこの遺伝子は阻害から免れている．ヒトゲノムにはCG島が約2万あり，タンパク質遺伝子の6割，ハウスキーピング遺伝子（8・1節）のほぼ全部のプロモーターがそこに位置している．CG島をメチル化から守っているのは，配列特異的に結合するタンパク質である．このタンパク質はDNAメチル基転移酵素を妨げるとともに，DNA脱メチル化酵素（DNA demethylase）まで動員している．

8・4・3 細菌のDNA修飾

細菌におけるDNAの化学修飾では，シトシン（C）だけでなくアデニン（A）もメチル化の標的となる．細菌での化学修飾は，脊椎動物における遺伝子発現調節とは生化学的にも機能的にも大きく異なる．代表的な例の1つである**制限修飾系**（restriction modification system）は，バクテリオファージの感染に対する細菌の生体防御機構である．大腸菌の野生株の1つであるK株は，特定の塩基配列の部位をメチル化する修飾酵素（modification enzyme）をもっており，自身のゲノムDNAはその酵素によってメチル化されている．大腸菌はまた，同じ塩基配列を認識して切断する**制限酵素**[†]ももっているが，メチル化されたDNAは認識されず，無傷で残る．ところが外来の$λ$ファージのDNA

[†] **制限酵素**（restriction enzyme）：この「制限」とは「ファージの増殖を制限する酵素」という意味．多くの酵素は回文配列を認識し，例えば*Eco*RI（エコアールワン）は6 bpのGAATTCとその相補配列を認識してGとAの間を切断する．*Not*Iは8 bpのGCGGCCGCとその相補配列を識別してGCとGG間を切る．制限酵素は遺伝子組換え技術の最初から，リガーゼ（3・4・2項）とともに主なツールとして利用されている．なお，酵素名の最初の3文字は，その酵素が由来する生物種の学名の略号で斜体（イタリック，13・4節），後の記号は正体で書く．*Eco*RIの"*Eco*"は*Escherichia coli*（大腸菌）に由来．

は修飾されていないので，細胞に侵入するとその配列部位で切断される。細菌は，種ごとで異なる配列を認識する修飾酵素と制限酵素の組をもっており，ウイルス感染から自衛する原初的な免疫系といえる。

ミスマッチ修復には，細菌におけるDNAの化学修飾のもう1つの例がある（4·3·2項①）。そこにおいては，配列の正しい元のDNA鎖と，新生時にミスの入ったDNA鎖を識別するために，メチル化が利用されている。大腸菌のDNAアデニンメチル基転移酵素（DNA adenine methyltransferase, Dam）は，5´-GATC-3´配列の両鎖のAをメチル化する。平均$4^4 = 256$ bpに1か所のすべてがメチル化され，ゲノムDNAにあまねく分布している。複製フォーク通過直後でDam酵素が新しい鎖を見つけてメチル化する前の数分間は，娘DNA二本鎖は半メチル化状態にあるため，新しく合成されて修復の対象となる鎖はこちらだと識別できる。哺乳類のメチル化が細胞の「長期記憶」のメカニズムだとすると（**前項**），この細菌のメチル化は，いわば「短期記憶」のしくみといえよう。

9. 発生とエピジェネティクス
― メッセージが作る身体 ―

　ヒトの体は，もともと卵と精子が合体してできた1個の細胞から，徐々に増えて形作られます。最初の1細胞をりんごの大きさにたとえるなら，ヒトの身長は東京スカイツリーの2倍以上になります。そのような拡大と複雑化に必要な「部品」の仕様はゲノムDNAに書き込まれていますが，その情報が実際に展開され組み立てられて行く過程では，細胞どうしが役割を分担するための信号物質を綿密にやりとりし，記憶していきます。その発生のしくみを見ていきましょう。

9·1　動植物の発生は，継承と分化のバランスで進む

　動物や植物など多細胞生物の個体発生は，次のような4つの基本的な細胞の振る舞いで進行する（**図9·1**）：

① 増殖（proliferation）と継承（inheritance）
② 専門化（specialization）
　すなわち**分化**（differentiation）
③ 相互作用（interaction）
④ 移動（movement）

ただし植物は，細胞壁によって細胞どうしが固定されているため，④の振る舞いが乏しい点で動物とは異なる。

　これらのうち①の継承とは，親細胞から2つに分裂した子細胞への**細胞記憶**（cell memory）であり，3つのしくみがある。第1に最も基本的なしくみは遺伝情報（genetic information）であり，DNAの正確な複製によって塩基配列の情報として継承される（3章）。第2に，遺伝子発現のパターンは，**転**

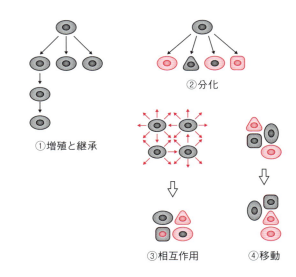

図9·1　発生における細胞の4つの基本的振る舞い

写因子(8・3・3項)のフィードバック-ループによっても継承されうる。例えば，ある特定の遺伝子群の転写を活性化する因子が，自身の遺伝子のプロモーターも活性化するという**ポジティブ-フィードバック**（positive feedback，**7・5・3項 側注**）のループが成立している場合，2つの子細胞には，複製されたDNA分子のセットとともに，活性化因子のタンパク質の半分も分配され，活性化パターンが継承される。第3に，8・4節で学んだクロマチンの化学修飾に基づく活性化パターンも，次世代細胞に継承されることがある。この現象は**エピジェネティクス**（epigenetics）とよばれる（詳しくは**9・5節**）。

①に関わる上記3つのしくみはいずれも細胞内（intracellular）の過程であるが，②の分化では，他の細胞に由来する外からの影響（③）も大きい。そこでは細胞間（intercellular）の**信号伝達系**（signal transduction system）が働いている。すなわち細胞外（extracellular）の信号物質をやり取りする「細胞どうしのにぎやかな会話」が行われている（**次節**）。

発生における細胞間の相互作用（③）の顕著な例に，脊椎動物における目の発生がある（**図9・2**）。胚発生の途中で，間脳から突出してくる眼胞（optic vesicle）の膨らみが，頭部の外層表皮（予定レンズ外胚葉）に接触すると一連の相互作用が引き起こされ，眼胞は2層の眼杯へと変化し，そのうち内層がさ

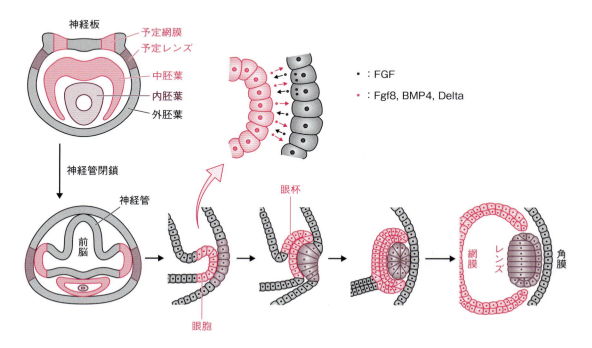

図9・2　脊椎動物の目の発生

らに網膜に分化する．一方，外層表皮の一部は陥入してレンズ（水晶体）が形成されるとともに，残った外層は角膜に変化する．成熟した目において，光は透明な角膜を通り抜け，レンズで集光され，網膜上に像を結ぶ必要があり，細胞・組織間は信号物質（FGF や BMP など．詳しくは**次節**）のやり取りによって精密に協調されなければならない．

この目の例のように，性質や履歴の異なる複数の細胞や組織が近傍で影響を及ぼし合って分化を方向づける現象を**誘導**（induction）という．影響を与える側の細胞や組織を**誘導体**（inducer），受け取る側のそれを**応答体**（responder）とよぶが，実際には双方向に相互誘導（reciprocal induction）する場合が多い．発生学の歴史的研究において，イモリの初期原腸胚の原口背唇部を実験的に切り出し，同期の他の胚の腹方に移植したところ，その移植体は正常な場合に似た発生の道筋をたどった．一次胚（宿主胚）が，腸や神経系を備えた頭部から尾部まで形作るとともに，その腹方に同様な形態の二次胚が形成されたことから，その移植体を**形成体**†とよんだ．

発生の誘導に関わる信号物質として，**モルフォゲン**（morphogen）という概念も重要である．モルフォゲンとは，特定の源から発せられ，近くでは高く，遠くでは低く形成された濃度勾配が空間情報となり，濃度によって異なる形態形成の作用を発揮する物質である．モルフォゲンには，**次節**で述べる細胞外の信号物質とともに，ショウジョウバエの初期胚（**9・4節**）の細胞内で働く転写因子の両方が含まれる．

発生に重要な遺伝子群として，単細胞の酵母や細菌のゲノムには少ないが，多細胞動物のゲノムで増えている遺伝子ファミリーが3つある．まず，転写調節とクロマチンの再構成を司るタンパク質の遺伝子群であり，酵母ゲノムでの約 250 個に対し，ヒトゲノムでは4倍に増えている．これについてはすでに**8・3節**と**8・4節**で述べた．2つめは，翻訳されず RNA のままで発現調節に働く遺伝子である．そのうちマイクロ RNA（miRNA）に限っても，ヒトゲノムには約 1500 個存在する．このような調節 RNA については**次章**で詳しく扱う．3つめは，細胞間の相互作用や信号伝達に働くタンパク質の遺伝子であり，ヒトゲノムには数百個が付け加わっている．**次節**はこれに焦点を当てる．

9・2　細胞どうしが盛んに信号物質をやり取りして発生が進行する

生物の信号伝達系では一般に，細胞表面にある受容体がかなめの役割を果たし，細胞外の信号を感受して，細胞内の変化を引き起こす．代表的な細胞膜受容体には，① G タンパク質共役型受容体（G protein-coupled receptor,

†**形成体**（organizer）：厳密な意味は，本文にあるように，脊椎動物の初期胚において，予定外胚葉に働きかけて中枢神経系を形成させるとともに，自身は頭部中胚葉・脊索・体節に分化することによって，胚発生の中心的役割を果たす胚域である．本来はこのようにかなり限定的な意味だが，歴史的に意義深い用語だけに，拡大解釈して誘導体の意味として頻用される傾向がある．

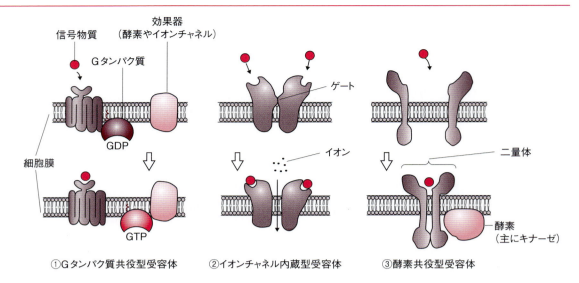

図9・3　細胞膜にある受容体の主な3タイプ
文献 0-7 より改変

GPCR)・②イオンチャネル内蔵型受容体（ion channel-containing r.）・③酵素共役型受容体（enzyme-coupled r.）の3種類がある（図9・3）。これらのタンパク質分子は，細胞膜を貫通する疎水性ヘリックスの数で特徴づけられる。①のGPCRは膜貫通（transmembrane, TM）ヘリックスが7本あるため7TM型ともよばれ，Gタンパク質[†]と共役する。③の受容体の単量体にはTMヘリックスが1本しかないが，二量体や四量体として働くことが多い。②の受容体は，TMヘリックスを4〜6本もつサブユニットが4〜5個集合し，中心にイオンの通る孔を形成する。①と②は，脳・神経系や内分泌系に多く，それらの生理的活動で主役を演じるが，動物の発生過程ではあまり重要ではない。発生で働く受容体は，③の酵素共役型受容体とともに，主要グループ①〜③に属さない「その他」のタイプが多い。

　誘導現象において，誘導体と応答体の間でやり取りされる信号は，大きく2種類に分けられる。両者の間に濾過膜（フィルター）を置くことによって，作用が阻止されるかされないかで区別できる。阻止されるのは，誘導体と応答体が物理的に接触することが必要な場合であり，これは細胞膜上のタンパク質どうしが結合する接触分泌相互作用（juxtacrine interaction）である。もう一方の阻止されないのは，可溶性の信号物質（たいていは水溶性タンパク質）が誘導体から放出され，近傍の応答体に作用する傍分泌相互作用（paracrine i.）である。この信号物質が到達する範囲は，距離的には40〜200μm程度で，細胞15個前後にあたる。誘導現象では傍分泌の方が多く，接触型は限られている。

[†] Gタンパク質（G protein）：GTP結合タンパク質ともいう。GDPが結合すると不活性型だが，GTPに置き換わると活性化され，信号伝達系でオン／オフのスイッチ役を果たす。細胞膜に細胞質側から結合する表在性膜タンパク質。αβγの3サブユニットからなるヘテロ三量体型Gタンパク質と，単量体の低分子量Gタンパク質とに2大別される。前者はG_s, G_i, G_o など，後者はRas, Rho, Rabなどを初め，ともに多数のメンバーを含むスーパーファミリーをなす。

発生で働く信号伝達系の遺伝子が，近年次々と同定されてきた。主な伝達系には下記9·2·1〜5項の5タイプがある（図9·4〜8）。このうち1〜4項が傍分泌のしくみであり，5項だけが接触型である。上述の分類でいうと，1, 2項は酵素共役型受容体（図9·3③）が関わるタイプで，3〜5項は「その他」のタイプである。

9·2·1　RTK経路

受容体型チロシンキナーゼ（receptor tyrosine kinase, **RTK**）は，細胞外ドメインが信号物質を結合すると，細胞内ドメインがチロシンキナーゼ†活性を示す（図9·4）。二量体に集合して（図9·3③），相互に自己リン酸化する。細胞外信号物質の代表は，線維芽細胞増殖因子（fibroblast growth factor, **FGF**, 図9·2）だが，他に上皮増殖因子（EGF），血小板由来増殖因子（PDGF），幹細胞因子（stem cell factor, SCF）などもある。これらは構造に類縁性のあるタンパク質のため，FGFファミリーと総称される。FGFの中にも，さらにFgf1, 2, 7, 8などサブタイプ（アイソフォーム）がある。これらの因子とその受容体（FGFR, PDGFRなど）は，それぞれ特定の場所で発現し特異的な機能を発揮していながら，しばしばたがいに置き換えも可能である。

RTKは，自己リン酸化によって活性化され，さらにRASなどGタンパク質を活性化し，細胞内信号伝達の連鎖を経て，特定の標的遺伝子のオン／オフを制御する。この**RTK経路**（RTK pathway）は，ショウジョウバエの目・線虫の陰門・ヒトのがんなどで幅広く共通に働いている。それぞれ別の生物種を研究していた人々が，相同な遺伝子群を扱っていたことにあとで気づき，発生生物学の広い研究分野を統一的に理解し始めたきっかけが，このRTK経路である。この経路のRASの遺伝子 *RAS* の変異は，ヒトの悪性腫瘍の重要な要因の1つでもある。

9·2·2　TGFβ/Smad経路

形質転換増殖因子βスーパーファミリー（transforming growth factor-β (TGFβ) superfamily）には，たがいに構造の似ている水溶性二量体タンパク質が含まれ，ヒトでは33個ある。これのうち大半は骨形成タンパク質（bone morphogenetic protein, **BMP**, 図9·2）ファミリーに含まれ，他にTGFβファミリーやアクチビン（activin）ファミリー，Nodalタンパク質，Vg1タンパク質などがある。

†キナーゼ（kinase）：リン酸化酵素ともいう。多くの場合ATPのγ位のリン酸基（図2·1）を標的分子に転移する。信号伝達系で働くタンパク質キナーゼ（protein k.）は主に2種類あり，アミノ酸側鎖のうちチロシンか，あるいはセリン／トレオニン（次項9·2·2）のヒドロキシ基(-OH)をリン酸化する。受容体型のキナーゼは，ホモ二量体を形成して相互に**自己リン酸化**（autophosphorylation）することが多い。

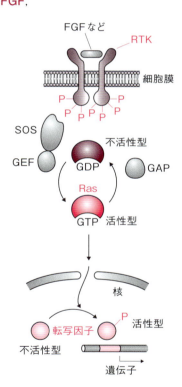

図9·4　RTK経路

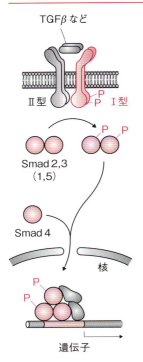

図9・5 TGFβ/Smad経路

これらの因子もRTKと同類の酵素共役型受容体（図9・3③）に結合するが，細胞内ドメインの酵素が**セリン／トレオニンキナーゼ**（serine/threonine kinase, 9・2・1節 側注）である点が違う（図9・5）。この受容体には構造が相同なⅠ型とⅡ型があり，それぞれホモ二量体をなしている。細胞外信号物質が結合すると，両二量体が集合してヘテロ四量体となり，Ⅱ型がⅠ型をリン酸化して活性化する。活性化されたⅠ型受容体は，転写因子の**Smad**ファミリーを直接リン酸化して活性化する。活性化されたSmadは核に移行し，特定の遺伝子のオン／オフを制御する。"Smad"の名は，このファミリーで最初に同定された2つのメンバー，線虫の*sma*とハエの*Mad*に由来する。

9・2・3 Wnt/β-カテニン経路

Wntタンパク質（Wnt protein）は，大多数の動物の発生のさまざまな局面で，傍分泌型のモルフォゲンとして働く。WntをコードするRNA遺伝子は，ショウジョウバエでは翅の発生に働く遺伝子としてWingless（*Wg*）と名づけられ，マウスではウイルスによる活性化で乳がんの発生を促進する遺伝子としてInt1と命名された。ヒトには19種類あり，機能はそれぞれ異なるが重なりもある。

Wntが結合するFrizzledファミリーの受容体は，7TM型でGPCR（図9・3①）に似ているが，Gタンパク質ではなく**β-カテニン**（β-catenin）を介して作用する（図9・6）。β-カテニンは多機能タンパク質だが，この信号経路では活性化補助因子（8・3・4項）として働く。Wntの信号のない条件下では，β-カテニンは大型の分解複合体（degradation complex）でリン酸化を経て分解されるが，Wntが来るとその複合体が解体され，リン酸化を逃れた安定なβカテニンが核に移行して，特定の標的遺伝子の転写を促進する。

この分解複合体の要素の1つは**APC**（<u>a</u>denomatous <u>p</u>olyposis <u>c</u>oli, 大腸腺腫症より）と名付けられている。それは，このタンパク質をコードする遺伝子の変異が，大腸の多くの良性腫

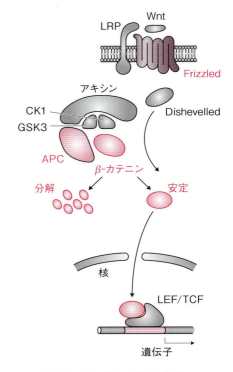

図9・6 Wnt/β-カテニン経路

瘍で認められることによる．この遺伝子はがん抑制遺伝子の1つであり，腫瘍はやがて悪性化することもある．つまり，このWnt/β-カテニン経路が成体で過剰に活性化されると，がんが引き起こされる．

9·2·4　Hedgehog/Ci 経路

Hedgehog タンパク質（HH）はショウジョウバエで発見された．この遺伝子が変異すると，幼虫がハリネズミ（hedgehog）のように針でおおわれることから，この名が付けられた．ハエにはHHの遺伝子が1つしかないが，脊椎動物には少なくとも3つある．

HHの作用様式は**前項**のWntと似ており，やはり多数の動物で傍分泌型のモルフォゲンとして働く（図9·7）．β-カテニンにあたる中核タンパク質は **Ci**（<u>C</u>ubitus <u>i</u>nterruptus）とよばれる亜鉛フィンガー型の転写因子（**7·4節**③）である．HH信号がないときCiは，リン酸化や分解などの加工を経て核に入り，抑制因子として作用する．しかしこの信号が来るとCiの分解は阻止され，そのまま核に移動して標的遺伝子群の発現を逆に活性化する．

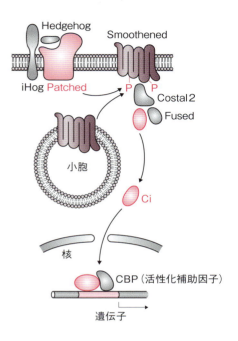

図9·7　Hedgehog/Ci 経路

ただしHHの作用メカニズムはWnt/β-カテニン経路より複雑で，不明の点が多く残されている．膜タンパク質としてはPatched，Smoothened，iHogの3つが関与している．HHの受容体は，TMヘリックスを12本もつ **Patched** で，iHogはその結合を補助するらしい．7TM型のSmoothenedは，HHを結合していないPatchedによって細胞内の膜小胞に留められ抑制されているが，HHがPatchedに結合するとその抑制が解け，リン酸化されて細胞膜に動員される．このSmoothenedがCostal2やFusedなどによるCiの束縛を解除する．

Hedgehog/Ci 経路が過剰に促進されるとがんの原因となることも，Wnt/β-カテニン経路の場合と同様である．白人で一般的な皮膚がんの基底細胞腫（basal cell carcinoma）では，*PATCHED* 遺伝子の変異が見つかる．がんの治療薬の1つシクロパミン（cyclopamine）は，カナダユリが産生する物質であり，Smoothenedに強く結合してこの信号経路を阻害する．この物質は，カナダユリを食べるヒツジから生まれた仔が重い発達異常を呈することから同定された．その異常には，額の中央に1つ目をもつ単眼症（cyclopia）も含まれ，同様の異常がHH/Ci経路を欠損したマウスでも再現される．

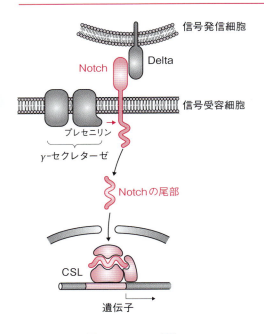

図9·8 Notch 経路

9·2·5 Notch 経路

Notch とその相手細胞にある Delta はともに，TM ヘリックスを1本もつ膜タンパク質であり，細胞外ドメインどうしで相互作用する（図9·8）。ここまで5項のうち，この Notch 経路だけが接触分泌のメカニズムであり，幅広い動物のさまざまな器官の形成に働いている。

Notch は，Delta が結合して活性化されると，細胞膜にある分解酵素によって細胞質側ドメインの尾部が切断される。遊離した尾部は核に移行し，一群の標的遺伝子を活性化する。Notch 標的遺伝子のプロモーターには転写因子 CSL を含む複合体が結合し発現を抑制しているが，Notch 尾部は複合体中の抑制因子を押しのけることによって，CSL を活性化因子に変換する。Notch 受容体のリガンドには，上で述べた Delta の他に Serrate（Jagged）や Lag-2 もあり，DSL ファミリーと総称される。

Notch を分解する酵素は，γ-**セクレターゼ**（γ-secretase）とよばれるプロテアーゼ複合体である。8本の TM ヘリックスをもつプレセニリン（presenilin）はその触媒サブユニットであり，これをコードする遺伝子が変異すると，初老期認知症（presenile dementia）をしばしば引き起こす。γ-セクレターゼは Notch 以外にも色々な膜タンパク質を切断する。特に，神経細胞の特定のタンパク質から細胞外ペプチド断片を切り出して，それが過剰に蓄積すると，アミロイド斑という塊を作り神経細胞を傷つけて，家族性アルツハイマー病の原因となる。

9·3 哺乳類では，初期胚の細胞の一部だけが成体になる

動物の発生の研究は，さまざまな種をモデル生物（1·5節 側注）として行われてきた。人類にとってヒトが最も興味深い動物だが，哺乳類の胚発生は母胎の内部で進み観察や研究が難しいため，ガラス容器中の顕微鏡下で観察や操作がしやすい棘皮動物のウニや両生類のカエル・イモリなどが，発生学の主な研究対象にされた。発生の分子メカニズムでは，キイロショウジョウバエや線虫の研究が先導してきたが，無脊椎動物では体軸が逆転しているなど大きな違いもある。発生の過程（**本節**）やしくみ（**次節**）は動物種によって多様だが，ここでは主にヒトに注目し，他の動物も参照しながら見る（図9·9）。

① **受 精**（fertilization）：**卵**と精子は**配偶子**（gamete），受精卵は**接合子**

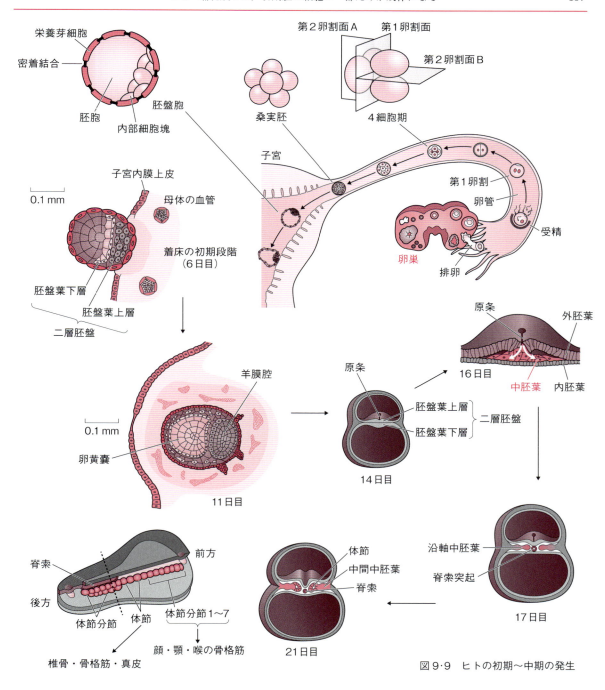

図9・9 ヒトの初期〜中期の発生

（zygote）ともよばれる（1・5節）。両生類や昆虫を含む多くの動物では，卵の細胞内に栄養物質の集合体である**卵黄**（yolk）がある。卵黄がある端を植物極（vegetal pole），その対極で核のある側を動物極（animal p.）とよぶが，哺乳類は**胎盤**（placenta）から栄養が供給されるので，卵黄は不要である。精子は

鞭毛の運動で子宮から卵管に泳ぎ上り，卵は卵管内腔の繊毛の作用でゆっくり運ばれ，出会って受精する。

② **卵 割**（cleavage）：受精卵は一連の細胞分裂を繰り返し，多細胞化する。ヒトで2つの第2卵割面が第1卵割面に垂直なのは，ウニやカエルなど発生学の標準モデル生物とも共通だが，互いにも垂直なのは，その標準から外れる。細胞どうしがゆるやかに接着した塊の段階を**桑実胚**（morula）とよぶ（おおむね16〜32細胞）。ヒトの場合，桑実胚から数個の細胞を除いても，残った細胞で発生が正常に進行するため，**体外受精**（*in vitro* f., IVF, 3・2節 側注）して培養器で育てる場合は，**着床前診断**（preimplantation genetic diagnosis, PGD）が可能である。

③ **胚盤胞**（blastocyst）：ウニや両生類はボール状の中空の**胞胚**（blastula）を形成するが，環形動物や昆虫は中が詰まった胞胚になる。昆虫では核だけ分裂した多核性胞胚が先行し，細胞分裂によって細胞性胞胚に移行する。前者を**多核細胞**（syncytium，シンシチウム）という。哺乳類はウニなどのように中空の腔所（胚胞）をもつタイプながら，特に胚盤胞とよんで胞胚から区別する。胚盤胞の一角には**内部細胞塊**（inner cell mass）が生じ，外層は**栄養芽細胞**（trophoblast）とよばれる。次世代の個体が生じるのは内部細胞塊の一部からであり，残りの部分と栄養芽細胞はのちに胚体外の組織となる。胚体外組織の一部は母胎側の組織と融合して胎盤を生じる。内部細胞塊から取り出したES細胞（8・1節 側注）は，幹細胞工学の研究や応用に使われる（10・7節）。

受精後6日目，胚盤胞が子宮に到着すると，その上皮に**着床**（implantation）する。子宮に着床する直前から内部細胞塊は2層に分かれ始め，胚胞側を胚盤葉下層（原始内胚葉），外側を胚盤葉上層（原始外胚葉）という。下層の細胞は広がって胚胞を裏打ちして**卵黄嚢**†を作り，上層には羊水に満たされた羊膜腔（amniotic cavity）ができる。これら2つの腔所にはさまれた2層は，平らな**二層胚盤**を形成する。このような内部細胞塊の分化は，細胞がさらされるFGF（9・2・1項）の多寡などによって決まる。

④ **原腸形成**（gastrulation）：ウニや両生類では，胞胚の外殻の細胞の一部が内部の空所に陥入して**原腸**（primitive gut）を形成する。この段階を**原腸胚**（gastrula），陥入箇所を**原口**†という。陥入した内層は**内胚葉**（endoderm）とよばれ，のちに腸管とその付属器官である肝臓・膵臓・肺などを生じ，外層は**外胚葉**（ectoderm）とよばれ，のちに表皮と神経系を形成する。これら2つの胚葉（germ layer）の間の空間に移動した他の細胞は**中胚葉**（mesoderm）となり，のちに筋肉・血管系・腎臓・結合組織などを生じる。

†**卵黄嚢**（yolk sac）：卵黄がないのに卵黄嚢ができるのは，有胎盤類も鳥類や両生類との共通祖先から分岐したことを示す進化の痕跡である。ただし鳥類のものよりずっと小さいし，やがて縮んで消える。有胎盤類（真獣下綱）とは，哺乳類からカンガルーなど有袋類（後獣下綱，子宮はあるが胎盤はない）とカモノハシなど単孔類（卵生）を除いた分類群。

†**原口**（blastopore）：原口がそのまま口になり，原腸の他端に新たにできる開口部が肛門になる動物を**旧口動物**（protostome）というのに対し，原口が逆に肛門になり他端が口になる動物を**新口動物**（deuterostome）という。前者にはハエ（節足動物）や線虫（線形動物）が含まれ，後者には脊椎動物やウニ（棘皮動物）が含まれる。哺乳類や鳥類では，**原条**（primitive streak）が原口にあたる。

哺乳類の原腸形成は様相が異なる。ヒトでは受精後 15 日目に二層胚盤の正中線に**原条**（前頁　側注）という細長いくぼみが出現することで始まる。原条付近の上層細胞が増殖を始め，下方に遊走する。移動する細胞の一部は下層に侵入し，最終的には下層細胞に完全に取って替わる（第 1 波）。この新しい細胞が，胚体の内胚葉となる。遊走しないで上層に残った細胞は外胚葉とよばれ，第 2 波（16 日目）の遊走細胞は中間で中胚葉となる。こうしてできた 3 層構造を**三層胚盤**という。中胚葉細胞は，さらに側方や頭部など色々な方向へ遊走し，残りは正中線に留まる。

　⑤ **神経管形成**（neurulation）：外胚葉が表皮と神経系に分離していく時期の胚を**神経胚**（neurula）とよぶ。この名は主に両生類での用語だが，脊椎動物でも共通に神経管が形成される。まず中軸の中胚葉が，中空な脊索突起から中が詰まった棒状の**脊索**（notochord）を生じ，これが Sonic Hedgehog（SHH，Hedgehog ファミリーの 1 つ，9・2・4 項）を分泌して直上の外胚葉を誘導する。ヒトでは 18 日目に，中枢神経系で最初の原基である**神経板**（neural plate）が現れ，やがて 20 〜 22 日の間に，それが胚体内に陥没し表皮から分離して閉鎖し**神経管**（neural tube）が形成される（図 9・2 左）。④〜⑤の過程で 3 次元の体軸，**前後軸**（anterior-posterior axis, AP 軸）・**背腹軸**（dorsal-ventral a., DV 軸）・**左右軸**（right-left a., RL 軸）が形態的に明確になっていく。

　⑥ **咽頭胚**（pharyngula）：脊椎動物の基本的なボディプランが成立し，諸器官が形成される時期である。この時，咽頭弓という構造が現れることから，この名が付けられた。発生の初期は，卵割の様式や原腸形成の細胞移動パターンなど，種によってたいへん多様だが，中期にあたるこの段階は，**体節形成**（segmentation）などの過程が広く脊椎動物の間で進化的に保存されており，最も共通な遺伝子発現プロファイルをとる。前後軸に沿って多数の類似した構造が繰り返すとき，その構造単位を**体節**（segment, somite）という。体節はミミズなど環形動物やハエなど節足動物で明瞭だが，脊椎動物でも沿軸中胚葉から体節分節（somitomere）や体節が生じ，脊椎（椎骨）や背筋などの**分節性**†の基本となる（9・4 節）。少しずつ異なる繰り返し構造はまた，歯・四肢・五指など器官レベル（次の⑦）にもある。

　⑦ **器官形成**（organogenesis）：腸管（④）や神経系（⑤）のように体節をつらぬく**器官**（organ）は早くから現れ始めるのに対し，目や肢などの器官は遅れてそれぞれの体節の予定材料から，**原基**（anlage, primordium）の状態を経て形成される。器官の多くは複数の**組織**（tissue）から構成され，時間的・空間的に複雑な協調が重要である。

†**分節性**（segmentation）：「少しずつ異なる繰り返し構造」が動物の椎骨などにあることに気づき，それを「**原型**（Urform，ドイツ語。以下同じ）とその変形（**変態** Metamorphose）」というモデルで説明したのは，ゲーテ（Johann Wolfgang von Goethe）である。ゲーテは 18 世紀から 19 世紀にかけて，文学者および科学者として幅広く活躍したドイツ人で，形態学（Morphologie）も提唱した。植物でも花弁・雄しべ・雌しべが葉に由来することを見抜いて「すべては葉である」と喝破し，**原植物**（Urpflanze）を仮定した。

9・4 動物の発生では，細胞内外の信号分子の濃度勾配でボディプランが決まる

発生の分子メカニズムは，哺乳類よりもカエルやショウジョウバエでより詳しく解明されている。カエルでは，VegT とよばれる転写因子の mRNA が受精前に植物極に蓄積し，受精（前節①）後に翻訳されて，のちに3胚葉を分化させる引き金となる。精子は動物極側に進入する。その対極の植物極側に Wnt ファミリー（9・2・3項）の1つ Wnt1 が発現して，こちらを背側とする背腹軸の最初の信号になる。

その後の分化パターンは，TGFβ スーパーファミリー（9・2・2項）に属する傍分泌信号分子の濃度勾配によって決められる。植物極から Nodal が分泌され，高濃度にさらされる近傍では，内胚葉を導く遺伝子の発現が促進される（図 9・10）。低濃度の Nodal にさらされる中距離領域では，中胚葉が誘導される。また，TGFβ ファミリーに含まれながら内胚葉化を逆に阻害する作用のある Lefty は長距離に拡散するため，動物極では外胚葉が誘導され，**動植物軸**（<u>a</u>nimal-<u>v</u>egetal axis，AV 軸）に沿った3胚葉の層が形成される。一方，背腹軸は，BMP（9・2・2項）に結合してその作用を阻害する Chordin と Noggin の濃度勾配が決める。BMP 自体は胚全体に分泌されるのに対し，この2つのタンパク質は背側に濃く分布して拮抗し，BMP 信号は腹側で優勢となる。以上2軸の組み合わせで，胞胚（前節③）上の位置で主な器官に至る運命が決定されていく。

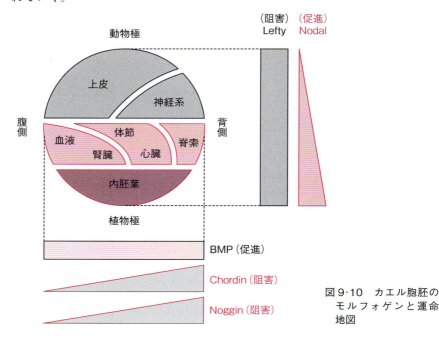

図 9・10 カエル胞胚のモルフォゲンと運命地図

ショウジョウバエにおける背腹軸の決定には，Dpp とその阻害因子 Sog が働く．Dpp は BMP の相同体で，Sog は Chordin の相同体だから，信号分子のレベルは脊椎動物とよく似ているが，背と腹の関係自体は逆転している．脊椎動物では，腸管（内胚葉）をはさんで背側に中枢神経系（外胚葉），腹側に循環系（中胚葉）が配置するのに対し，昆虫では腹側に中枢神経系，背側に循環系が位置する．前後軸も逆転していること（**前節 側注**）と考え合わせて，興味深い．

このように動物の発生では一般に，細胞外モルフォゲン（9・1 節）が主に位置情報を決めているのに対し，ショウジョウバエの初期発生では細胞内モルフォゲンとしての転写因子も重責を担う（図 9・11）．具体的には，ハエではま

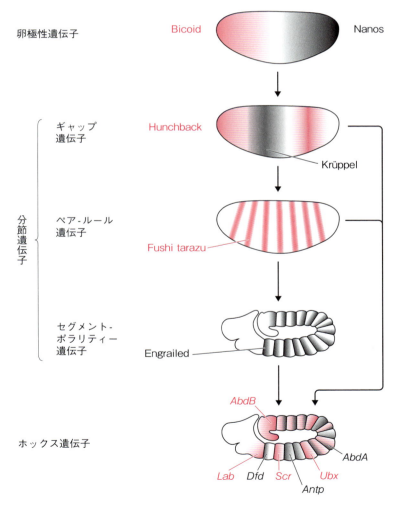

図 9・11　ショウジョウバエの発生における階層的調節

ず受精前の段階から，*Bicoid* の mRNA とその翻訳産物が細胞内で濃度勾配を形成しており，前後軸を決定する。この *Bicoid* と *Nanos* とあと2つを含む計4つの**卵極性遺伝子**（egg-polarity gene）が，さらに背腹軸と3胚葉および体細胞と生殖細胞の区別を決め，のちほど体節や器官の配置をしだいに細かく決めていく遺伝子群を階層的に教導する。

ハエの体節を決めるのが**分節遺伝子**（segmentation g.）である。分節遺伝子は3群に分類され，受精後にほぼギャップ遺伝子（gap g.）・ペアルール遺伝子（pair rule g.）・セグメントポラリティ遺伝子（segment polarity g.）の順番で活性化される。これら遺伝子の産物は，初期発生の前半では多核性胞胚の内部で濃度勾配を作る転写因子であり，後半は細胞性胞胚で働く Wnt/β-カテニン経路（**9・2・3項**）と Hedgehog/Ci 経路（**同4項**）の成分である（**前節③**）。これらの分布パターンは，初めのうちは大まかだが，次第に明瞭で規則正しい縞模様に収束していく。

広く動物のボディプランを決定づける遺伝子群の中核に，**ホックス遺伝子**（*Hox* gene）がある。これが最初に発見されたのはショウジョウバエであり，たった1つの遺伝子が変異しただけで，頭部の触角の位置に脚が生えたり，平均棍とよばれる痕跡器官の位置に立派な余分の翅が追加されたりする。これらの遺伝子を，ギリシャ語で「類似の」を意味する "homoios" から，まずホメオティック遺伝子（homeotic g.）と名づけた。なぜなら，よく似た構造の肢や体節の間で起こる変換だからである。ハエのゲノムには，塩基配列の類似した遺伝子が10個あり，直列に隣接した遺伝子クラスターをなしている（**図9・12**）。しかも驚くべきことに，DNA 分子上の順番と，前後軸に沿った発現場所の順番とが並行している。ホメオティック遺伝子に共通する約180 bp の配列モチーフをホメオボックスといい，それがコードするタンパク質ドメインがホメオドメイン（**7・4節②**）である。このモチーフを共有する遺伝子を，他の生物も含めホックス遺伝子と総称する。

変異体の表現型がハエほど劇的ではないものの，他の動物のゲノムにも類似の遺伝子クラスターがあり，それらは頭部から尾部までの形態形成を協調して制御するため，**ホックス複合体**（*Hox* complex）とよばれる。脊椎動物ゲノムにはホックス複合体が4セットもあり，作用が重複しているため，単一遺伝子変異による表現型変化がハエより不明瞭である。ホックス遺伝子は進化的によく保存されており，例えば哺乳類の遺伝子を実験的にハエに導入しても，機能を部分的に代用できるほどである。ホックス遺伝子の産物はやはり転写因子であり，転写調節カスケード（**8・3節 側注**）の上流にある分節遺伝子からの制

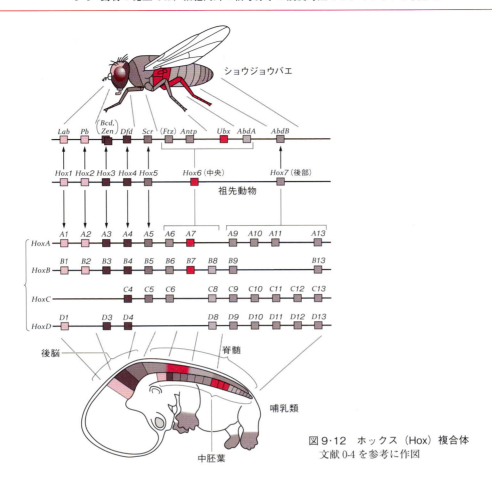

図9・12 ホックス（Hox）複合体
文献0-4を参考に作図

御を受けるとともに，より下流の転写因子の遺伝子を制御する．分節遺伝子の活性化パターンの多くは一過性で，原腸形成後に消えていくが，ホックス遺伝子の位置情報は安定で，幼虫段階を超えて成虫まで持続する．この細胞記憶には，9・1節で述べた転写因子のポジティブ-フィードバック-ループと，クロマチンの化学修飾の2つの分子機構が寄与している．

特定の器官や細胞の発生を誘発する転写因子を**マスター転写調節因子**（master transcription regulator）とよび，目のPax6，筋細胞のMyoDなどが知られている．発生初期のハエを使った実験において，肢を作る予定の細胞で人為的に*Pax6*遺伝子を発現させると，内部の組織がきちんと配置された目が，その肢のまん中に形成された．転写調節カスケードの中で，その下流の連鎖が正常に起動されたわけである．また，カメラ眼（単眼）を誘発するマウスの*Pax6*遺伝子をハエに導入すると，複眼を誘発できた．ただし，器官と転写因子が1対1に対応するのはまれで，むしろ複数の因子の組み合わせで器官が

誘導されることが多い。また，マスター因子の作用が，細胞の種類や履歴に大きく作用されることにも注意する必要がある。例えば，Atoh1は，脳ではある種の神経細胞に分化させるが，内耳では聴覚の有毛細胞，腸の内壁では分泌細胞に分化させる。

9・5　エピジェネティクスは次世代の細胞に記憶を伝えるしくみ

ゲノムの塩基配列の変化を伴わず，クロマチン（すなわちDNA＋ヒストン）の変化によって，遺伝子発現の様相が安定的・持続的に次世代の細胞に継承される現象を**エピジェネティック（後成的）継承**（epigenetic inheritance）という。また**エピジェネティクス**[†]という語は，そのような現象自体やその分子機構，およびそれらを研究する学問分野をともに指す。

17〜18世紀には，発生のしくみについて，2つの考え方の間で論争が続いた。**前成説**（preformation theory）では，配偶子や受精卵の中にあらかじめ成体の小さな原型が存在していると考え，**後成説**（epigenesis t.）では，発生の過程で新たに複雑な構造が出現すると考えた。20世紀中頃，後成説に遺伝子概念を加味した新しい考え方として，「エピジェネティクス」が造語された。すなわち，発生過程で分化する細胞の運命はあらかじめ受精卵の遺伝子型では完全に定まっておらず，各細胞の表現型は環境と遺伝子の相互作用で徐々にもたらされていくとする概念である。

DNAのメチル化やヒストンのアセチル化・メチル化・リン酸化などの化学修飾によって遺伝子発現が調節されることを，8・4節で学んだ。このような修飾パターンが子孫細胞にも次々と継承されることが，エピジェネティクスの分子メカニズムの核心になっている。このように継承されるクロマチンの化学修飾を**エピジェネティック修飾**（epigenetic modification）とよび，これが脊椎動物の発生における細胞記憶（9・1節）の主要なしくみである。なおエピジェネティクスには，化学修飾とともに調節RNAの一部（lncRNA, 10・5節）も関与する。

クロマチン修飾の継承の分子機構は，DNAのメチル化の場合がわかりやすい。新しいメチル化の書き手（writer）が新規DNAメチル基転移酵素（*de novo* DNA methyltransferase, **Dnmt3**）とよばれるのに対し，子細胞へ継承するための書き手は維持メチル基転移酵素（maintenance m., **Dnmt1**）という（**8・4・2項**）。細胞分裂時のDNA複製直後には，鋳型鎖のCpGはメチル化されていても，新生鎖でそこに対合しているCpG配列はまだメチル化されていない（図9・13）。Dnmt1はこの二本鎖を認識し新生鎖をメチル化するので，2つ

† **エピジェネティクス（epigenetics）**：DNAの塩基配列による遺伝現象およびそれを研究する学問分野をジェネティクス（genetics, **1・1節**）とよぶのに対し，その語に接頭辞epi-を付けて対比する概念。epi-の意味は，上の・表層の・追加的・付帯的・周辺的など。地下の震源（center）の真上の地表にあるのが震央（epicenter）であり，物語の途中に追加された話が挿話（episode）である。他に周転円（epicycle），亜流（epigone）など，生物学用語では上皮（epithelium），表皮（epidermis）など。

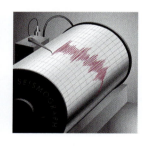

の子細胞の両鎖がともにメチル化される。

　一方ヒストン修飾の継承には，**読み書き複合体**（reader-writer complex）が関与するらしい（8・4・1項）。この複合体は，既存の修飾パターンを読み取りつつ書き込みながら，クロマチンの凝集状態や遺伝子の発現パターンを細胞内に広げる。それと同様のしくみが，細胞分裂後の2細胞にも働くらしい。複製されたDNAが2つの子細胞に別れる際，修飾を受けたヌクレオソームやその他のクロマチンタンパク質もいっしょに分配される。不足分のヌクレオソームが新たに補充される際，これら分配された成分が協調的に働いて，親細胞と同じクロマチン状態を完成させる。

　動物の発生において，ジェネティックな配列情報は完全に忠実に継承されるのに対し，エピジェネティックな継承は，それぞれの細胞の履歴や環境条件を反映して少しずつずれる。一卵性双生児など遺伝子型が同一の別個体が大きく異なる表現型を示すのも，このエピジェネティック修飾による。健康な発生過程だけでなく，統合失調症・関節リウマチ・がん・慢性疼痛など病気の進行にも，エピジェネティクスが大きな影響を与える（14・4節）。

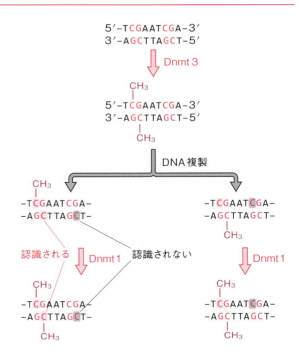

図9・13　DNAメチル化パターンを維持するしくみ

9・6　次世代個体への継代エピジェネティクスの例も報告されている

　脊椎動物では，受精直後に全DNAに対して脱メチル化が波状的に進行し，卵・精子由来とも初期化（リセット）される。クロマチン修飾パターンの継承は，ほとんど一個体内の次世代細胞にとどまる。ところが哺乳類のゲノムでは，ごく一部の遺伝子だけはこの初期化を免れている。しかも卵・精子由来の一方のアレル（1・6節）だけが胚にメチル化CpGをもち越し，発現能は休止している（遺伝子が発現されていない）。このような現象を**ゲノム刷り込み**（genomic imprinting）という。例えば**インスリン様増殖因子-2**[†]（IGF2）の遺伝子は，母性アレルだけが休止している。マウスの胎児で*Igf2*遺伝子が両アレルとも働かないと，正常マウスの半分の大きさで生まれる。母性アレルが欠損していても父性アレルが働くため表現型は正常だが，父性アレルが欠損しているといずれも働かないので発育不全の表現型になる。ヒトゲノムでこのような刷り込

[†] **インスリン様増殖因子-2**（insulin-like growth factor-2, IGF2）: 膵臓ホルモンであるインスリンによく似ているが，増殖因子として働くポリペプチド。IGF2は初期発生で主要な増殖因子で，IGF1はそれより後の段階で発現する。*Igf2*遺伝子の刷り込みでメチル化を受けているのは，*Igf2*の母性アレルではない。*Igf2*はインスレーター（8・3・3項）で阻害されるが，父性インスレーターだけがメチル化でこの阻害を解除されている。

† **獲得形質の遺伝 (inheritance of acquired character)**：生物個体が生涯で獲得した形質が次世代に遺伝し、それが進化のしくみであるという考え方。ラマルクが唱えたことから、関連するその他の考え方と合わせて**ラマルキズム (Lamarckism)** ともいわれる。しかし、体細胞に生じた変化は生殖細胞系列に伝わらないことから否定され、対抗仮説とみなされるダーウィニズムが、現代的進化理論の中心となった。ただし、遺伝子の**水平伝播**（11・2節）や**クリスパー／キャス系**（10・6節）のある原核生物には、別の事情がある。

チャールズ・ダーウィン
(1809-1882)

みを受ける遺伝子はとても少なく1%以下である。とはいえ刷り込みの効果の方向性は明白で、父性染色体では子供を大きくする傾向の刷り込みが多く、母性染色体では逆に小さくする方向の刷り込みが多い。

このような**継代エピジェネティクス**は、衝撃的な現象である。もしこのように生殖細胞系列を介した継承が何世代にもわたって持続するなら、**獲得形質の遺伝**†を支える基盤になりうると議論される。すなわち、現代生物学の進化理論は、多様な変異と自然選択を中心とするダーウィン（Charles Robert Darwin）の考えを源流とする（13・1節）が、それに対抗してラマルク（Jean-Baptiste Lamarck）の名を冠される進化理論が、このエピジェネティクスによって裏づけられるのではないか、というのである。

マウスのような実験動物だけでなく、実社会のヒトでもこのような継代エピジェネティクスが報告されている。第2次世界大戦中の1944〜5年にかけてオランダは、ドイツ軍の侵略により深刻な飢餓に見舞われた。この時期を生き延びた人々は、栄養失調のせいで身体的にも精神的にもさまざまな健康障害に苦しめられた。栄養不良の影響は、本人たちだけではなく、その時期に受胎して生まれた子世代が後に成人してもうけた孫世代にも及び、健康障害にかかる割合が有意に高かった。同様な飢餓による継代エピジェネティクスは、スウェーデン北部の例も報告されている。さらに別のイギリスでの研究は、喫煙の継代的影響を証拠立てている。

しかしながら、ゲノム刷り込みでさえ、子の体において始原生殖細胞が形成される際に、他の修飾とともに一掃され、そのまま孫世代に伝わるわけではない。ゲノム刷り込みは、生殖細胞が成熟する際に、性に特異的な修飾が改めて刷り込まれる現象である。その他の報告例でも、継承される情報の量と安定度は低く、観察される影響は2〜3世代で先細る。そもそもエピジェネティクスの分子装置自体が、ゲノム情報で伝えられる性格のものである。したがって継代エピジェネティクスは、ジェネティックな進化の対抗理論のような性格ではない。補足的・追加的なしくみとしてどの程度重要か、今後の展開が興味深い。

10. RNAの多様な働き
― 小粒だがピリリと辛い ―

5章で見たように，ゲノムDNAの情報からタンパク質を発現させるための中継ぎ役としてRNAが重要であることは，分子遺伝学の初期から知られていましたが，最近になって，より広い範囲でRNAが重要な役割を果たしていることがわかってきました。しかし分子のサイズが小さかったり，細胞における量が少なかったりして，これまではなかなか検出されなかったのです。小粒で辛いスパイスのような，新しい多様なRNAの姿を見てみましょう。

10·1 RNAは翻訳・触媒・調節・生体防御など多様に働く

セントラルドグマの基本型（**図1·2(a)**）に登場するRNAは，具体的にはmRNAのことである。mRNAは，その塩基配列がアミノ酸配列に翻訳されポリペプチドを産生することから，翻訳RNA（coding RNA）ともよばれる。一方tRNAとrRNA（**1·4節**）は，分子遺伝学史の初期から舞台に上る主要な役者でありながら，翻訳はされずRNAが最終産物であることから，**非翻訳RNA**（non-coding RNA, ncRNA）に分類される。非翻訳RNAの遺伝子は**RNA遺伝子**とよばれるのに対し，mRNAの遺伝子は最終産物に名誉を譲って**タンパク質遺伝子**とよばれる（**2·3節**）。

RNAの多くはまず前駆体として転写され，その後加工される。RNAの加工には，一般に次の4タイプがある：

① スプライシング：真核生物のmRNAで見たように，中間部を抜き取られ再結合される（**5·4·3項**）。

② 複数の断片への切断：rRNAやtRNAの多くは，長い前駆体から複数の短い分子が切り出されることで成熟する（**図5·9**など）。

③ 主鎖の末端の化学修飾：やはり真核生物のmRNAで見たように，5′-, 3′-末端が修飾される（**5·4·1と2項**）。

④ 側鎖の塩基の化学修飾：tRNA や rRNA には標準的な 4 種以外の塩基も含まれている（6・2 節）。これらはメチル化・脱アミノ化・O から S への置換など，転写後修飾によってできる。tRNA の化学修飾は，遺伝暗号の翻訳の正確さに必須だと考えられる。なぜなら，設計図通りのタンパク質を作るためには，アミノアシル -tRNA 合成酵素がアミノ酸と tRNA の双方を厳密に識別しなければならないが，tRNA の化学的多様性はこの識別の特異性を高めるだろうからである。まれながら，**RNA 編集**（RNA editing）とよばれる mRNA の化学修飾もある。特定の位置のシトシン残基を脱アミノ化するかしないかで，機能の異なる翻訳産物が生成される例が知られている。

　ncRNA は，すでに本書のあちこちで登場した分子も含め多様であり，長く見逃されていたものも 20 世紀末頃から続々と発見された。ncRNA はまずそのサイズから，200 nt（nt は nucleotide の略。2・4 節 側注）未満の短鎖非翻訳 RNA（short ncRNA, sncRNA）と，それ以上の長鎖非翻訳 RNA（long ncRNA, lncRNA）の 2 つに分類されるが，この境の基準はやや任意である。また機能的には，およそ以下の 3 大群に整理できるだろう。

10・1・1　安定 RNA あるいは構造 RNA

　古典的な「老舗 RNA」である rRNA と tRNA は，mRNA より一般に寿命が長いことから**安定 RNA**（stable RNA）とよばれる。細胞質にあって，遺伝情報の翻訳にたずさわる（6 章）。このうち rRNA は，細胞の総 RNA 重量の 8 割以上を占め，物量的には断トツの多数派である。細胞内構造体であるリボソームの主要な建築素材であることから，**構造 RNA**（structural RNA）とよばれることもある。しかしこの名付けは，構造と機能が択一的な対立概念とされていた過去のなごりに過ぎず，rRNA も活発な機能をもつ。高等動物の rRNA には，5S, 5.8S, 18S, 28S の 4 種があり（図 6・4(b)），そのうち 5S rRNA の遺伝子はヒトゲノム上に約 2000 コピー，その他 3 種も合計で約 250 コピーある。

　そのうち 28S rRNA（原核生物では 23S rRNA）は，翻訳におけるペプチド合成のリボザイムである（6・4・2 項②）ことから，**触媒 RNA**（catalytic RNA）ともいわれる。なお，mRNA 前駆体のイントロン（5・3 節⑤）には，自分を切り出して mRNA を成熟させる酵素活性，すなわち自己スプライシング能があり，これも触媒 RNA である。tRNA の遺伝子は，ヒトゲノムにそれぞれ 10 〜 100 コピーあり，合計で 1300 コピーに上る。mRNA が RNA Pol II で転写されるのに対し，tRNA と 5S rRNA は Pol III で，その他の rRNA は Pol I で，それぞれ転写される（5・3 節②）。

10・1・2　核内 RNA

rRNA と tRNA が細胞質で働くのに対し，核の中で機能する RNA にも色々な種類があり，**核内 RNA**（nuclear RNA）と総称する。前項の構造 RNA に対比し，次の調節 RNA とともに**機能性 RNA**（functional RNA）とまとめられることもある。核内 RNA のうち核内低分子 RNA（<u>s</u>mall <u>n</u>uclear RNA，**snRNA**）は，スプライソソームの補助因子であり（5・4・3 項④），Pol II で転写される。一方，核小体低分子 RNA（<u>s</u>mall <u>n</u>ucle<u>o</u>lar RNA，**snoRNA**）は，核小体で rRNA の化学修飾に関与する因子で（5・5 節），Pol III で転写される。他に DNA 重合反応のプライマー（3・2 節）やテロメラーゼの補助サブユニット（3・5 節）も RNA であり，核内で DNA 複製の部分的な鋳型として働く。

10・1・3　調節 RNA

1990 年代から新たな RNA がたくさん登場してきた。鎖長が短かったり，サイズは大きくても量が少なかったりして発見は遅かったが，RNA の検出技術の進展などにより見つかってきた。遺伝子発現の調節に重要であることがわかり，**調節 RNA**（regulatory RNA）と総称される。遺伝子研究史の新たなステージの主役群であり，節を改めて見ていく。10・2 〜 4 節の 3 つは短鎖（sncRNA）で，RNA-RNA 塩基対形成によって標的分子に結合し，その活性を弱めるという共通点がある。10・5 節の RNA はもっと長い（lncRNA）。

タンパク質遺伝子のないゲノム領域は，20 世紀終盤まで**ジャンク DNA**（junk DNA，ガラクタ DNA）とか**遺伝子砂漠**（gene desert）とよばれていたが，21 世紀には，その大半で何らかの ncRNA が転写されていると判明した（12・1・1 項）。遺伝子間だけでなく，イントロンなど遺伝子内から読まれるものも多く，転写方向も順・逆両方向がある。真核生物のゲノムは，部品（タンパク質）の在庫目録を含むだけではなく，それら部品を条件に応じていつどこでいくら作り，どういう順番で組み立てて発生や成長を調節するかを指令する手順書の記録庫でもあり，かつて思われていた以上に情報が密に詰まっている。

10・2　マイクロ RNA は mRNA の翻訳能と安定性を操作する

1993 年に発見されたマイクロ RNA（<u>micro</u>RNA，**miRNA**）は，鎖長がたった 21 〜 23 nt の一本鎖 RNA（ssRNA，single-stranded RNA。2・2 節の dsDNA と同様）であり，特定の標的 mRNA と塩基対を形成して，翻訳を阻害あるいは分解を促進する。すなわち遺伝子発現の転写後調節（7・5 節）に働く分子である。ヒトゲノムには約 1500 個の miRNA の遺伝子座が存在しており，

これらがタンパク質遺伝子の少なくとも半分を制御していると考えられる。

ヒトとマウスの間でよく保存されている上，哺乳類だけでなく動物・植物・ウイルスなど幅広い生物界に存在する．miRNA は，2点のコンパクト性を備えている．まず分子が短いのでゲノム上で占領する領域が狭い点と，たった1分子で最大数百の mRNA を標的とする点である．遺伝子発現の調節因子として効率的であり，古くから研究されてきたタンパク質性の転写因子群（7・1節）に匹敵するほど重要なトランス因子かも知れない．

miRNA は，より長い前駆体から切り出される（図10・1）．この前駆体は，RNA Pol II（5・3節②）で転写され，キャップやポリ A 尾部（5・4節）を施された独立した転写産物であることもあるし，他の遺伝子のイントロンに含まれていることもある．前駆体には内部で相補的な配列が存在しているため，水素結合で部分的に対合し，ヘアピンループ構造（5・2・3項 側注）を形成する．この構造が Dicer や Drosha という RNA 分解酵素によって切断され，一本鎖の miRNA に成熟（5・3節⑤）する．成熟した miRNA は，特殊な Argonaute というタンパク質の一群に取り込まれて，RNA 誘導サイレンシング複合体（RNA-induced silencing complex, RISC）を形成し，細胞質を巡回して miRNA に相補的な標的 mRNA を捜す．Argonaute（アルゴノート）とはそもそも，ギリシャ神話で黄金の羊毛を探しに出航したアルゴ船の船員のことである．miRNA は標的 mRNA の 3′ 非翻訳領域（3′ UTR，2・3節）に，最低では 7 nt の一致で結合し，翻訳を阻害する．配列が全長で合致した場合には mRNA は分解されるが，対合がもっとゆるい場合は翻訳阻害にとどまる．この作用は触媒的で，RISC は巡回を繰り返す．

miRNA は，哺乳類の心臓・血球・筋肉などの分化や増殖の調節にも関与している．例えば，タンパク質性の転写因子 Hand2 は心室筋細胞の増殖に重要だが，miRNA の1つである *miR1* はその Hand2 の mRNA を抑制的に調節している．第2の例として，*miR181* はリンパ球（4・4節④ 側注：抗体）の前駆体の分化バランスに必須であり，マウスの細胞に人工的に導入すると，B 細胞を増加させ T 細胞を減少させる．第3に，ミオスタチン（myostatin）は TGFβ スーパーファミリー（9・2・2項）に属する分泌タンパク質で，筋前駆細胞の分裂を抑える負の制御因子として働く．オランダ原産のテクセル（Texel）ヒツジは，肉付きの良さで有名な品種だが，そのゲノムを解析したところ，ミオスタチン遺伝子の 3′ UTR 内の1塩基が置換していた．そのため，骨格筋にもともと大量に存在する miRNA である *mir1* や *mir206* の標的になり，ミオスタチン mRNA の翻訳が阻害されていた．この変異が，テクセル品種の肉付

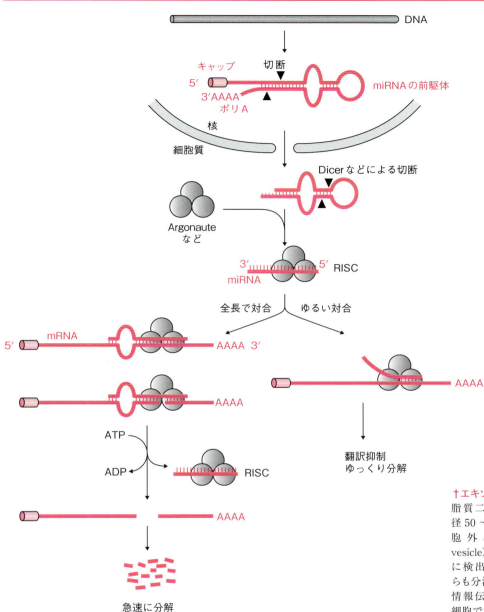

図 10・1　miRNA の働き

きが良い理由だと判明した。

　他にも miRNA は，アポトーシス（4・1節 側注）・血球の分化・代謝・皮膚の形態形成・神経の発生など，さまざまな生命現象に関わる。またがん細胞では染色体の重複・欠失・転位が起こる場所に存在し，**エキソソーム**[†]による分泌を通じて，がんの発症や転移にも深く関わるらしい。

[†] **エキソソーム (exosome)**：脂質二重層からなり，直径 50〜150 nm 程度の細胞外小胞 (extracellular vesicle)。血液など体液中に検出され，培養細胞からも分泌される。細胞間の情報伝達に使われ，標的細胞で様々な生理的変化を引き起こす。表面膜には特異的タンパク質が埋め込まれ，内腔には miRNA や mRNA などが包み込まれている。特にがん細胞は正常細胞より多く放出し，微小環境の構築や転移などに働いているらしく，診断のバイオマーカーや転移抑制の創薬などへの応用が期待されている。

10・3　生体防御に役立つ RNA 干渉は遺伝子工学の技術にも応用される

前節に登場した Dicer や RISC などの分子装置は，遺伝子発現の調節だけでなくもう1つ，ウイルスやトランスポゾン（詳しくは**次章**）に対する生体防御という機能も果たしている。細胞外から感染するウイルスや，ゲノム内を転位するトランスポゾンは，細胞を撹乱し場合によっては破壊する自己増殖体である。これらの多くは，少なくとも一時的に長い二本鎖 RNA（dsRNA，<u>d</u>ouble-<u>s</u>tranded RNA，**2・2節**の dsDNA と同様）を生じる。動植物を含む多くの真核生物は，この dsRNA を認識して 21 〜 23 bp の短鎖を切り出し，この dsRNA と相補的な配列をもつ mRNA を阻害する（**図 10・2 左**）。この現象を RNA 干渉（RNA <u>i</u>nterference，**RNAi**）といい，またこの短い二本鎖 RNA を低分子干渉 RNA（<u>s</u>mall <u>i</u>nterfering RNA，**siRNA**）という。

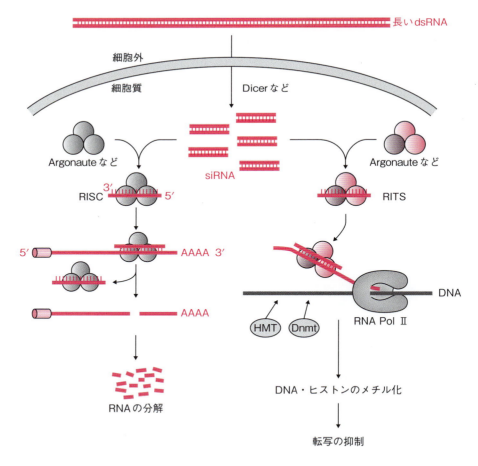

図 10・2　siRNA による RNA 干渉

RNAiは最初，遺伝子工学の実験技術として認識された．すなわち，植物・酵母・線虫・昆虫・哺乳類などの細胞に，外から人工的なdsRNAを注入すると，それと同じか似た配列のmRNAが分解された．これは遺伝子を**ノックダウン**（10·7節）してその機能を解析する実験的手法として発展した．

RNAiには，miRNAの加工と共通のタンパク質群が関わっている．すなわち，細胞内に出現したdsRNAをDicerが短く切断し，生成されたsiRNAにタンパク質複合体のRISCが引き寄せられ，miRNAと同様に組み込まれて一本鎖になり，相補的な外来標的RNAを認識して分解する．これを触媒的に繰り返して攻撃を続ける．したがってsiRNAはmiRNAとよく似ているが，前駆体と抑制様式の2点で違っている．第1に，miRNAは前駆体ssRNAのヘアピン構造から切り出されるのに対し，siRNAはもっと長いdsRNA前駆体から多数が切り出される．なお，miRNA前駆体がすべて内在性であるのに対し，siRNAは従来みな外在性だと思われていたが，酵母や植物に続き哺乳類でも内在性siRNAが発見され，それらはendo-siRNAと名付けられた．第2に，siRNAは標的RNAとの相補性が完全で，すべて分解するのに対し，miRNAは相補性が部分的で，標的mRNAの翻訳を抑制するにとどまる場合が多い．

生物によっては，RNAiを増幅するような追加的機構を備えたものもある．この場合，RNA依存性RNAポリメラーゼがsiRNAを鋳型として増幅するので，当初のsiRNAが分解されたり希釈されたりしてもRNAiは継続する．さらには細胞分裂後の子細胞にも継承されることがある．植物などではさらに，RNA断片が細胞間を移動し，RNAi活性が組織から組織へと広がる．数個の細胞のウイルス感染で，植物体全体がウイルス耐性になる．RNAiは，侵入してくる異物に特異的な攻撃分子（siRNA）の生産が誘発されて宿主が守られるという意味で，抗体（4·4節④側注）が攻撃分子となるヒトの適応免疫†と相似的である．

siRNA干渉には，標的RNAを破壊するだけでなく，そもそも標的RNAの合成を阻害する場合もある（図10·2右）．この場合siRNAは，RISCとは異なるRNA誘導転写サイレンシング複合体（RNA-induced transcriptional silencing, **RITS**）を形成し，RNA Pol IIから出かけのmRNAに対合する．その結果HMT（8·4·1項）やDnmt（9·5節）を招き寄せて，クロマチンを化学修飾することによって，転写自体を抑制する．

10·4　パイRNAは生殖系列でトランスポゾンに対抗する

短鎖RNA（sncRNA）が遺伝子発現を調節する第3の系として，パイRNA

† **適応免疫**（adaptive immunity）：**獲得免疫**（acquired i.）ともいう．脊椎動物の生体防御機構には3段階ある．1）皮膚の角質や気管の繊毛運動など表面（上皮）の非特異的防壁（barrier）．2）**補体**（14·2·2項②側注）やナチュラルキラー細胞（NK細胞）などが働く**自然免疫**（innate i.）．そして3）適応免疫である．2）と3）を合わせて**免疫系**（immune system）という．適応免疫には，抗体の働く**体液性免疫**とT細胞が働く**細胞性免疫**（4·4節④側注）が含まれる．自然免疫では，あらかじめ備わった受容体で外敵をパターン認識するのに対し，適応免疫では最初に遭遇した外敵に合わせた特異的な抗体やTCRが誘導されて機能する．

（piwi-interacting RNA，**piRNA**）がある．piRNA は 24〜31 nt の一本鎖 RNA（ssRNA）であり，動物の生殖細胞系列にほぼ特異的に存在し，遺伝子発現の抑制に関わる．ショウジョウバエでは rasiRNA（repeat associated small interfering RNA）とよばれる．piRNA の大部分はトランスポゾン（次章）の塩基配列の断片からなり，その主な機能はトランスポゾンの過剰な活性を抑制することにある．活発なトランスポゾンがゲノム内を転位すると，遺伝子の機能を妨げ，遺伝性疾患やがん（14・3 節）を誘発することがあるので，この piRNA の機能は重要である．

ヒトゲノムには piRNA が合計 15,000 以上もあると見積もられており，89 個の大きなクラスターとして分散している．各クラスターは，10〜75 kb の長さで，平均 170 個の piRNA を含む．piRNA の前駆体は，Dicer（10・2 節）とは別のしくみで分割されて短い一本鎖 piRNA に成熟し，Piwi というタンパク質と複合体を形成する．Piwi は，miRNA や siRNA と結合する Argonaute と近縁だが，別のタンパク質である．この複合体は，siRNA の場合と同じように標的 RNA を探し出してすべて分解する．

以上 3 つの sncRNA のカテゴリーについて，分布の広さから考察すると，生物進化の中でまず生体防御用に siRNA のしくみが誕生し，次にそれが遺伝子発現の調節機構に組み込まれて miRNA が生じ，さらに動物だけに piRNA が出現したのではないかと推察される．

10・5　長鎖非翻訳 RNA は X 染色体不活性化をはじめさまざまに機能する

以上の 3 つより鎖の長い非翻訳 RNA も，2002 年以来たくさん見つかっている．鎖長が 200 nt 以上の ncRNA を長鎖非翻訳 RNA（long noncoding RNA，**lncRNA**）と定義する（10・1 節）．発現量は少なく，mRNA の 1 割程度しかないが，培養細胞や組織の全 RNA を網羅的に配列決定する技術が向上してから，微量な分子も検出されるようになり，総数はどんどん増加した．lncRNA の数は生物種によって大きく異なり，生物が高等であればあるほど多い傾向がある．2015 年の報告では，ヒトゲノムに 58,000 の lncRNA 遺伝子があり，その転写産物の総数は 17 万種類を超えるとされていた*注．

lncRNA の大半は RNA Pol II によって転写される．5′ キャップと 3′ ポリ A 尾部も付加され，多くはスプライシングも受けている．しかしその機能が判明したものはごく少ない．このため懐疑的な見方からは，高等生物における遺伝子発現調節の複雑な過程で生じるノイズのような副産物か，大昔にゲノムに寄生したウイルス（11・3 節）の遺伝的遺物に過ぎないだろうと推測されている．

＊注：lncRNA からタンパク質は翻訳されないと考えられていたが，ショウジョウバエ・線虫・マウスなどの lncRNA からペプチドが翻訳され，しかも生理的調節機能を発揮することが，近年報告されだした．もともと lncRNA 配列には 100 aa 以下の短い **ORF**（p82 側注）が多く含まれているが，膨大な RNA を一律な判定基準で"noncording"と分類していた．ところが微量のペプチドを検出する実験的手法により，一部の lncRNA で翻訳産物が見いだされた．

ncRNA の多くには実質的な役割がなく，木造家屋の建設で副生するカンナ屑のようなものかも知れない。

そのような中で，役割が明確になっている lncRNA の数少ない例に，X 染色体不活性化特異的転写産物（X inactivation specific transcript, **Xist**, イグジスト）がある。Xist は，8 個のエキソンからなる鎖長約 17,000 nt の大きな RNA 分子である。哺乳類の体細胞は，雌と雄で性染色体の構成が異なり，雌には X 染色体が 2 本あるのに対し，雄には 1 本しかない（1・5 節）。X 染色体は 1000 個以上の遺伝子を載せる大きな染色体で，常染色体と同様に雌雄を問わず不可欠な遺伝子を大量に含むのに対し，雄のもう一本の Y 染色体は小さく，性決定に関わる *SRY* 以外はわずかな遺伝子しかなく，不均等である（図 1・10）。一般に，染色体の遺伝子産物の比率は適正になるよう綿密に制御される必要があり，そのような制御を **遺伝子量補償**（gene dosage compensation）という。哺乳類では，雌雄間不均衡を補償するため，雌の体細胞の 2 本の X 染色体のうち片方を不活性化している。この現象を **X 染色体不活性化**（X-inactivation）とよぶ。

X 染色体不活性化は，雌の初期胚で内部細胞塊（9・3 節③）の万能性細胞が分化し始める時期に始まる（図 10・3）。各細胞の 2 本の X 染色体のうち片方の *Xist* 遺伝子だけが発現する。転写された Xist は，不活性化のシス因子（7・1 節）としての作用がその染色体全体に波及し，クロマチン修飾酵素や再構成複合体を引き寄せ，高度に凝集したヘテロクロマチンを形成し，転写を不可逆的に抑制（silencing）する（9・5 節）。ただし *Xist* 遺伝子自身を含む約 1 割の遺伝子だけは，活性なまま残される。母性（卵由来）・父性（精子由来）の X 染色体は，最初ランダムな細胞で 5 割ずつ不活性化されるが，その後は細胞分裂を繰り返しても子細胞にそのまま継承される。個体の成熟後も寿命の最後までランダムなパターンは維持されるので，哺乳類の雌の身体はこの意味でキメラだといえる。例えば黒・白・茶色の三

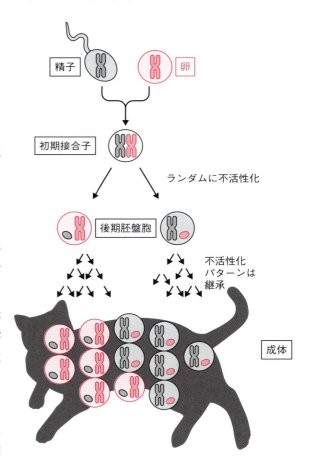

図 10・3　X 染色体不活性化の継承

毛猫の模様もXistの作用による。雌猫のX染色体の不活性化は，後期胚盤胞の段階でランダムに起こるため，可愛いペットの三毛猫が死亡した後，たとえ遺体に残った生細胞から体細胞クローン（**8・2節 側注**）を作出しても，三毛の模様がまったく異なる猫が出生してしまう。X染色体不活性化は，クロマチン変化のエピジェネティックな継承（**9・5節**）にlncRNAが関与する例でもある。ただしXistが単独で引き起こす現象ではなく，最終的にはヒストン修飾とDNAメチル化を経る。

なお，lncRNAの作用は，このように染色体全域を一斉かつ不可逆的に不活性化する劇的な現象だけではなく，特定の遺伝子の抑制に機能する例も報告されている。前出の刷り込み（**9・6節**）にもlncRNAが関与している。また，遺伝子の相補鎖からアンチセンス鎖（**5・2節**）として転写され，当該mRNAの安定性（寿命）や翻訳能を制御することもある。

10・6　クリスパー／キャス系はウイルスに対する細菌の適応免疫機構である

短鎖非翻訳RNA（sncRNA）が活躍するのは真核生物だけではない。原核生物でも幅広く，sncRNAが生体防御機構として働いていることが最近わかってきた。その機構は**クリスパー／キャス系**（CRISPR/Cas system）とよばれ，捜索者（seeker）役のsncRNAと殺し屋（killer）役のタンパク質とが協力して作動する。過去に侵入したウイルスの情報を記憶して，その後も継続的に攻撃することから，脊椎動物の適応免疫系にたとえられる。

捜索者役のRNAはクリスパーRNA（**crRNA**）とよばれる。crRNA発見の発端は，大阪大学助教授の石野良純（現 九州大学教授）が大腸菌ゲノムに発見した風変わりな座位にある。この座位では，宿主の21〜40 bpの反復配列の間に，過去に感染したウイルスなどに由来する20〜58 bpの多様な外来配列が組み込まれている（**図10・4①**）。この繰り返し配列が**クリスパー**（clustered regularly interspaced short palindromic repeat, CRISPR）と名付けられた。繰り返しの回数は細菌・古細菌の種類によって2〜124回と多様で，ゲノム中の座位の数も1〜18コピーとさまざまである。全ゲノム配列が解読された細菌の5割，古細菌の8割に，このクリスパー座位が見つかっている。

ウイルスが感染した菌のうち，破壊をまぬがれて生き延びた細胞では，crRNAが捜索者の役割を務め，殺し屋役の**キャス**（CRISPR-associated protein, Cas）というタンパク質と協力し，3段階で防御機能を果たす：

① **獲得**（adaptation）：外来ウイルスDNAが30 bp程度の短い断片に分解されて，宿主ゲノムのクリスパー座位に組み込まれる。新来DNAはこの座位の

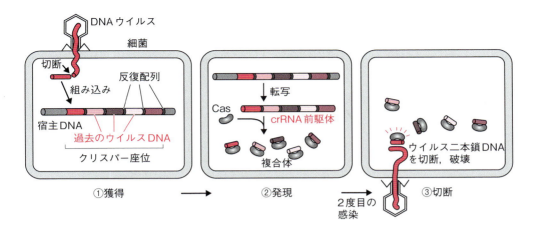

図 10・4　クリスパー RNA による免疫の 3 段階

必ず 5′ 側に追加されるので，過去の感染歴が時系列で記録されることになる。

② **発現**（expression）：ゲノムに記憶されたのと同じ配列をもつ DNA ウイルスが侵入すると，その座位から長い前駆体 RNA が転写される。前駆体が切断されて約 30 nt の短い crRNA が複数できる。この crRNA は Cas タンパク質と複合体を形成する。Cas は，sncRNA と協働する機能の面では Argonaute（**10・2 節**）や Piwi（**10・4 節**）と似ているが，構造的には異なる。

③ **切断**（interference）：crRNA/Cas 複合体が外敵 DNA を捜索する。相補的な標的 DNA を見つけ出すと結合し，Cas のヌクレアーゼ活性で分解する。*cas* 遺伝子はクリスパー座位の近傍にクラスターをなしているのが見つかり，*cas1* ～ *cas10* など番号付きで命名されている。そのうちゲノム編集の応用技術として利用されているのは，もっぱら *cas9* である（次節）。

　この現象は，外敵の情報を体内に取り込んで次の攻撃に対処することから，動物の適応（獲得）免疫を利用した**ワクチン接種**†にもたとえられる。また，ゲノムのクリスパー座位は子細胞に継承されるので，原核生物ではラマルク流の**獲得形質の遺伝**（**9・6 節**）が起こるといえる。

10・7　クリスパー / キャス系はゲノム編集の最有力手法である

　原核微生物のクリスパー / キャス系は本来ウイルスを標的としているが，その crRNA の認識塩基配列を人為的に取り替えれば，動植物の特定の遺伝子をねらって操作する手段にできる。実際そのような応用が爆発的に広がっている。一般に，遺伝子の欠失や置換などの改変を受けた動植物を**遺伝子導入生物**（transgenic organism）という。遺伝子導入生物を作り出すには，まず *in*

†**ワクチン接種**（vaccination）：病原体に対する**適応免疫**（**10・3 節 側注**）を与える目的で投与される，抗原（**4・4 節④ 側注：抗体**）を含んだ製剤。牛痘を用いた天然痘ワクチンが最初で，雌牛の意のラテン語 vacca が語源。この抗原は，弱毒化した病原体の場合（生ワクチン）と，その構成成分の場合（不活性化ワクチン）がある。**免疫療法**（immunotherapy）のうち，患者や病獣の免疫系を活性化させる能動免疫であり，抗血清（特異的な抗体を含んだ血液の液体成分）を投与する血清療法などの受動免疫と対比される。ただし最近はこの 2 タイプに限らず，免疫細胞を直接活性化・抑制する新しい免疫療法も開発されている（**14・3 節**）。

vitro（3・2節 側注）でDNA分子を合成し，次にこれを細胞に導入して，*in vivo*で機能させる．細菌や酵母など単細胞生物の多くでは，細胞自身が相同組換え（4・3・3項②）の装置をもつおかげで，宿主ゲノム上のねらいの場所に高頻度で置き換えることができるが，動植物では通常，部位を選ばずランダムに挿入されてしまう．ねらい通りの組換え体（recombinant）を得るためには，多数の母集団から選ぶスクリーニング（screening）を経なければならない．

改変遺伝子をねらい通りの標的遺伝子に置き換えることを**遺伝子ターゲティング**（gene targeting）という．そのうち，標的の正常遺伝子を完全に不活性化することを**ノックアウト**（knockout），活性をある程度低下させることを**ノックダウン**（knockdown）とよび，また外から遺伝子やその他のDNA断片を導入することを**ノックイン**（knockin）という．遺伝子ターゲティングのうち，部位特異的なヌクレアーゼ（4・4節③）を用いる方法が**ゲノム編集**（genome editing）と名付けられた．ゲノム編集のツールとして2タイプの手法が開発された．まず開発されたのは，標的DNA配列を認識するドメインとDNAを切断するヌクレアーゼドメインとを連結して人工タンパク質を作製する手法である．これには**ZFN**（<u>z</u>inc-<u>f</u>inger <u>n</u>uclease）を用いる第1世代と，**TALEN**（<u>t</u>ranscription <u>a</u>ctivator-<u>l</u>ike <u>e</u>ffector <u>n</u>uclease）を使う第2世代のツールがあるが，これらは人工酵素の作製が煩雑である．

これらに対し，標的配列の認識にはRNAを用いる独創的な手法が開発された．このRNA誘導型ヌクレアーゼの手法が，第3世代ゲノム編集としての**クリスパー/キャス9**（Cas9）であり，2012年の発表以降，最も広く使われ出した（図10・5）．このツールは，Cas9ヌクレアーゼと案内役の単鎖ガイドRNA（single guide RNA, **sgRNA**）の2要素からなる．sgRNAとは，標的DNAに相補的に結合するよう設計したcrRNAと，その足場となるtracrRNA（<u>trans-activating</u> <u>crRNA</u>）をリンカーで1本につないだ分子である．一般の研究者・技術者は，標的の短い塩基配列を特定し，sgRNAを人工合成する業者に発注する．業者はそのsgRNAとCas9の遺伝子を挿入したプラスミドを作製し，発送する．受け取った研究者はこれをES細胞（8・1節 側注，9・3節③）など目的の細胞に導入すれば，ゲノムDNAのねらった場所にsgRNAがCas9を正確に差し向けて，二本鎖切断（<u>d</u>ouble <u>s</u>trand <u>b</u>reak, **DSB**）を起こす．DSBの起こった部位は，細胞に本来備わっている非相同末端連結（NHEJ，4・3・3項①）で修復されるが，欠失・挿入・フレームシフト（4・2節）などのエラーが伴うため，遺伝子がノックアウトされる．また，外来遺伝子を共導入すれば，相同組換え（HR，4・4節①）による修復でノックインも可能である．

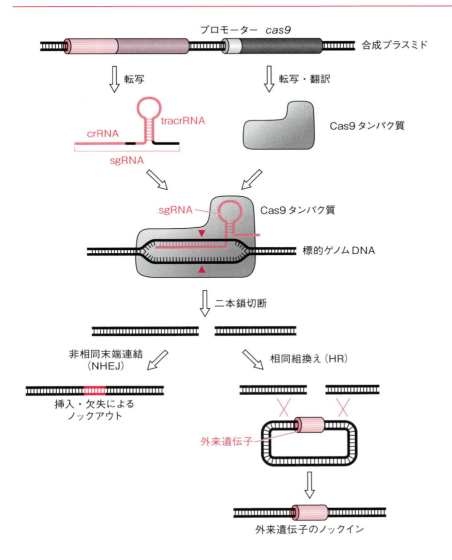

図10・5　クリスパー/キャス9によるゲノム編集

　クリスパー/キャス9は，農業・畜産・養殖など一次産業の他，遺伝子治療など医療をも革新できる画期的なバイオ技術として期待されている。

11. 動く遺伝因子とウイルス
― 越境するさすらいの吟遊詩人 ―

　遺伝子の発現が活発で動的な過程であるのに対し，遺伝情報自体は安定で静的な性格なのが基本です。ところがヒトゲノムの全体像が明らかになると，驚いたことにその半分近い領域が可動性の因子で占められていました。動く遺伝因子は，宿主の利益に無関心のように見えます。これらはまた，人類や動植物に対する病原体として知られるウイルスとも関係があります。ここではウイルスとその関連因子も見ておきましょう。

11·1　トランスポゾンはゲノム内を転位するDNAである

　ひとまとまりのDNA単位が，ゲノム内のある場所から別の場所へ移動する遺伝的組換えを**転位**（transposition）といい，その移動DNA単位を転位性遺伝因子（transposable genetic element）あるいは簡潔に**トランスポゾン**（transposon）とよぶ。転位には2つの様式がある。1か所から切り出されて別の場所に挿入される**保存型転位**（conservative t.）では数は増えないのに対し，元の場所にはそのまま残ったうえコピーが別の場所に挿入される**複製型転位**（replicative t.）では数が増える。ワープロの編集操作になぞらえると，前者は**切り貼り式**（cut and paste），後者は**コピーアンドペースト式**（copy and paste）といえる。いずれもDNA組換え（4·4節）の過程を含み，ゲノムが局所的に再編成される。

　トランスポゾンは数百〜数万bpの長さで，自分自身の移動を触媒する酵素の遺伝子を含み，自律的に移動する能力を備えているのが基本である[*注]（図11·1）。その酵素はトランスポゾン自身の両端にある特異的配列に作用して，新たな標的部位にトランスポゾンを挿入する。ほとんどの場合，標的部位の選択性は低いので，ゲノムのさまざまな場所に入り込める。

　トランスポゾンは，細菌からヒトまでほとんどの生物に存在する。転位す

[*注]：非自律型のSINEについては，**12.1.3項③**を参照。

11·1 トランスポゾンはゲノム内を転位するDNAである

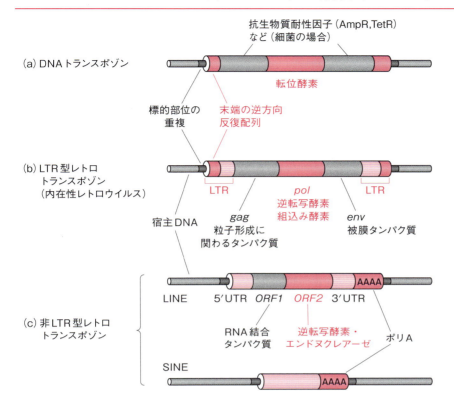

図11·1 3種類のトランスポゾン

る頻度はあまり高いわけではなく，細菌では通常，DNA複製10万回あたり1回程度である．あまり頻度が高いと，宿主細胞のゲノムが破壊されて子孫が存続できないためだろう．とはいえ生物の自然突然変異の要因のうちで大きな割合を占めている（4·1節）．宿主にとって迷惑でしぶとい寄生分子であり，その移動によって正常な遺伝子が破壊されることが多い．しかし一部には有益なものもあり，自然選択の原資として適応的な進化に寄与することもある（13·3節）．

トランスポゾンは植物で特に影響が顕著であり，最初に発見されたのもトウモロコシのまだら模様が生じるしくみを調べる研究による．江戸時代に日本でさかんに育種されたアサガオの品種も，トランスポゾンで形・色・模様が変化する．例えばそのうち雀斑変異は，アントシアニン合成酵素の遺伝子がトランスポゾン挿入で壊されて生じる．これらはDNAのメチル化で固定され，脱メチル化で可動化される（9·5節）．

トランスポゾンは哺乳類の進化にも多大な影響を及ぼしてきたし，現在でもヒトゲノムに大量に残っている（12·1·3項）．ただし進化の過程でそれらの塩

基配列にはランダムな突然変異が蓄積し，大部分は動けない「化石」に変化している．

トランスポゾンには，次の11·1·1〜3項の3タイプがある．

11·1·1　DNA トランスポゾン（DNA transposon）

切り貼り式の転位を行う因子で，移動過程の最初から最後までDNAのまま存在することからこう名付けられた（図11·1(a)）．細菌ではこのタイプが主である．転位に際してまず，**転位酵素**（transposase）が両端の逆方向反復配列に結合し，両末端を引き寄せて複合体を形成する（図11·2）．そのDNA鎖2か所の切断が同時に起こり，トランスポゾンが切り出される．次にこの環状の複合体は受容側DNAに移動する．トランスポゾンDNAの3′-OH末端2つは，それぞれ受容側DNA二本鎖のホスホジエステル結合を求核攻撃し（3·2節 側注），同時に共有結合する．ただし二本鎖の切断箇所は2〜9 ntだけずれているため，一時的に短いギャップが生じるが，宿主の修復DNA Pol（4·3·2項）で埋められた上で連結される．これにより，挿入されたトランスポゾンの両端には，新たな短い同方向反復配列が追加される．一方，元のDNA領域にも「穴」が生じている．こちらは，「お手本」（相同二本鎖DNA）のあるときは組換え修復（4·3·3項②）で，ないときは非相同末端連結（NHEJ，同①）で再連結される．NHEJの場合は厳密な復元にはならず，突然変異が残る．

この切り貼り式転位と同じしくみが，脊椎動物の免疫系でも働いていることが判明した．抗体やT細胞受容体の多様性を生み出すゲノム再編成（4·4節④）で利用されている．生物界の歴史上で新しいこの免疫系の再編成のしくみ

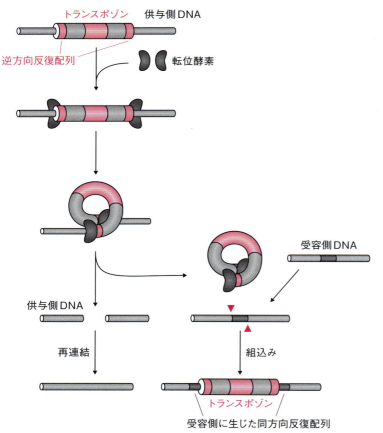

図11·2　切り貼り式の転位

は，古来の細菌のDNAトランスポゾンから進化したらしい．また，DNAトランスポゾンの起源は，DNAウイルス（11・3節）ではないかと推察されている．

11・1・2　LTR型レトロトランスポゾン（LTR retrotransposon）

RNA中間体を経てコピーアンドペースト式の転位をするトランスポゾンを広く**レトロトランスポゾン**（retrotransposon, 別名**レトロポゾン**†）というが，そのうち両端に同方向の長い末端反復配列（long terminal repeat, **LTR**）を含むものをこうよび，LTRを含まない**次項**と区別する．別名**ウイルス様レトロトランスポゾン**（viral-like r.）ともよぶ．酵母から昆虫や哺乳類まで様々な生物に存在する．**前項**の転位酵素と相同な**組込み酵素**（integrase）とともに**逆転写酵素**（reverse transcriptase）の遺伝子も含む（図11・1(b)）．逆転写とは，RNAを鋳型にしてDNAを合成する反応である（表5・1）．また両端のLTRの中には，**前項**と同様の逆方向反復配列も含まれる．

† **レトロポゾン**（retroposon）：多義的な言葉で，混乱を招きやすい．(1) 本文にあるように，**本項**（LTR型）と**次項**（非LTR型）の総称として使う場合は，「トランスポゾン」という語は**前項**（DNAトランスポゾン）だけに用い，総称とはしない．(2) もっと狭義には**次項**だけを指し，「レトロトランスポゾン」という語は**本項**だけに限定して，両者を対照する．(3) 逆にもっと広義には，**本項**・**次項**の他にレトロウイルス（11・3・2項）まで含めた総称として使う．巻末の著名な文献のうちでもこの3通りの使い方が混在し，そのためかえってこの語を排除した文献さえある．

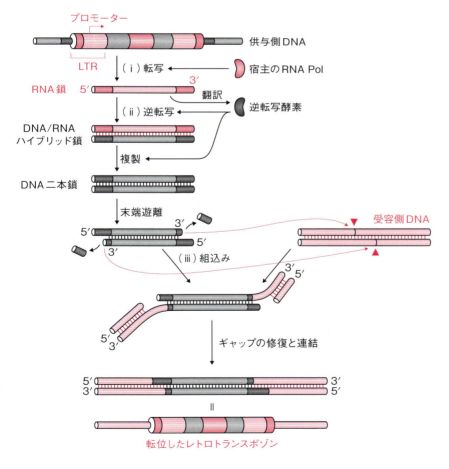

図11・3　コピーアンドペースト式の転位

転位に際してまず，(i) 上流側 LTR 内にあるプロモーターに宿主細胞の RNA Pol（5・2 節）が結合し，ほぼ全長が RNA に転写される（**図 11・3**）。この転写産物が mRNA として宿主のリボソームで翻訳され，逆転写酵素が作られる。(ii) 次にこの酵素は，同じ転写産物を鋳型にして DNA を合成し，まず DNA/RNA ハイブリッド中間体を形成する。そしてさらに DNA 二本鎖に変換する。(iii) この DNA を，組込み酵素が受容側 DNA に組み込む。(iii) の過程は，酵素の構造と機能やギャップの修復と連結のしくみまで含め，**前項**の DNA トランスポゾンの挿入過程と似ている。また (ii) + (iii) の過程は，レトロウイルス感染の初期過程とそっくりである。

実際このタイプのトランスポゾンは，その進化的起源がレトロウイルス（11・3・2 項）であり，**内在性レトロウイルス**（<u>en</u>dogenous <u>r</u>et<u>ro</u>virus, ERV）とも称される。ヒトゲノムにも多く，**HERV**（<u>h</u>uman ERV）とよばれる（**表 12・1**）。ただしレトロウイルスの 3 要素（*ga, pol, env*）のうち *env* 遺伝子が不完全なものもあり，LTR 型レトロトランスポゾンと言い換えられることもある。

11・1・3　非 LTR 型レトロトランスポゾン（non-LTR retrotransposon）

移動の過程で RNA 中間体を経る点は LTR 型（**前項**）と共通だが，両端に LTR を含まない。また，LTR 型のほか DNA 型（11・1・1 項）にもあった逆方向反復配列もない代わり，特徴的な非翻訳領域（UTR，2・3 節）があり，特に 3′ UTR の下流には A＝T 塩基対が連なる。これをポリ A 配列（poly-A sequence）とよび（5・4・2 項），このトランスポゾン自体もポリ**A**レトロトランスポゾン（poly A r.）という。さらに，受容側 DNA への組込み様式も異なり，**非ウイルス型レトロトランスポゾン**（nonviral r.）ともよばれる。このトランスポゾンは 2 つの遺伝子を含む（**図 11・1 (c)**）。一方の *ORF1* は RNA 結合タンパク質をコードし，他方の *ORF2* は逆転写酵素とエンドヌクレアーゼ（3・3 節 側注）の両活性を兼ね備えた二機能酵素（3・3 節）をコードする。この酵素は，11・1・1 項の転位酵素や**前項**の組込み酵素と相同ではない。

転位に際してまず，(i) 宿主の RNA Pol がトランスポゾンを転写する（**図 11・4**）。プロモーターは 5′ UTR 内にあるが，最上流のヌクレオチドから転写するよう指示できる。生成された mRNA は細胞質に移動し，ORF1，ORF2 の両タンパク質に翻訳される。2 つのタンパク質は合成直後に自身の mRNA に結合する。(ii) こうしてできた複合体は核に戻ってゲノム DNA に結合する。その DNA 上で T がたくさん並んだ領域に，ORF2 がもつヌクレアーゼ活性で

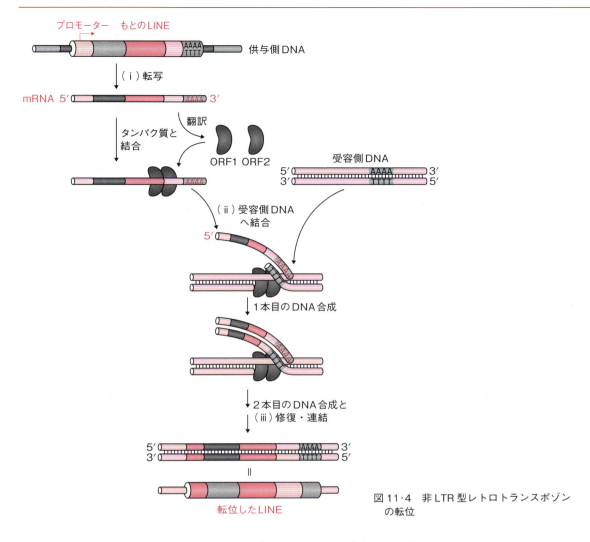

図11・4 非LTR型レトロトランスポゾンの転位

切れ目が入れられる。そこにポリA配列が対合し，Tの豊富なDNA鎖の3′末端がプライマーとなって逆転写が起こる。こうしてできたDNA/RNAハイブリッド鎖が，さらにDNA二本鎖に変換される。(iii) 他端も標的DNA鎖に連結され，すき間も修復されて，組み込みが完成する。

ヒトのLINEやSINEなど，脊椎動物ゲノムに大量に散在する反復配列の多くも，このタイプのトランスポゾンである（12・1・3項参照）。ただしその大部分は変異を含んでいたり断片化したりしていて転位能力を失っているが，ごく一部は活性を保っており，病気の原因になるものもある（14章）。

11・2　遺伝因子の移動現象はトランスポゾン以外にもいろいろある

遺伝子は一般に親から子へ伝わる（1・5節）。すなわち，細胞分裂を経て親

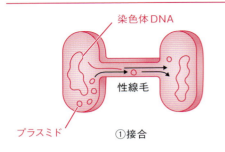

①接合

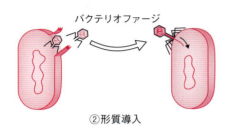

②形質導入

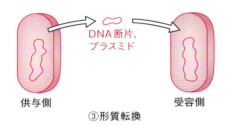

③形質転換

図 11·5　3 種類の遺伝子水平伝播

†性線毛（sex pilus）；主にピリンとよばれるタンパク質がらせん状に並んでできた中空の構造体。長さ 2〜20 μm，外径 8〜13 nm，内径 2 nm。「性」の語は，DNA の供与菌を雄，受容菌を雌の性現象に見立てることによる。しかし元来接合とは，繊毛虫類や藻類など真核生物の有性生殖に関わる用語であり，細菌の接合はそれらとはまったく異なる現象である。

細胞から子細胞へ伝わり，ある世代の個体から次の世代の個体に伝わるのが通常である。ところが広い生物界では，親子関係にない個体間や別種間で伝わる現象もある。これを遺伝子の**水平伝播**（lateral gene transfer あるいは horizontal transmission）とよび，親から子への**垂直伝播**（vertical g. t. あるいは v. t.）に対比される。このような水平／垂直伝播は，もともと病原体の感染について言われた対概念であり，それを遺伝子の伝播になぞらえた。遺伝子の水平伝播は，原核生物にはありふれた現象であり，菌によってはそもそも外来 DNA を取り込むしくみが細胞膜に備わっている。取り込まれた DNA は，細胞質のプラスミド（2·4 節）にとどまる場合の他，組換えでゲノムに挿入される場合もある。例えば大腸菌は，過去 1 億年の間に 234 回以上の水平伝播を受け，ゲノムの 18% は他種から獲得した。これに対し真核生物ではずっと稀であり，細胞膜に DNA を取り込むしくみも存在しない。動植物に寄生する微小動物や真核微生物などには，水平伝播の裏付けられた遺伝子が少数ながらあるが，高等生物では，主張されるたびに否定される事例が続いている。

細菌における遺伝子の水平伝播には，次の 3 つのしくみがある（図 11·5）：

① **接　合**（conjugation）：2 つの細胞が**性線毛**†とよばれる細い管で物理的に接触し，一方から他方に DNA を移送する現象（4·4 節①）。伝播する DNA は，染色体の一部やプラスミドに挿入された最大 1 MB 程度までの断片の場合がある。

② **形質導入**：バクテリオファージなど細菌に感染するウイルスは，自分自身の遺伝子だけでなく，元の細胞のゲノムに由来する DNA を 50 kb 程度まで受容側の細胞に運び入れることもある（1·3 節）。

③ **形質転換**：供与菌から環境に放出された DNA 断片やプラスミドを取り込む（同 1·3 節）。サイズはほとんど 50 kb 未満である。遺伝子工学では，細胞に遺伝子を運び込むベクター（vector）として，③のプラスミドや②のファージが用いられる。

これら細胞間や一細胞内のゲノムを移動する DNA 因子を広くまとめて，**動く遺伝子**†と総称することがある。動く遺伝子によって病原因子や抗生物質耐性因子が水平伝播しうることが，医療で深刻な問題である。例えば腸管出

血性大腸菌 O-157 株では，総遺伝子数 5361 個のうち約 1700 個が外来の遺伝子であり，赤痢菌由来の志賀毒素遺伝子なども含む。それら病原遺伝子は染色体ゲノム上でクラスターをなしており，病原アイランド（島）とよばれている。また，感染症の治療薬である抗生物質を分解したり修飾したりする因子の遺伝子は，プラスミドに乗って短期間に獲得され，染色体 DNA に組み込まれることもある。複数の抗生物質耐性因子がいっしょに伝播すると，**多剤耐性菌**（multi-drug resistant bacterium，複数形は m. -d. r. bacteria）が生じる。20 世紀半ばにペニシリンやストレプトマイシンなどの抗生物質が開発されると，感染者や死亡者の数がどんどん減っていった。しかし耐性因子の水平伝播により次々に耐性菌が現れた。人類が新しい抗菌薬を開発するたびに細菌側にも新たな耐性菌が生じ，競争になっている。医療や畜産・養殖などで，抗生物質の過剰な予防的使用を差し控えることが重要である。

　ゲノムの再編成を起こす組換えのしくみには，11・1 節で述べた転位以外にもう 1 つあり，保存型部位特異的組換え（<u>c</u>onservative <u>s</u>ite-specific <u>r</u>ecombination，**CSSR**）という（4・4 節③，図 11・6）。トランスポゾンによる転位が，特定の塩基配列の部位から非特定配列部位へ移る現象であるのに対し，CSSR は，2 つの特定配列部位の間で起こる組換えである。図の通り，組み込み・切り出し・逆位の 3 種類の単純な過程がある。CSSR の代表的な例に，サルモネラ菌におけるべん毛†遺伝子の制御がある。脊椎動物に感染するこの病原菌では，べん毛を構成するフラジェリンをコードする遺伝子に *H1* と *H2* の 2 つがある。*H2* 遺伝子のすぐ下流には，*H1* 遺伝子を抑制するリプレッサー（7・1 節）の遺伝子もあり，共通のプロモーターで制御されている。したがってその

† **動く遺伝因子**（mobile genetic element あるいは movable g. e., MGE）：可動性遺伝因子とも訳す。トランスポゾン（11・1 節）・プラスミド（2・4 節）・ウイルス（11・3 節）など，ゲノムの異なる部位間あるいは細胞間で移動する一続きの DNA 単位を幅広く指す。狭義にはトランスポゾンの同義語として扱われることもあるが，"mobile" は "transposable" より一般に語義が広い。

† **べん毛**（flagellum，複数形は flagella）：細菌（原核生物）のべん毛は，イオン駆動力で回転運動する構造体で，フラジェリンというタンパク質を主成分とする。真核生物の鞭毛は，ATP を駆動力として鞭打ち運動する細胞小器官で，チューブリンというタンパク質からなる微小管と，ダイニンというモータータンパク質を中心とする。両者は成分・構造・運動機構のいずれもまったく異なるので，ひらがなと漢字で書き分ける（14.2.2 項 側注：きょうだい）ことが多いが，英語は同じで，歴史的にも混同されていた。

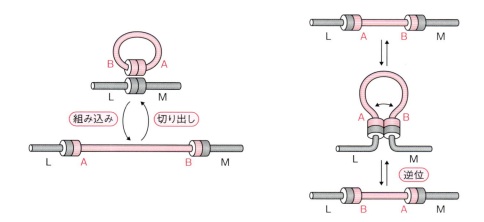

図 11・6　保存型部位特異的組換えの 3 過程

プロモーターが正方向のときは，H2 フラジェリンが合成されるとともに，H1 フラジェリンは合成が抑制されている。ところがこのプロモーターは CSSR による逆位の起こる領域内にあるため，逆方向になったときには，H2 フラジェリンは合成されず，H1 フラジェリンは抑制が解かれて合成される。この切り替えはたまにしか起こらないため，宿主動物の体内には片方のフラジェリンをもつ細菌クローンだけが増殖する。しかし宿主の免疫系がそのフラジェリンを攻撃する抗体を作っても，少数の菌が CSSR によって他方のフラジェリンに転換すれば，そのクローンが生き延びて増殖できる。

11・3　ウイルスは外殻や被膜をまとって細胞間を移動する遺伝因子

11・3・1　ウイルスの構造と組成

ウイルス（virus）は，ゲノムである核酸とタンパク質の**外殻**（capsid）からなる微小な構造体で，自らの細胞構造をもたない**偏性細胞内寄生体**[†]である。病原菌を遮断するフィルターをも通り抜けるため，濾過滅菌できない**濾過性病原体**として 19 世紀の終わり頃に認識された。多くは十数 nm 〜 数十 nm の大きさで，光学顕微鏡では見えず，20 世紀半ばに電子顕微鏡が発明されてから可視化できるようになった（図 11・7）。組成が単純で外形が規則正しいため，結晶になるものもある。

ウイルスのゲノムは細胞ゲノムのような DNA とは限らず，RNA の場合もある。また細胞では核に DNA がある他，細胞質に RNA もあるが，ウイルスはそのどちらか一方しかもたない。核酸の形状も，二本鎖とは限らず一本鎖のウイルスもあり，環状（circular）と線状（linear）のものもある（表 11・1）。一本鎖のうちにも，センス鎖（（+）鎖，5・2 節）のウイルスとアンチセンス鎖（（−）鎖）のウイルスの区別がある。

代表的なウイルスの形態には次の 4 つがある：

① **正二十面体**：タンパク質のサブユニットが規則的に並んで幾何学的な外殻を形成し，ゲノム核酸を包む。

② **繊維状**：核酸を芯にして，外殻タンパク質がらせん状に並んで細長い桿状構造を形成する。

③ **頭部＋尾部型**：バクテリオファージには，核酸を含む正二十面体の頭部に繊維状の尾部が付着したものもある。尾部にさらに細い「足」が付いて月着陸船のような外見を取るものもある（図 11・5 ②など）。尾部は宿主に核酸を注入するための構造である。T2（1・3 節）や T4（表 11・1）など T 系ファージが代表的である。

[†] **偏性細胞内寄生体**（obligate intracellular parasite）：単独では増殖することができず，別の生物の細胞内でのみ増殖可能な生命体。ウイルスの他，細菌でもリケッチアやクラミジアがある。なお，**偏性**（strict, obligatory, 絶対）と**通性**（facultative, 条件）の対比は他の概念にも広く適用できる。例えば偏性嫌気性菌とは，ボツリヌス菌のように O_2 のない条件でしか生きられない菌であり，通性嫌気性菌とは，酵母や大腸菌のように O_2 があってもなくても生きられる菌である。

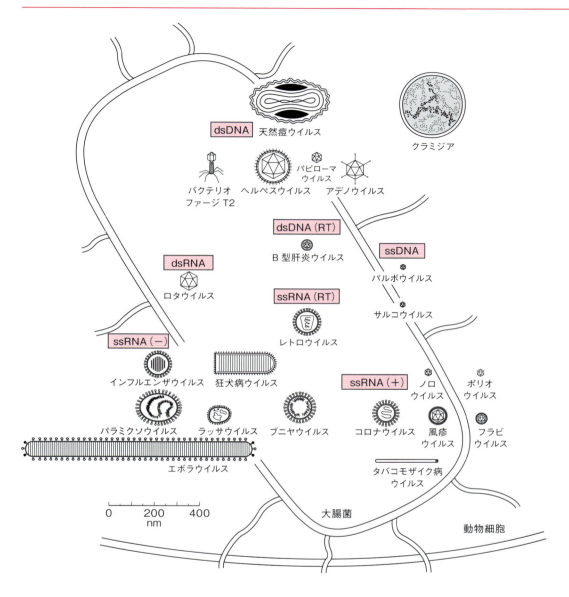

図 11·7 ウイルスの種類と大きさ
ss：一本鎖（single strand），ds：二本鎖（double strand），RT：逆転写（reverse transcript），（＋）：プラス鎖，（－）：マイナス鎖。文献 11-2 より

④ **被膜に包まれた球状・繊維状**：真核生物を宿主にするウイルスには③はないが，①や②の外殻のさらに外に脂質二重層の**被膜**（envelope）をまとっているものがある。この脂質層は，宿主細胞から出芽する際に細胞膜から奪ったものだが，そこに埋め込まれた膜タンパク質は自前の分子で，次の宿主に結合するための足場となる。

表 11·1　ウイルスの例

宿主	ウイルス	形状	ゲノム構造	大きさ (kb)	遺伝子数	疾患
ヒト	A 型インフルエンザウイルス	被膜，球状	分節型 線状一本鎖 RNA（−）鎖	18	8（8分節）	A 型インフルエンザ
	B 型肝炎ウイルス	被膜，球状	環状二本鎖 DNA（部分的に一本鎖）	3.2	4	B 型肝炎，肝がん
	C 型肝炎ウイルス	被膜，球状	線状一本鎖 RNA（＋）鎖	9.5	1（翻訳後 10）	C 型肝炎，肝がん
	ヒト免疫不全ウイルス 1 型	被膜，球状	線状一本鎖 RNA（＋）鎖	9	9	後天性免疫不全症候群（エイズ）
	ロタウイルス	正二十面体	分節型 線状二本鎖 RNA	18.6	12（11分節）	乳児の下痢症
アメーバ	パンドラウイルス		二本鎖 DNA	2,470	2,556	
植物	タバコモザイクウイルス	繊維状	線状一本鎖 RNA（＋）鎖	6.3	4	タバコモザイク病
大腸菌	T4 ファージ	頭部＋尾部	線状二本鎖 DNA	169	278	
	M13 ファージ	繊維状	環状一本鎖 DNA	6.4	10	
シュードモナス属	φ6 ファージ	正二十面体	分節型 線状二本鎖 RNA	10	22	
バチルス属	SPO1 ファージ	頭部＋尾部	線状二本鎖 DNA	133	204	

　2013 年に発見されたパンドラウイルス（*Pandoravirus*）は，アメーバに寄生する巨大 DNA ウイルスである（表 11·1）．長さが 1 μm，幅 0.5 μm の楕円体で，驚くべきことにマイコプラズマ（6·1 節 側注）など一部の細菌より大きい．しかし翻訳装置も ATP 合成のエネルギー獲得系も欠いている点や，DNA が外殻タンパク質に包まれている点で，ウイルスだと判定された．

11·3·2　ウイルスの生活環

　細菌に感染するウイルスを一般に**バクテリオファージ**[†]とよぶ．バクテリオファージは，その生活環から**溶菌ファージ**（lytic phage, virulent p.）と**溶原性ファージ**（lysogenic p., temperate p.）の 2 つに分類される．前者は，感染するとすぐ増殖して子ファージを産生し宿主を溶菌（lysis）するファージであり，T 系ファージが代表的である．後者は，宿主のゲノム DNA に部位特異的組換え（**前節**）によって入り込み，**プロファージ**（prophage）という休眠状態で穏やかに何世代も垂直伝播される．化学物質や紫外線などの外部刺激で誘発され，新たな溶菌モードに入り感染を広げる．

　真核生物に感染するウイルスの多くは，溶菌ファージと同様に感染後すぐ増殖するが，一部のウイルスは宿主を破壊することなく何年も生存し，子ウイルスを穏やかに排出し続ける．さらに，溶原性ファージと同様，宿主の染色体で**プロウイルス**（provirus）になることができるものもある．**HIV（ヒト免疫不**

[†] **バクテリオファージ（bacteriophage）**：「ファージ」は「食べるもの」を意味するギリシャ語 phagos から．マクロファージ（macrophage）はまったく別物で，脊椎動物の免疫系でアメーバ運動する食細胞．古細菌に感染するウイルスは，アーキオファージ（archaeophage）とよぶのがふさわしいだろうが，歴史的な経緯からあまり使われず，古細菌ウイルス（archaeal virus）と称される．

全ウイルス）†などのレトロウイルス（retrovirus）は，逆転写酵素遺伝子をもつ一本鎖(+)鎖RNAウイルスである。このウイルスのゲノムは，プロモーター活性のあるLTR（長鎖末端反復配列）ではさまれた3つの構造遺伝子をもつ（図11・1(b)）。それぞれ，*gag*はウイルス粒子形成に関わるタンパク質，*pol*は逆転写酵素（polymeraseより）と組込み酵素，*env*は被膜タンパク質（脂質層のenvelopeより）をコードしている。これらの要素を利用して，ウイルス様トランスポゾン（11・1・2項）と同様のしくみで宿主ゲノムに挿入される。最初に発見されたがんウイルス（oncovirus，14・3節③）であるラウス肉腫ウイルス（Rous sarcoma v.）のゲノムRNAは，*gag-pol-env*の次にがん遺伝子*v-src*をもつ。

　レトロウイルスとウイルス様トランスポゾンは，構造や機構に共通点が多く進化的にも関係が深いので，**レトロエレメント**（retroelement）と総称されることがある。ただし，トランスポゾンの転位が宿主ゲノム内部であるのに対し，レトロウイルスは宿主を破壊し新たな細胞に感染する点で違う。パラレトロウイルス（pararetrovirus）とよばれるDNAウイルスも逆転写酵素をもつが，こちらは宿主ゲノムには入り込まず，転写されたRNAを鋳型にDNAを逆転写して増殖する。

　ウイルスに寄生する**衛星ウイルス**（satellite v.）もいる。世界初の人工衛星にちなんで名付けられたスプートニクヴィロウイルスは，アメーバに感染する巨大なミミウイルスに寄生する。ミミウイルス粒子の中に見つかり，それなしでは増殖できず，しかもそんな恩人を破壊する。マウイルス（Mavirus）も，増殖のためにカフェテリア-レンベルゲンシス-ウイルスを必要とし，最後にはそれを破壊する。ウイルスの世界は，ロシアのマトリョーシカのような多重の入れ子になっている。

　いずれの生活環であれ，ウイルスの増殖は細胞のような**二分裂**（binary fission）からはほど遠い。**ビリオン**†は宿主細胞内でいったん解体される。そのゲノム遺伝子をもとに，宿主の細胞質の翻訳装置で構成タンパク質が大量に生産され，複製された核酸とともに一度に大量のビリオンが組み立てられて，放出される。すなわち，ビリオンが払拭した**暗黒期**（eclipse period）を経て，一挙に（バースト的に）**一段階増殖**（one-step growth）をする。

11・4　ウイルスより単純な単一物質の自己複製体もある

　ウイルスは生物界と非生物界の境に存在するが，それよりさらに非生物界側に寄った所に，**亜ウイルス粒子**（subviral particle）がある。ウイルスが核酸

†**HIV（ヒト免疫不全ウイルス，human immunodeficiency virus）**：エイズ（AIDS, acquired imuunodeficiency syndrome，後天性免疫不全症候群）の原因となる病原体。免疫系の中枢を担うT細胞（4・4節 側注）の表面にあるCD4というタンパク質を受容体として感染し，その細胞内で増殖する。エイズの感染経路は主に性行為や母子間だが，かつては非加熱血液製剤の投与や輸血による医原性感染もあった。潜伏期は平均6年と長いが，免疫不全による肺炎など日和見感染症やカポジ肉腫など悪性腫瘍を合併する。逆転写酵素やプロテアーゼ（p39 側注）の阻害剤が開発され，それらの併用療法により，20世紀末から死亡率は大幅に減少してきた。

†**ビリオン（virion）**：ウイルス粒子（virus particle）のこと。ゲノム核酸と外殻タンパク質からなり，種類によってはさらに脂質二重層の被膜にも包まれている（前項）。「ウイルス」そのものと同義語ではないかという疑念を持たれがちだが，宿主細胞内で粒子が解体された段階こそが，ウイルスとしても最も活発な（ウイルスらしい）状態である。なお，同根の"vi-"を「ウイ」とも「ビ」とも書くが，前者は戦前の独語読み「ヴィ」の大書きで，後者は敗戦後の英語読み「ヴァイ」の一文字化。大書きするのはウイスキー（whisky）やイエロー（yellow）の場合と同様。

とタンパク質という2種類の物質からなる（被膜のあるものは脂質を加えて3種類）のに対し，**衛星 RNA**（satellite RNA）と**ウイルソイド**（virusoid）は，RNA のみからなる。サイズもたった数百 nt と短く，自前のタンパク質を何もコードせず，他のウイルスの外殻の内に同居（居候(いそうろう)）したり，外殻を占拠（独り占め）したりする。植物の症状を悪化させる悪玉 RNA もいるが，植物に寄生するウイルスにさらに寄生して，その病原性に拮抗する善玉 RNA もいる。

さらに極端な存在に**ウイロイド**（viroid）がある。これもやはり植物の病原体である。200〜400 nt の環状一本鎖 RNA 分子で，何ら遺伝子をもたないだけでなく，助っ人ウイルスの外殻タンパク質さえ必要としない。感染した植物細胞の複製装置を借用して増殖する裸の RNA である。

もう1つの「擬似生命体」が，**プリオン**（prion）という病原性のタンパク質粒子である。哺乳類の脳に感染する病原体として見いだされ，ヒツジやヤギのスクレイピー，ウシの海綿状脳症（bovine spongiform encephalopathy, BSE，いわゆる狂牛病），ヒトの変異型クロイツフェルト-ヤコブ病（variant Creutzfeldt-Jakob disease, CJD）の原因となる。上記のサテライトやウイロイドは，いずれも本体が自己複製する核酸であり，遺伝子は含まないながらもゲノムをもつといえるが，プリオンは核酸をまったくもたない。核酸なしでどう増殖できるのか謎だったが，解明された。

哺乳類の核ゲノムにはもともとプリオンの遺伝子があり，ふだんから正常型のプリオン PrP^C が脳に発現している。PrP^C の本来の機能は不明だが，α ヘリックスの多い立体構造をとり，プロテアーゼで分解されやすいことがわかっている。これと同じ分子でありながら，**立体配座**（コンホメーション，6・4・1 項 側注）が変化し，堅固な β シート型の立体構造になったのが異常型プリオン PrP^{SC} である。こちらはプロテアーゼに耐性で，繊維状の凝集体を形成しやすい。PrP^{SC} がひとたび外から脳に入ると，PrP^C に働きかけて PrP^{SC} 型に変え，繊維状凝集体を拡大し，上記の病態を招く。遺伝物質ではなく遺伝子産物でありながら感染能をもつこのようなプリオンは，哺乳類より単純な酵母などの真核生物での存在も知られている。

ウイルス（前節）を生物だと主張する論者もあるが，その場合，これら衛星 RNA・ウイロイド・プリオンなどをどう位置付けるのか疑問である。またトランスポゾン（**11・1** 節）やプラスミド（**11・2** 節）なども考慮に入れると，「擬似生命体」の地位のあいまいさは連続的であり，どこかに境界線を引くのは難しい。やはり，①自己増殖能 だけでなく，②自己保存能（代謝機能）と③細胞構造 も生物の定義に加える方が適切だろう（**13・1** 節）。

12. ヒトゲノムの全体像
── ジャンクな余裕が未来を拓く ──

1章ではヒトゲノムを『源氏物語』にたとえました。全編が王朝の恋物語なら読み応えがあるでしょうが，実際に解読された DNA 配列は，大部分が意味不明のたわごとでした。54帖を収めた全集を買ったのに，そのうち53帖分がデタラメな落書きだったら，「金返せ」と怒りたくもなるでしょう。しかしそのジャンクな部分に，ステガノグラフィー（データ隠蔽技術）で隠された暗号文が満ちていたらどうでしょう。ヒトゲノムにはいまだに多くの謎が残されています。

12・1　ヒトゲノムは 24 本の染色体とミトコンドリア DNA で構成される

ヒトゲノムは，核ゲノム（nuclear genome）とミトコンドリアゲノム（mitochondrial g., Mt g.）からなる（2・4節）。このうちまず 1981 年に Mt ゲノムの塩基配列が完全解読され，2004 年には核ゲノムのユークロマチン（2・5節，真正染色質）の大部分が解読された。最初の対象は一個人ではなく数十人分の寄せ集めだったが，塩基配列の 99.9% は共通だった。その後，配列解析の技術が格段に進展し，個人ごとのゲノムデータが蓄積してくると，当初想定していた以上の多様性が見つかってきた。

12・1・1　核ゲノム

ヒトの核ゲノムは，24 種類の染色体にそれぞれ 1 分子ずつ含まれる線状 DNA 分子からなり，総延長は約 3.2 Gb とされる（図 1・10）。Ensembl ウェブサイトのリリース 85（2016 年 6 月）によると，配列解読部は合計 3,096,649,726 bp で，タンパク質遺伝子（10・1 節）が 2 万 441 個，RNA 遺伝子は 2 万 2219 個（sncRNA が 5052，lncRNA は 1 万 4727）である。しかし RNA 遺伝子はまだまだ研究途上であり，さらに増加するだろう（10・4, 5 節）。転写産物は選択的スプライシングのおかげで 19 万 8002 個にも上り，偽遺伝子†も 1 万 4606

†偽遺伝子（pseudogene）：もともと遺伝子だったが，突然変異によって機能を失った DNA 部位。3 タイプに区分できる。①重複で生じたコピーが機能を失っても正常なコピーが残れば影響は小さいが，②唯一の遺伝子が欠損した例に，ビタミン C を合成する酵素の偽遺伝子がヒトにある。③イントロンが除かれ 3′ 末端にポリ A 配列がある偽遺伝子は，mRNA が逆転写されてゲノムに挿入されたと考えられ，特にプロセス型偽遺伝子とよばれる。

表12·1 ヒトゲノムの構成

分類	合計長 (Mb)	割合 (%)	備考
核ゲノム	3235		
遺伝子と遺伝子関連配列	1200	37.1	
コード領域（翻訳領域）	48	1.5	エキソンからUTRを除いた領域。
イントロン，UTR，偽遺伝子など	1152	35.6	UTRとは，mRNAの5′-, 3′-非翻訳領域。
反復配列	2035	62.9	
散在反復配列（interspersed repeat）	1400	43.3	大部分は化石化したトランスポゾン。
DNAトランスポゾン	100	3.1	すべて不活性な残骸。
ウイルス様レトロトランスポゾン	250	7.7	長い末端反復配列（LTR）をもつ。ほとんど不活性なHERV。
ポリAレトロトランスポゾン	1050	32.5	非ウイルス（非LTR）型トランスポゾン。ごく一部はいまも可動。
SINE（短鎖散在核内因子）	400	12.4	100〜400 bp×150万コピー。*Alu*因子，*MIR*因子など。
LINE（長鎖散在核内因子）	650	20.1	6〜8 kb×85万コピー。LINE-1, -2, -3の3群。
縦列反復配列（tandem repeat）			
サテライト			5〜200 bpの反復で合計数百 kb。セントロメアに多い。
ミニサテライト			50 bp以下の反復で全長20 kb以下。テロメア近傍に多い。
マイクロサテライト	90	2.8	1〜13 bpの反復で全長ふつう150 bp以下。ゲノムに広く分布。
その他	545	16.8	
ミトコンドリアゲノム	0.016569		

個ある。

　遺伝子の分布は一様ではなく，他の多くの生物より密度が低い（**図12·1**）。染色体のうちいくつかは，数 Mbにわたってタンパク質遺伝子の密度がきわめて低い**遺伝子砂漠**（10·1·3 項）の領域を含む。平均密度も，1 Mb当たり3.16個の13番染色体から，22.61個の19番染色体まで幅がある。重要な情報が驚くほど乱雑に配置され，無造作に散らかっている。タンパク質遺伝子の数が2万個程度というのは，全ゲノム解読プロジェクト以前に推定されていたものよりずっと少なかった。小さくて単純な多細胞生物である線虫で1.9万，ショウジョウバエで1.4万という結果が先に出ていたので，多くの研究者は直前までヒトでは10万程度だろうと予想していた。結果から顧みれば，ヒトの複雑さは遺伝子の多さではなく，使われ方の微妙さによって実現しているといえよう。その1つが選択的スプライシング（5·4·3項）の多さである。タンパク質遺伝子の75%がそれを受け，産生されるタンパク質の種類は約10万に上る。この数値が，総遺伝子数の古い推計の根拠の1つでもあった。

　タンパク質に翻訳されるコード領域はごく狭く，ゲノム全長の1.5%にしか過ぎない（**表12·1**）。その他プロモーターなどの調節領域やtRNA，rRNAの遺伝子など，哺乳類全体で配列保存性の高い重要な領域を含めても，合計5%にしかならない。残りは**ジャンクDNA**（10·1·3項）とかつてはよばれていた。しかし機能をもつ転写産物（非翻訳RNA）が次々に見つかり，その認識はく

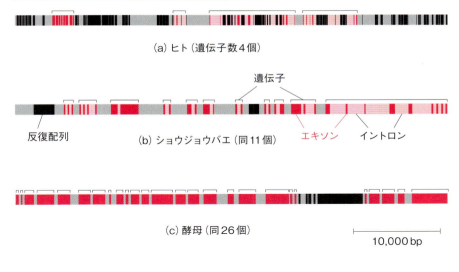

(a) ヒト（遺伝子数4個）

遺伝子

反復配列　(b) ショウジョウバエ（同11個）　エキソン　イントロン

(c) 酵母（同26個）　10,000 bp

図 12・1　3つの生物ゲノム上の遺伝子密度
文献 0-6 より改変

つがえった（10章）．タンパク質の平均的サイズである400アミノ酸に対応する塩基数は1203 bp（終止コドンを含む）だが，遺伝子の平均サイズは2万7000 bpである．この20倍以上のへだたりは，主にエキソンを分断する長くて多数のイントロンと，選択的スプライシングのための余分なエキソンによる．

12・1・2　ミトコンドリアゲノム

ミトコンドリア（Mt）や葉緑体のゲノムは当初，核の染色体による**メンデル遺伝**とは別の，**細胞質遺伝**を担う遺伝因子として認識された（2・4節）．20世紀の半ばには，電子顕微鏡での観察や生化学的な分析によって細胞小器官にDNAが検出され，核外ゲノムの存在が確立した．

ヒトのMtゲノムは，全長1万6569 bpの環状DNA分子1種類だけからなり，タンパク質遺伝子13個，tRNA遺伝子22個，rRNA遺伝子2個の計37遺伝子を含む（図12・2）．ヒトの細胞には平均8000個のMtがあり，それぞれに約10コピーのゲノムが存在するので，ゲノムサイズは小さいながらDNA量はずっと多い．そのため，古代人骨などDNA分析の困難な試料でも，核ゲノムに先んじてMtゲノムが解読された．突然変異の発生頻度は核ゲノムの10～20倍であり，類人猿どうしなど近縁の生物間の系統関係を解き明かすためにMtの塩基配列データが用いられる（13・4節）．

タンパク質遺伝子はいずれもMtの**呼吸鎖**[†]の酵素をコードする．これらのサブユニットは疎水性が特に高く，核ゲノムにコードされている比較的親水

[†]**呼吸鎖**（respiratory chain）：人体の活動に必要なエネルギーは，細胞呼吸で獲得される．Mtは細胞呼吸の場であり，内膜にある呼吸鎖の酵素複合体（enzyme complex）I～Vがその反応を担う．複合体とは，多数のサブユニット（1・3節側注）からなる酵素．食物から得られた物質をO_2で酸化する連鎖反応を複合体I（NADH dehydrogenase, ND）・III（cytochrome bc_1, CYB など）・IV（cytochrome c oxidase, CO）が触媒し，それをもとに複合体V（ATP synthetase）がATPを合成する（図12・2）．

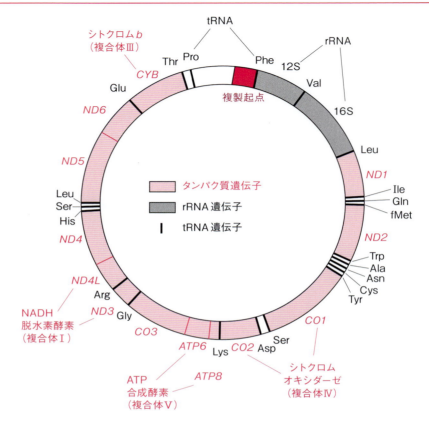

図12・2 ヒトミトコンドリアのゲノム

性のサブユニットがMt内に移入され,寄り合わさって機能する.それら核の遺伝子は,生物進化の過程でMtの祖先細菌が**細胞内共生**(2・4節 側注:ミトコンドリア)した後,核に転位したと考えられる.Mt内でのタンパク質合成に必要なrRNAとtRNAは,Mt独自の遺伝子でまかなっている.Mtゲノムではコドンのうち3つが核ゲノムと異なっているが(**表6・1**),自前の22個のtRNAで正しい翻訳をカバーできる.

　MtのゲノムDNAは母性遺伝をし,Y染色体は父性遺伝をする.前者は母,母方の祖母,その曽祖母,…,と1世代に1人だけの女性から綿々と伝わってきたのに対し,後者は父,父方の祖父,その曽祖父,…,と男性だけを垂直伝播してきた.これらに対し常染色体は,1世代前は両親2名,2世代前は祖父母4名,3世代前は曽祖父母8名と,さかのぼるに連れ膨大な数の祖先の情報を引き継いでいる.ただし2名の親から受け取るゲノム情報はそれぞれ2分の1だけで,4名からは4分の1ずつ,8名からは8分の1ずつしか引き継がない.

12·1·3　散在反復配列

核ゲノムには大量の反復配列が存在している（表12·1）．反復配列は大きく2つに分けられる．1つは染色体のあちこちに散らばる**散在反復配列**（interspersed repeat），もう1つは1か所で繰り返される**縦列反復配列**（tandem r., **次項**）である．

散在反復配列はゲノム全長の43%を占める．そのほとんどは過去に活動したトランスポゾン（11·1節）が，突然変異で不活性化され固定された「化石」であるため，個人ごとの多様性はほとんどない．散在反復配列は遺伝子間やイントロン内に分布している（**図12·1(a)**）．主に次の4タイプに分類される：

① DNAトランスポゾン；完全に不活性化した痕跡である（11·1·1項）．
② LTR型レトロトランスポゾン；やはり化石化している（11·1·2項）．ヒト内在性レトロウイルス（**HERV**）ともよばれる．
③ 短鎖散在核内因子（<u>s</u>hort <u>i</u>nterspersed <u>n</u>uclear <u>e</u>lement, **SINE**）；非LTR型レトロトランスポゾン（11·1·3項）に由来．コピー数が最も多い．
④ 長鎖散在核内因子（<u>long</u> <u>i</u>. <u>n</u>. <u>e</u>., **LINE**）；同上．図11·4参照．

他の哺乳類，特に霊長類ゲノムの塩基配列と注意深く比較すると，これまでの数億年にわたるヒトとその祖先の進化に対して，トランスポゾンの転位が大きな影響を与えてきたことがわかる．①のDNAトランスポゾンは，3000万年前にヒトと旧世界ザルが分岐する前には，非常に活発に転位したらしい．しかしその後しだいに変異が蓄積して不活性化し，ヒトの系譜ではもうまったく動かなくなった．同様に②のLTR型レトロトランスポゾンの痕跡もヒトゲノムにたくさん残っているが，今ではどれ1つとして活性を保っていない．この型のトランスポゾンでは，700万年前にヒトとチンパンジーが分岐して以降に動いたものは，たった1種類だけと推測されている．***Alu*因子**など③のSINEメンバーは，自前の逆転写／エンドヌクレアーゼ二機能酵素（11·1·3項）をもたないにも関わらず，進化の過程で大量に増殖した．これは，非自律型トランスポゾンとして，他の自律型因子の酵素活性をうまく流用したためだろう．

③，④の非LTR型レトロトランスポゾンも歴史はたいへん古いが，①，②とは異なり，その一部は今でも人体の細胞中で転位することがある．この*Alu*因子は，100〜200人に1人の割合で新規（*de novo*）に転位している．ヒトの新規な突然変異（4·1節）のうち0.2%は，この*Alu*因子やLINE（④）の代表的メンバーである***L1*因子**（*L1* element, LINE-1）による．この数値は小さ

いように感じられるかも知れないが，人類に対して大きな影響を及ぼす。例えばある種の血友病は，血液凝固の第VIII因子の遺伝子に *L1* 因子が挿入されたことが原因である。

同じ哺乳類でもマウスの系譜では，トランスポゾンがもっと活発に動いている。3タイプのトランスポゾンがゲノムに占める密度はマウスとヒトでほぼ等しいが，マウスでは2種類のレトロトランスポゾンがともにいまだ盛んに転位している。自然に生じる突然変異の10%がこれらによる。哺乳類の進化におけるトランスポゾンの役割は，最近やっと解明され始めたところである。1億7000万年前に哺乳類が共通祖先から多様に適応放散し始めたが，その種分化の大イベントにおいて，トランスポゾンの爆発的な活躍が重要な役割を果たしたのではないかという仮説が提唱されている。知性を含むヒト特有の性質の発達が，どの程度過去のトランスポゾンの活動によるのかも，いまだ不明である。

12·1·4　縦列反復配列

ヒトのDNAを長さ50～100 kb程度に断片化し，遠心分離機（図3·2）で密度ごとに分離すると，その多くは $1.701\ \mathrm{g\cdot cm^{-3}}$ の位置に主バンドを形成するのに対し，それより軽い範囲に3本の副バンドが現れる（図12·3）。「副」の意味で「衛星（satellite）」の語を使う。配列を分析した結果，**サテライトDNA**は5～200 bpの単位が合計数百 kbも繰り返す領域のDNAであることがわかった（表12·1）。このような繰り返し配列を**縦列反復配列**（tandem repeat）という。サテライトの繰り返し配列は少なくとも4タイプがあり，その多くはセントロメア（2·4節）に位置する。セントロメアの特異的タンパク質がDNAに結合するために必要な構造的特徴だろう。ヒトDNAのGC含量（4塩基のうちG + Cの割合）は平均40.3%だが，特定の配列が集中した領域はGC含量が典型的な値から外れるため，密度も主バンドのDNAからずれる。

密度では分離されないながら特色ある縦列反復配列がもう2つあり，**ミニサテライト**（minisatellite）・**マイクロサテライト**（microsatellite）とよばれる（表12·1）。反復単位の長さや全長で区分されるが，染色体上の位置にもそれぞれ特徴がある。テロメアDNA（3·5節）も6 bpが反復するミニサテライトである。テロメアの機能は末端複製問題の解決策だとわかっているが，他のミニサテライトの機能は明らかでない。ヒトゲノムに最も多いのは2 bpが反復するマイクロサテライトで，150万個も存在する。特にATの繰り返しが多い。次が3 bp

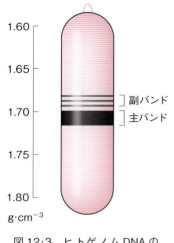

図12·3　ヒトゲノムDNAの密度勾配遠心分離

の反復で，100万以上ある。マイクロサテライトも生理的機能はわかっていないが，個人ごとで反復回数に違いがあるため，個人識別という応用面で有益である（**次節②**）。

12·2 ヒト集団にはSNP・CNV・VNTRなどの遺伝的多型がある

同じ種の生物は，基本的に共通のゲノムをもつが，一部の遺伝子やその他のDNA領域は個体（個人）によって少しずつ異なる。集団内で1％以上を占める**アレル**[†]を**遺伝的多型**（genetic polymorphism）とよび，その頻度が1％未満だと単に突然変異とよび分ける。

ヒトの核ゲノム32億bpのうち，任意の2人の間の塩基配列の違いは，ヒトゲノム解析の当初，約0.1％と推定されていた。しかし最近膨大なゲノムデータが蓄積して，長い領域の挿入や欠失も数多く見つかり，2個体間の差は約0.5％，全体では健常者の間でもゲノムの約5％にばらつきがあることがわかった。遺伝的多型の多くは中立変異だが，少数は重要な機能的差異をもたらし，疾患の要因にもなる。核ゲノムのおもな遺伝的多型には，次の3タイプがある：

① **一塩基多型**（single-nucleotide p., **SNP**，スニップ）：1塩基の置換や欠失・挿入（**4·2節**）。多型のうちこれが最も多く，任意の2人の間のSNPは約2.5×10^6個，ほぼ1000個に1個ある。SNP自体が病気の遺伝的素因（疾患感受性を決める因子）である場合もあるが，むしろそのような因子を同定するための有用な指標，すなわち**遺伝的マーカー**[†]として利用されるSNPがずっと多い。

② **短い縦列反復配列多型**（short tandem repeat p., **STRP**）あるいは回数の異なる反復塩基配列（variable number of tandem repeats, **VNTR**）：散在反復配列（**12·1·3項**）にも多型があり，一部のSINEやLINEは相同染色体の間で存否が異なる。しかしより一般的な多型は，短い縦列反復配列（short tandem repeat, STR, **12·1·4項**）の反復回数である。①のSNPや③のCNVが主に祖先から受け継がれるのに対し，マイクロサテライトを主とする**STR座**の多型（STRP）は個人レベルでも新たに生じやすい。多くはCA反復配列など2〜4 bpの繰り返しで，反復回数が4〜40の範囲で多様である。STRPを生み出す機構には2つのタイプがある。1つ目はDNA複製時にポリメラーゼがスリップする場合，2つ目は減数分裂時に反復配列間で位置を誤って組み換える場合である（**13·2節(a)**）。前者は短いミニサテライトの，後者はより長いマイクロサテライトなどのおもなSTRP発生機構だと考えられる。

ゲノムプロジェクトの初期には1万個以上のSTRPが特定されたが，遺伝的マーカーとしてはより数の多いSNPに席を譲った。しかし，STRPは個人

[†] **アレル**（allele）：染色体上の同じ座位にありながら，塩基配列の異なる**バリアント**（variant）。遺伝学では伝統的に「対立遺伝子」と訳していた（**1·6節**）。しかし現在では意味が拡張され，遺伝子（コード領域＋調節領域）ではないDNA領域の違いや，機能単位とは一致しない長短様々な範囲の多様性も含める上，「優性，劣性」などの対立に限定されるわけでもないため，その訳語は不適当になった。ヒトだけではなく自然生態系や農作物・家畜など幅広い生物（**次章**）において，種内個体間の**遺伝的多様性**（genetic diversity）の源である。

[†] **遺伝的マーカー**（genetic marker）：染色体における病因遺伝子の位置を同定するための目印として利用される遺伝的多型（**14·2·3項**）。医学史上，1970年代の制限断片長多型（restriction fragment length p., **RFLP**）に始まり，数の多さや検出手法の開発などにより，主流がSTRPへ，さらにSNPへと変遷した。

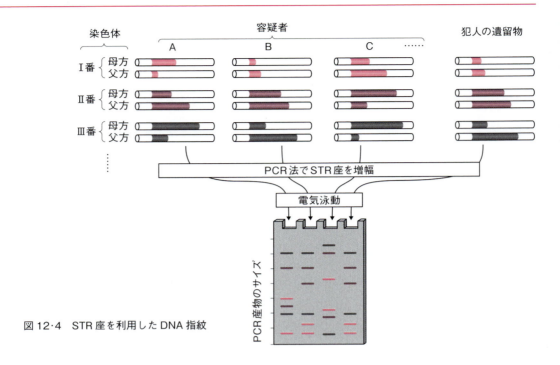

図 12·4　STR 座を利用した DNA 指紋

† DNA 指紋（DNA fingerprint）: 図 12·4 で，容疑者 A のゲノム DNA を鋳型とし，長さが多型の STR 座（I 番）をはさむプライマーで PCR（3·4 節 側注）をすると，一般に長さの異なる 2 本のバンドが生じる（母方・父方由来の相同染色体による）。同様の PCR を他の STR 座（II 番，III 番，…）について他の容疑者（B, C, …）と犯人の遺留物について行う。これら PCR 産物を電気泳動にかけ，サイズパターンを比べると，犯人を同定できる。ただし，偶然には一致しないほど多型の著しい STR 座を組み合わせる必要がある。

識別に利用されている。一卵性双生児でない限り，どの個人も STR 座の長さがすべて一致する人はいない。十分な数の STR 座を適切に組み合わせて分析すれば，全人類を一人ずつ個人識別できる **DNA 指紋**† になる（図 12·4）。DNA 指紋は法医学における科学的犯罪捜査に利用される。**PCR 法（3·4 節）**は感度が非常に高いため，ごく微量に遺留する血液や皮膚組織を試料として多型の部位を増幅すれば，犯人の特定や冤罪の防止に活用できる。同様の手法は，親子鑑定や歴史的人物の遺体・遺物の同定などにも利用できる。

③ コピー数多様性（copy number variation, **CNV**）: DNA 上の広い領域，おおむね 1 kb 以上にわたる重複や欠失によって，コピー数が異なるもの。まずはがん細胞で知られたが，祖先から正常に引き継いだ細胞でも予想以上に多く，大規模な調査で 1000 か所以上が見つかった。①の SNP は数こそ多いが，合計 bp はこちらの方が長く，全ゲノムの約 5% が CNV の多型である。当然ながら，領域が広いほど影響も大きいと推定される。人類に広く見られる一般的なものもあるし，ごく限られた集団にだけ存在する型もある。CNV の半数近くに既知の遺伝子が含まれており，疾患感受性に直接影響するものもある。CNV より短い DNA 領域の挿入や欠失を **インデル**（indel, insertion-deletion）とよぶこともある。ヒトゲノムの標準型が細部まで定義されてはいないので，インデルは「ある集団では欠失，他の集団では挿入」という相対的な概念であ

る（12・4節）。

　SNPやCNVはゲノムの全域に分布するが，人類集団の中でランダムな組み合わせで観察されるわけではない．染色体上の狭い範囲に位置するものは，特定のアレルの組み合わせでまとまって伝わる傾向がある（1・6節 II-⑤）．このようなアレルの組み合わせを**ハプロタイプ**（haplotype），染色体上でのそのまとまりを**ハプロタイプブロック**†という．現生ヒト集団のハプロタイプを大規模に分析することにより，人類の進化史や移動の跡をたどることができる．

12・3　ヒトゲノムにはネアンデルタール人やデニソワ人との混交の跡がある

　現在の地球に人類は *Homo sapiens*（ヒト）1種しかいないが，700万年前にチンパンジーの系譜と分岐して以降，他に多種の人類が出現し，今では化石として出土する．それら絶滅した種も含めた人類全体は，ヒト亜族とまとめられる（表13・1）．チンパンジー・ボノボ（旧名ピグミーチンパンジー）・ゴリラ・オランウータンまで含めた類人猿がヒト科とよばれる．

　化石の出土状況から，人類の発祥地はアフリカと考えられ，アウストラロピテクス属など猿人に続いてホモ属の原人が現れた（図12・5）．そのうちホモ-エレクトス *H. erectus* が約180万年前に最初の「出アフリカ」を果たし，ユーラシアに広がってジャワ原人や北京原人などを残した．

　体格や脳容量が現生人類に匹敵する旧人の**ネアンデルタール人** *H. neanderthalensis* は，ヨーロッパにいたホモ-ハイデルベルゲンシス *H. heidelbergensis* から分岐したらしい．ネアンデルタール人の身体的特徴は，氷河期の寒冷な気候に適応した表現型だと考えられる．例えば，特に10万年前からの後期ネアンデルタール人で大きい鼻腔は，肺に入る前の空気を温めるのに役立っただろう．彼らは精巧な細石器や装身具を用い，鳥も狩るほか，高齢の障がい者を介護し，死者を副葬品とともに埋葬したと見られている．骨のDNAは長い間に分解されてズタズタに断片化しているが，ヒトと近縁であることが幸いして，ヒトゲノムを参照して塩基配列をつなぎ合わせることができる．新規（*de novo*）に構築する必要がないので，効率的に核ゲノムの広領域を解読できた．最初に全ゲノム解析ができたのは，クロアチアのヴィンディア洞窟で見つかった5万年前の成人女性の足指の骨の試料からで，2.3 Gbの配列が得られた．

　約20万年前にアフリカで，やはりホモ-ハイデルベルゲンシスから新人の現生人類 *H. sapiens* が分岐した．10万年前頃からその一部がアフリカから出始めたらしい．6万年前に出たわずか数百〜数千人が現生ユーラシア人の祖

†**ハプロタイプブロック**（haplotype block）：このブロックの長さは，およそ1〜100 kbすなわち0.001〜0.1 cM（1・6節 側注）．この範囲内に組換えが起こる確率は，1000〜10万世代（=減数分裂）に1回．現生人類の歴史は短く，6万年前の時点でわずか1万人以下の小さな集団だった（次節12・3）．この小規模な母集団から現在までたかだか2〜3000世代しか経ていないので，連鎖不平衡の状態にとどまっている（1・6節 II-⑤）．

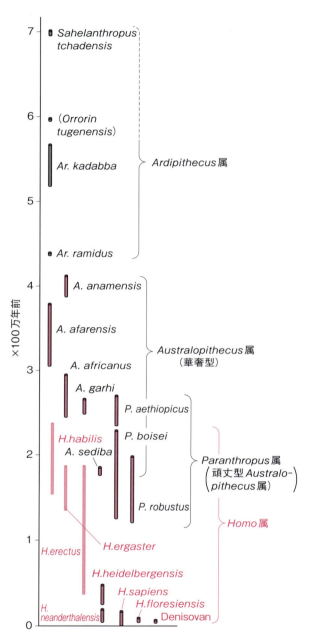

図 12·5 化石に基づく人類進化の過程

先となった。3万年前までネアンデルタール人もヨーロッパと西アジアに生存しており，その間に両種がいくらか混血した。混血の証拠は核ゲノムの配列比較で見つかったものである。アフリカ人を除きアジア人やヨーロッパ人には，1～4％のネアンデルタール人のゲノムが含まれている。どのDNA領域を受け継いでいるかは個人によって異なる。6割以上のユーラシア人が受け継いでいる領域に，ケラチン遺伝子が含まれている。これは，寒冷適応した体毛や皮膚をもつためにネアンデルタール人から引き継いだものと考えられている。

ネアンデルタール人から移入した遺伝子の量は，常染色体よりもX染色体の方が有意に低い。親から子にX染色体が伝わるのは，父親からは2分の1の確率なのに，母親からは確率1（必ず）である。ならばこの2種間の交雑は，主に女のヒトと男のネアンデルタールの間で起こったのかも知れない。

南シベリアのアルタイ山脈にデニソワと名付けられた洞窟がある。2008年にその洞窟の3～5万年前の地層からヒト族の指骨が発見された（「族」の意味は表13·1）。その骨に含まれていたミトコンドリアのDNA配列から，新しいヒト属の種だとわかった。さらにこのデニソワ人（Denisovan）の核ゲノム配列が解読されると，驚くべきことにメラネシア人（フィジー・パプアニューギニア・オーストラリア南東沖の島々の土着民）に，4～6％のゲノムを伝えていることがわかった。また，核の情報ではデニソワ人とネアンデルタール人の出自も修正され，この2つの共通祖先が80万年前に現生人類の祖先から分岐し，64万年前に両者が互いに分岐したと推計された。

チベット人は酸素の薄い高地での暮らしに適応

している．その高地順応と最も相関が高い多型が *EPAS1*（別名 *HIF2α*）とよばれる遺伝子を含む3万2000 bpの領域にある．この遺伝子は *HIF1* と同様，低酸素を感知して心臓や血管の機能を高めるとともに赤血球を増やす機能がある．この遺伝子領域の多型の由来を精査したところ，デニソワ人ゲノムに由来するらしいことが判明した．ただし平地で暮らすメラネシア人にこのアレルは伝わっておらず，高地の環境に適応する過程で選択的に残されたと考えられる．

ネアンデルタール人もデニソワ人も，継続的にヒトと交雑を続けていたのではないことに注意する必要がある．両者ともそれぞれ，長くヒトと関わりなく生存し続けた末，ヒトが出アフリカを行った後，ユーラシアのどこかで限定的な期間だけ遺伝子を交換し合ったのである．

このような長い進化の過程で，類人猿とヒトは脳を肥大化させてきた．心臓や筋肉など，哺乳類のたいていの器官は体重（M）に比例して大きくなる．しかし脳の重量（E）は体重が増えるほどには増えず，3/4乗に比例する．そこで，次式で計算される**脳化指数**（encephalization quotient, EQ）が提唱され，知性の比較には単純な E そのものや E/M よりふさわしいとされる：

$$EQ = E/(0.055 \times M^{3/4}) \qquad （単位は g）$$

この計算によると，チンパンジーの EQ は約2で，哺乳類標準サイズの2倍の脳をもつ．アウストラロピテクス（猿人）で平均2.5，ホモ-エレクトス（原人）で3.7，ヒト（新人）では5を上回る（ただし**13・3節**参照）．

12・4　チンパンジーとのゲノム比較でヒトの特徴がやっと見え始めた

チンパンジー（chimpanzee）とボノボ（bonobo）は，現生生物のうちで最もヒトに近縁である（**前節**）．このためヒトとチンパンジーはゲノムのコード領域（coding region）の98.5％以上は塩基配列が等しく，タンパク質遺伝子の29％はアミノ酸配列がまったく同じである．染色体の構成やその中の遺伝子配置もほぼ同じだが，大きな違いが1つだけある．ヒトの第2染色体がチンパンジーでは2本に分かれている．ゴリラやオランウータンでも2本なので，類人猿でもともと24対だった染色体がヒトの系統で1つ融合し，数は単純に23対に減ったらしい．

非コード領域（noncoding region）でさえ，配列の97％以上が一致している．ただしこの数字は，ヒトとチンパンジーでアラインできる（互いに並べて比較可能な，**13・4節**）領域に絞って計算した類似度であり，片方だけにユニークに存在し他方にまったく欠けているインデル領域（**12・2節**③）は含めていない．インデルの合計長はそれぞれのゲノムの1.5％にもなるが，個々のインデルは

とても短い．また，レトロトランスポゾンの分布にも違いがあり，5000個はヒトにだけ，2500個がチンパンジーにだけある．ただしゲノム全体からいえばわずかな割合で，100万個以上ある *Alu* 因子も99％以上が両ゲノムで同じ位置にある．インデルにせよトランスポゾンにせよ，ヒトのユニークさを具体的に説明できるほどの相違は，まだ見つかっていない．

しかし最近になって，そのヒントの一端が見えてきた．ヒトの系譜で塩基配列が例外的に急速な変化をとげた**ヒト加速領域**（human accelerated region, *HAR*）が49か所見つかり，その4分の1は神経系の発生や機能に関わる遺伝子かその近傍にある．そのうち最も加速された *HAR1* は，118 bpの配列が哺乳類や鳥類に広く存在し，3億年前に分岐したチンパンジーとニワトリで2 bpしか違わないが，700万年前に分岐したばかりのチンパンジーとヒトでは18 bpも異なる．*HAR1* は長いlncRNA（10・5節）の一部であり，このlncRNAは大脳皮質の発生に重要な細胞で発現し，安定な二次構造をとる．

もう1つ興味深い変異の例が，FOXP2と名付けられた転写因子（7・1節）にある．ヒトで *FOXP2* 遺伝子が欠損すると，正しい発音ができない構音障害（dysarthria）を引き起こす．ヒトとチンパンジーのFOXP2タンパク質では，2つのアミノ酸残基が異なる．この違いは，ヒトの系統で生じた正の選択の結果であるという証拠がある．また，マウスの *FOXP2* 遺伝子をヒト型の配列に置換すると，基底核（basal ganglia）の線条体（striatum）で神経細胞の増殖が促進されるとともに，野生型が発しない音声パターンが超音波領域に現れる．この脳部位はヒトで発話に関係した領域の一部であることや，マウスは音声コミュニケーションの活発な動物であることを考えると，*FOXP2* で生じた変異が言語の発祥に関わっているのかも知れない．

第3の例が，DUF1220とよばれるタンパク質ドメイン（3・3節 側注）の重複である．このドメインは65アミノ酸残基からなり，2つのエキソンでコードされている．マウスのゲノムにはこのエキソン対が1コピーしかないのに対し，チンパンジーでは126コピー，ヒトでは272コピーにも増幅されている．DUF1220ドメインの正確な機能はまだわかっていないが，主に神経芽細胞腫（neuroblastoma）に見られるし，脳の大きさと大脳皮質の神経細胞数に相関している．

第4の例は，大脳皮質の発達に関係する *SRGAP2* 遺伝子の重複である．ヒトの系譜で2度続けて重複したが，2度目は部分的な重複で短縮型の遺伝子になった．短縮された変異型タンパク質は本来の機能を失っているが，全長の野生型タンパク質に結合してその活性を妨げるので，SRGAP2タンパク質全体

として活性を微妙に調整できる。この部分的重複が起こったのは2～3百万年前と推定され，ちょうどヒト属が出現して脳の肥大化が始まった時期と一致する（図12・5）。

脳が肥大したのは顎の筋肉が弱くなったからだ，という説もある。顎の咀嚼筋を作るミオシンをコードしている*MYH16*遺伝子が，チンパンジーを含む哺乳類では機能しているが，ヒトでは正常に働いておらず，顎の力が弱くなっている。この突然変異が起こったのは240万年前と推定されている。これもやはり脳が肥大化し始めた時期に重なるため，咀嚼筋による強い制約から頭骨が解放されて，肥大化が可能になったのだろうと提唱されている。

12・5　ヒトゲノムには進化的適応や文明史の特徴が刻まれている

哺乳類の特徴は哺乳にある。すなわち母親が乳腺から母乳を分泌し，赤ちゃんがそれを吸う。母乳に含まれる乳糖（lactose）は乳児にとって大事な栄養源であり，*LCT*という遺伝子がコードする**ラクターゼ**[†]によって消化される。この遺伝子は，乳離れする時期に不活性化されるのが哺乳類の常であり，人類でも多くの成人はミルクを消化できない。成人がミルクを飲むと，乳糖が小腸で消化されないまま結腸に至り，乳糖を発酵できる腸内細菌に出会う。そこでガスが作られ腹部膨満感や鼓腸・腹鳴が起こり，腔内圧力の増加が下痢も引き起こし，嘔吐に悩まされ，時には痙攣さえ生じる（**乳糖不耐性**）。ところが長い牧畜の歴史と日常的に生乳を飲む習慣とをもつ北西ヨーロッパ人やアフリカ遊牧／牧畜民のツチ族・ベジャ族・フラニ族などは，成人後もスイッチがオンのままになる**ラクターゼ活性持続症**（persistence of intestinal lactase）の割合が高い（図12・6）。このうち北西ヨーロッパ人の*LCT*遺伝子は，その上流約1万3000 bpの調節領域（8・3・3項）内のCが1つTに変わっている。このSNPは5000～1万年前に東ヨーロッパで出現し，自然選択で維持されつつ西北に広がったと推定されている。アフリカ人や西アジア人の多型は，表現型は同じだが，遺伝子型は別々である。

食文化とゲノムの関係では，唾液腺アミラーゼをコードする*AMY1*遺伝子のコピー数多様性（CNV，**12・2節**③）も興味深い。各個人がもつこの遺伝子のコピー数は，2～15個の幅で多様である。穀物やイモを主食とする高デンプン食民族では平均7個，狩猟や牧畜の比重が高い低デンプン食民族では平均5個程度と，分布にずれがある。農業の発展で，これらの食料を消化する必要度，すなわち選択圧が高まってから生じた変異だろう。

ヒトの多様性では，皮膚の色の違いが特に目立つ。アフリカで誕生したヒト

[†] **ラクターゼ**(lactase, LCT)：二糖のラクトース（lactose, Lac, 乳糖）を2つの単糖 D-ガラクトース（D-galactose, Gal）と D-グルコース（D-glucose, Glc, ブドウ糖）に加水分解する酵素（EC 3.2.1.108）（なお，ECは enzyme code の頭文字。国際的規約により，4階層の数字で酵素を組織的に分類する）。乳（milk）をエネルギー源として利用するための主要な消化酵素で，**β-ガラクトシダーゼ**（7・2節）の一種。β-ガラクトシダーゼという酵素名は，Gal の配糖体結合を切断することを意味し，一般にGalの結合相手がGlcでなくても分解する。大腸菌の β-ガラクトシダーゼ（LacZ, EC 3.2.1.23）の相同体（homologue, 3・4・1項側注）は哺乳類にもあってGLB1と名付けられているが，哺乳類のLCTの相同体は大腸菌にはない。

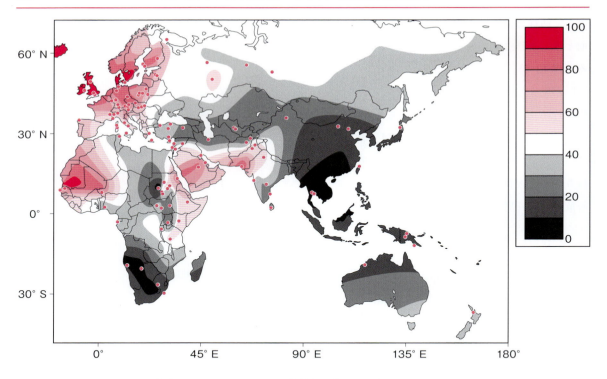

図12・6　旧大陸におけるラクターゼ活性持続症の成人の割合
赤点はデータを収集した地点。Global Lactase persistence Association Database より

は，太陽光の強い紫外線から体を守るため，メラニン色素が増え皮膚が黒くなったと考えられる。現在でも赤道付近を中心にアフリカ人は肌色の濃い人が多い。出アフリカ（12・3節）で進出したユーラシアには，日射の少ない高緯度地方が広がっている。骨の形成に必要なビタミンDを生合成するには紫外線を浴びる必要があるため，ヒトの皮膚色は薄くなった。それでもインド南部・東南アジア・パプアニューギニア・メラネシアなど低緯度地方の先住民では，やはり濃い。ところが，緯度や紫外線強度からの予想と実際の肌色がかなり異なる地域もある。例えば南アメリカ北部は紫外線が強いにもかかわらず，そこの住人は肌色が薄く，逆にオーストラリアの先住アボリジニは，中緯度地方でも肌色が濃い。これは，皮膚色の遺伝的変化がゆっくりで，移住後現在までの期間が，肌色の最適化に必要な時間より短いためではないかと推定される。これら肌色の変化は，ラクターゼの変異ほど単純ではない。皮膚や毛髪のメラニン色素には，黒色のユーメラニン（eumelanin，真性メラニン）と黄色のフェオメラニン（pheomelanin）の2種類がある。*SLC24A5* や *SLC45A2*，*HERC2/OCA2* など少なくとも11の遺伝子が，両色素の多寡や割合などに直接的な影響を与えており，それらのさまざまな変異が人類史を彩っている。

インドにはカースト制度という強固な身分制度があり，同族結婚により遺伝的多型が固定されている．1980年代にインドの外科医たちは，麻酔による手術終了後の睡眠が，一部の患者でふつうより数時間も長く続き，人工呼吸が長引くことに気づいた．詳しい研究の結果，これは第3カーストのヴァイシャだけに起こり，ブチリルコリンエステラーゼ（BUCHE）をコードする遺伝子のSNPが原因だと判明した．この酵素は，全身麻酔で併用される筋弛緩薬スキサメトニウム（サクシニルコリン）を分解する活性をもつため，その変異は薬の作用を長引かせる．したがって，インドの病院で同意書に身分記入欄があるのは，社会的偏見のなごりではなく，ゲノム学の成果に基づく賢明な措置のためである．

以上のような事例は，ヒトが今も進化の過程にあることと，その進化が自然環境とともに，文化との相互作用によっても方向付けられていることを示している．

13. ゲノムの変容と進化
― 遺伝子の冒険 ―

　37兆個の細胞からなるヒトの体がたった1つの受精卵から生じたように（9章），3000万種類ともいわれる現存の生物種も，最初は単純な自己複製体から洗練と分岐を重ねて生じたと考えられます。生物進化の過程はすなわち，ゲノムの変容の歴史でもあります。各種生物のゲノム情報の比較研究により，生物界の発展の経緯を跡づけることができます。

13·1　生命の初期進化では，酵素活性を備えた自己複製体の成立が鍵となる

　138億年前に誕生したこの宇宙で，46億年前に始まった初期の地球には，もちろん生命体は存在しなかった。それどころか有機物さえまったく存在しなかっただろう。しかし1952年の実験によって，原始地球にあっただろう無機物から有機物が生じることが初めて示された。すなわち，CH_4，NH_3，H_2，H_2Oなどの混合物に雷を模した放電を施したところ，複数のアミノ酸を含め生命に必須な有機化合物が多数生成された。その後，出発物質にシアン化合物を含めるなどの変更で，リボヌクレオチドも合成された。π-π相互作用（2·2節）によって塩基どうしを積み重ねる効果は，単独では弱いものの，粘土や氷の固体表面効果や，乾燥と濃縮の繰り返しなどで安定化され，リボヌクレオチドが重合してRNAが生成しうることも示された。このような物質レベルの進化を**化学進化**[†]と称する。

　生命には① 遺伝（自己複製）・② 代謝（酵素系）・③ 細胞構造（閉鎖膜区画）の3条件がある（11·4節）。脂質分子が生成されれば，自然に会合して球殻状の二層膜を成し，原始的とはいえ外部環境から区画された細胞様構造はできそうである（③）。難問は，タンパク質が担う酵素活性（②）と，DNAが担う自己複製能（①）とが密接に連携する複雑なしくみが，どうすれば出現しうるかだった。1980年代に，酵素活性を示すRNAすなわち**リボザイム**（5·1

[†] **化学進化**(chemical evolution)：**生物進化**(biological e.) が成立する前の，化学物質のレベルの進化。化学進化は，生物が誕生した後の，その体内・細胞内における核酸やタンパク質などについて起こる**分子進化**(molecular e.) からは，明確に区別される。

節）が発見されて，糸口が見えた．RNA ウイルス（11・3・1 項）に現存の例があるように，RNA も遺伝情報を伝えるゲノムになりうる．そこで生命史の初期には，RNA だけで代謝と自己複製の両機能を担った生物がいたという **RNA 世界**（RNA world）仮説が提唱された．

まず，閉じた球殻膜の内部にリボザイムを備えた自己複製体（replicant）が発生すると，塩基配列が少しずつ異なる複製体のうちで，より早く増殖できる個体が相対的に割合を増していく．その後もランダムに生じる変異のうちでより優れたものが生き残る，というサイクルが継続する．その過程で，自己複製分子はより安定な DNA に徐々に置き換わる．それとともに，触媒能にもポリペプチド（タンパク質）が最初は補助的に加わり，その後ゆっくり主客を転倒しながら，より洗練された専門分化で**適応度**（fitness）を高めうるだろう．つまりある環境の下で，軽微な変異を引き起こしつつ自己増殖できる複製体がいったん成立すれば，**自然選択**（natural selection）による**ダーウィン的進化**（Darwinian e.）で，生物界が自律的に更新していくだろう．

13・2　ゲノムの複雑さは主に大・小規模の遺伝子重複で増す

オーストラリアの 34 億年前の岩石から，現在の細菌に似た生物の**微化石**（microfossil）が見つかっている．自律的に増殖する現存の細菌のうち，最も小さなゲノムをもつマイコプラズマでは，タンパク質遺伝子の数が 470 個であるのに対し，ヒトでは 2 万個を超える．地球で最初の生物はわずかな遺伝子数から始まっただろうから，生物進化の 1 つの趨勢に遺伝子数の増加があるといえよう．

現存生物のゲノムを比較すると（13・4 節），遺伝子が新規（*de novo*）に出現した証拠はほとんどない．生物界のゲノムの進化では，**遺伝子重複**（gene duplication）が中心的な役割を果たしたと考えられる．原核生物の進化には，遺伝子の**水平伝播**も大きく寄与している（11・2 節）とはいえ，伝播元の遺伝子の起源がそもそも遺伝子重複に基づく．重複した直後は，同じ配列の遺伝子が 2 コピー存在するだけだが，片方が従来の役割を引き継いだまま，他方がその後にたどる運命は 3 つありうる：

① **（ほとんど）同一配列の遺伝子ファミリー**：もし，転写・翻訳産物の量が倍増すること自体が有利であれば，同一（あるいはほとんど同一）配列の遺伝子を多くもつ個体が自然選択され，そのまま存続するだろう．顕著な例にrRNA 遺伝子がある（図 6・4）．ヒトの場合，5S rRNA の遺伝子は数千あり，その多くは第 1 染色体に 1 つのクラスターをなしている．28S，5.8S，18S の 3

者もグループを成し，合計約 350 コピーが第 13, 14, 15, 21, 22 染色体にそれぞれクラスターとしてまとまっている．同一ではないまでも配列の類似した遺伝子群を，**遺伝子ファミリー**（multigene family）とよぶ．rRNA ファミリーの巨大さは，細胞の全タンパク質を合成するのがどんなに忙しい仕事であるかを反映している．

② **偽遺伝子を経て消滅へ**：重複にメリットがなければ，やがてランダムな変異を蓄積して不活性な偽遺伝子（**12・1・1 項 側注**）となり，さらに痕跡さえ失われていく．遺伝子重複は，もともと目的のないランダムに起こる現象なので，この不活性化が最もよく見られる末路である．

③ **新しい遺伝子の誕生**：頻度は低いながら，新しい機能を獲得して存続することもある．まずシス調節配列（**7・1 節**）に変異が生じ，発現する発生段階（時間）や組織（空間）が変化した上で，その時空間にたまたま少しでも適した変異がコード領域に生じれば，正の選択を受けるきっかけになり，さらに適応的な変異を蓄積して機能分化が進む．このように分化した遺伝子ファミリーの例に，**グロビン**（**8・4・2 項**）がある（図 13・1）．グロビンは O_2 を結合して運ぶ一群のポリペプチドで，α 型 2 個と β 型 2 個が会合してヘテロ四量体のヘモグロビン（hemoglobin，血色素）を構成する（**1・3 節 側注：サブユニット**）．筋肉のミオグロビンは，グロビン 1 個の単量体である．ε や γ は，胚発生の過程

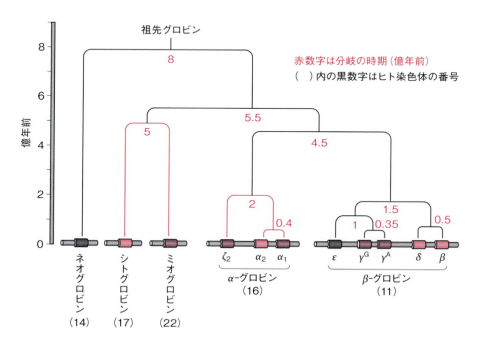

図 13・1　グロビン遺伝子ファミリーの進化

で発現する時期が異なり，役割分担している．εは初期胚で，γ^Gとγ^Aは胎児で，それぞれ発現する．胎児のヘモグロビンは，成人の$\alpha_2\beta_2$型ヘモグロビンよりO_2に対する親和性が高い．これは，胎盤（9・3節）で母親のヘモグロビンからO_2を引き渡してもらうのに必要な性質である．なお，16番染色体上のα-グロビン遺伝子クラスターには，他にΨやθなど4つの偽遺伝子（②）があり，11番染色体上のβ-グロビン遺伝子クラスターにも1つある．

遺伝子重複の規模については，小(a)，中(b)，大(c)の3つに分けて考えられる：

(a) **分節的重複**：90％以上同一な1～400 kbのDNA配列が2コピー以上存在することを**分節的重複**（segmental duplication）とよぶ．この程度の小規模な遺伝子重複は，(i)染色体の不等交差・(ii)染色分体の不等交換・(iii)DNA複製中の新生二本鎖間の不等組換えなどで起こりうる（図13・2）．これらの不等交差で重複した遺伝子は最初，隣り合う直列の繰り返し（tandem repeat）になるが，その後ゲノムの大規模な再編成があれば散在する．散在の原因はもう1つ，レトロトランスポゾン（11・1・2項）の転位で生じる遺伝子重複もある．mRNAの逆転写による重複では，プロモーターなどシス調節配列が失われ，多くの場合偽遺伝子になるが，一部は転位先のプロモーターとうまくマッチして活性を回復する．そのようにして成立した**レトロ遺伝子**（retrogene）は，ヒトゲノム中にも600～700個あると推計されている．これも合わせると分節的重複は，ヒトゲノムの複数の染色体間にも単一の染色体内にも，きわめて多数存在する．

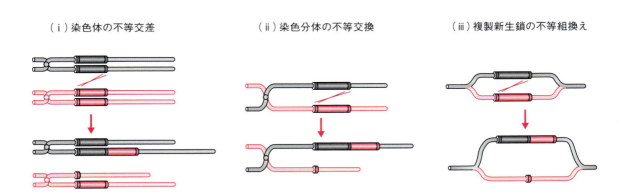

図13・2 遺伝子重複の3つのしくみ

(b) **中間的な規模**：例えば染色体1本の重複はあまり起こらず，ゲノムの進化に寄与していないようである．その理由は，遺伝子産物の量が不均衡になり，細胞の生化学的状態が崩れるせいだと考えられる．二倍体のヒトの場合，

大部分の染色体が2本ずつある中で，ある染色体が3本になった**トリソミー**（trisomy）は，致死的であるか，あるいは**ダウン症**（Down syndrome）などの病気を引き起こす（14・1節③）。

　(c) **染色体倍加**：全ゲノムの重複は，すべての遺伝子産物が倍増して均衡は保たれるせいで，(b) より起こりやすい。特に被子植物の進化では頻繁に起こっており，コムギなどの栽培種でも倍数化が新種形成を導く例がある。動物では植物より稀ながら，脊椎動物では5億年前頃に起こった2度の全ゲノム倍数化が，初期の進化に本質的な寄与をした（**図13・3**）。ホックス複合体が，ショウジョウバエなど非脊椎動物には1セットしかないのに，ヒトなど脊椎動物に4セットあるのも，この四倍体化による（9・4節）。魚類の系統では，さらに2度の倍数化も起こっている。

　以上で述べてきたように，遺伝子重複はゲノムの進化で最も重要な要素である。まったく新しい長い塩基配列を組織的に作り出す機構は存在せず，単純なコピーとそれに続く部分修正の積み重ねで生物は進化する。その重要性を唱え「一創造 百盗作」と呼んだ生物学者 大野 乾の1970年の主著のタイトルは，そのものズバリ『遺伝子重複による進化（Evolution by Gene Duplication）』である。生物進化を音楽にたとえるなら，既存の主旋律を次々に変奏する交響曲のようなものである。

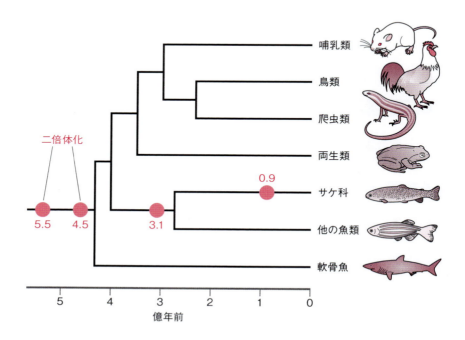

図 13・3　脊椎動物の進化における全ゲノム重複

13·3　生物の進化は遺伝子の重複・変異・分岐・混交・選択の組み合わせで起こる

　突然変異と自然選択を重視する進化理論に対する反論として，複雑な構造と機能を備えた生物がランダムな変異によって形成されるはずはない，という主張がかつて続いた．「現代的進化論は，サルにタイプライターをでたらめに打たせてもシェークスピア並みの戯曲が書き上がるとか，部品の山に吹き付ける暴風がジャンボジェット機を組み立てられるなどというような妄説である」といった議論があった．デタラメな素材をいくら寄せ集めても，複雑で価値ある作品はできないだろう，というわけである．この議論は次の2点を見落としている．第1に，突然変異はランダムでも，自然選択には適応度の上昇を導く威力がありうる点である．サルのタイピングにたとえるなら，文字列の改変はランダムでも，わずかでも意味の高まった文字列を選択して次回に残すという操作を繰り返せば，継続的に意味を上昇させられる．第2に，進化の原資としての広義の突然変異には，狭義のランダムな点変異（一塩基置換など，**4·2節**）だけでなく，遺伝子重複（**前節**）や転位（**11·1節**），ドメイン - シャフリング（**13·3·3項**）なども含まれる点である．やはりサルの戯曲にたとえるなら，一文字単位の改変だけでなく，単語やフレーズやセンテンスなどさまざまな構成単位で置き換えた多様な草稿が，選択肢の母集団として多重に用意されうる．

　進化に関するもう1つの誤解は，生物は一貫して複雑化・大型化・高度化・知性化する方向性があらかじめ定まっている，という観念である．実際の自然選択は，その場限りの与えられた環境下で，より適応度の高い個体（もっと正確にはより**包括的適応度**†の高いゲノム）を選別するよう働くのであり，環境が変われば**選択圧**（selection pressure）の方向も変わる．例えば，洞窟で不要になった目が退化（縮小し消失）するのも進化である．進化は，一貫した価値の増加を意味せず，価値中立的な概念である．また，ヒトやクジラのように大きな多細胞生物が出現しても，単細胞の微生物もまた地球環境に適応したまま並存し続けている．ただし，選択圧が一定方向にかかっている期間は，進化の方向も継続しうる．

　また，単細胞より小さな生命体や，分子より単純な自己複製素子は不可能であるのに対し，個体の細胞数やゲノムDNAの長さに，アプリオリな（あらかじめ定められた）上限はない．一般に，サイズや複雑さはそもそも，ゼロという下限はあるのに上限はない非対称な性格である．したがって，たとえ進化の歩みはランダムでも，生物種が多様化する限り，生物界全体の各種指標の平均値や最大値は，結果的にしだいにゼロから遠ざかる．

†**包括的適応度**（inclusive fitness）：利他的行動を説明するために拡張した適応度の概念．哺乳類やアリ・ハチ類など社会性生物の場合，自らの生存や繁殖を犠牲にしてでも血縁者を助けた方が，共有するゲノム（遺伝子セット）は継承されやすい．単純な適応度は個体の子孫数で評価するのに対し，援助した相手との血縁度とその援助による総子孫数の上昇分との積を加味して評価すれば，利他性まで包括した表現型の進化を説明できる．

以下，進化で重要な素過程を挙げる。

13·3·1 突然変異

4章では修復すべき損傷 (damage) として**突然変異** (mutation) を取り上げた。実際，表現型の変化につながる突然変異の多くは生存に不利であり，自然選択によって棄却（淘汰）される。しかし逆に，わずかながら生じる有利な変異には正の選択がかかり，世代を重ねて存続する。とはいえ最も多いのは，表現型が変化しなかったり，変化しても生存能や繁殖能に差がない変異である。例えば，イントロンなどジャンク DNA の変異（12·1·1 項）・コドン内でも同義置換（4·2 節）・ミスセンスでも重要度の低い部位のアミノ酸置換，などである。このような変異の性質を**中立的** (neutral) とよぶ。

DNA の塩基配列やタンパク質のアミノ酸配列のような分子レベルでは，自然選択による合目的的な（繁殖に寄与する）変化より，むしろこのような中立的な変化の方がずっと多いという考え方を，**分子進化の中立説** (neutral theory of molecular evolution) という。集団遺伝学者の木村資生が 1968 年に提唱し，今では基本的に広く受け入れられている。中立変異は，集団における頻度が単調に増えたり減ったりはせず，ランダムに**遺伝的浮動** (genetic drift) をする。生物集団の遺伝子プールへの定着は確率的に起こるため，長期には時間に比例して増える。そこで，変異の蓄積量から進化の経過時間を推し測ることを，**分子(進化)時計** (molecular (evolutionary) clock) という。

ゲノムのうち，コード領域や RNA 遺伝子・調節配列など重要性の高い領域は，進化速度すなわち変異の蓄積する速度が遅く，イントロンや遺伝子間領域などは進化速度が速い。すなわち，必須なタンパク質や RNA を作る領域は，すでに最適化されており，欠陥を生じた個体は生存競争に負け排除されるため，配列は**保守的** (conservative) である。それに対し，非コード領域はランダムな変異を容易に受け入れ自在に変化し，配列は**急進的** (radical) である。つまり現実には，自然選択のかかる領域ほど進化は遅く，中立的な領域ほど進化は速い。この事実は，中立説が登場する前の観念に照らせば逆説的である。

13·3·2 種と遺伝子の分岐

進化的祖先が共通の遺伝子を**相同遺伝子** (homologous gene) という。相同遺伝子には2種類あり，上述の遺伝子重複で同一ゲノム上に生じるのは**側系遺伝子** (paralogous g.) であり，**種分化** (speciation) による生物の**分岐** (divergence) に伴って異なる種に伝わるのは**直系遺伝子** (orthologous g.) と

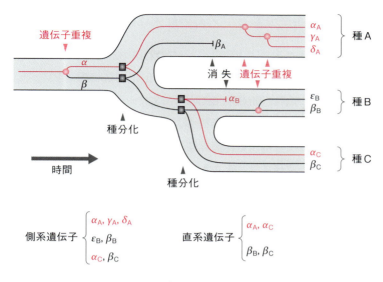

図13・4　相同遺伝子の2種類

いう（図13・4）．直系遺伝子は，例えばヒトのミオグロビンとウシのミオグロビンのように，同じ機能を果たすのに対し，側系遺伝子は，ヒトのミオグロビンとヘモグロビンのように，遺伝子ファミリーのメンバーとして機能分化している（前節③）．

13・3・3　遺伝子の混交

真核生物の進化では，自然選択がかかる個体群の多様性を高める上で，**有性生殖**における染色体の**混交**（shuffling）が重要である（1・5節）．この混交は，染色体の組合せが変わるというレベルに加え，相同染色体どうしの間の交差（組換え）にもよる．子世代（F_1世代）のバラエティーを高めることは，選択肢を増やし，適応的な進化を速める効果がある．染色体DNAの組換えがもし遺伝子間領域で起こるなら，相同遺伝子の組合せが変化する．もしイントロンで起こるなら，**エキソン-シャフリング**（exon s.）になり，翻訳産物のレベルでは**ドメイン-シャフリング**（domain s.）をもたらす．つまり「部品」の組合せを変えた新規な遺伝子やタンパク質が生成される．逆にいえば，長いイントロンには，エキソンを損ねることなくシャフリングする確率を高め，進化を促進する機能があると考えられる（5・4・3項 末尾）．遺伝的要素の混交はこのように，複数のレベルで進化に寄与する．

13·4　生物の系統分類とゲノムの配列比較

相同遺伝子（13·3·2項）は，分岐してからの時間が短いほど配列が似ており，類縁が遠ざかるほど類似度が下がる（13·3·1項）。そこで配列を並べて比べる**分子系統解析**（molecular phylogenetics）により，遺伝子の進化の道筋を理解し，**系統樹**（phylogenetic tree）を描くことができる（図13·5）。また，適切な遺伝子を選べば，生物種の系統樹も描くことができる。ただし注意が必要なのは，水平伝播した遺伝子や，重複と分岐を繰り返して直系と側系が複雑に入り混じった遺伝子もありうることである。そのような遺伝子の系統樹は，生物種の系統関係を正確には反映しない。また生物界全体の系統樹を描くためには，全生物が共有する遺伝子を選ばなくてはならない。そこで現在では，翻訳の過

```
              10         20         30         40         50
ヒト          MGDVEKGKKI FIMKCSQCHT VEKGGKHKTG PNLHGLFGRK TGQAPGYSYT ...  0
マントヒヒ    MGDVKKGKKI FIMKCSQCHT VEKGGKHKTG PNLYGLFGRK TGQAPGYSYT ...  3
マウス        MGDVEKGKKI FVQKCAQCHT VEKGGKHKTG PNLHGLFGRK TGQAAGFSYT ...  9
ウシ          MGDVEKGKKI FVQKCAQCHT VEKGGKHKTG PNLHGLFGRK TGQAPGFSYT ... 10
ウマ          MGDVEKGKKI FVQKCAQCHT VEKGGKHKTG PNLHGLFGRK TGQAPGFSYT ... 11
マッコウクジラ MGDVEKGKKI FVQKCAQCHT VEKGGKHKTG PNLHGLFGRK TGQAVGFSYT ... 10
アヒル        MGDVEKGKKI FVQKCSQCHT VEKGGKHKTG PNLHGLFGRK TGQAEGFSYT ... 11
シチメンチョウ MGDIEKGKKI FVQKCSQCHT VEKGGKHKTG PNLHGLFGRK TGQAEGFSYT ... 12
カエル        MGDCEKGKKV FVQKCSQCHT CEKGGKHKTG PNLHGLFGRK TGQAEGYSYT ... 16
ニジマス      MGDIAKGKKA FVQKCAQCHT VENGGKHKVG PNLWGLFGRK TGQAEGYSYT ... 21
アカパンカビ  MGFS AGDSKKGANL FKTRCAQCHT LEEGGGNKIG PALHGLFGRK TGSVDGYAYT ... 43
パン酵母      MTEFK AGSAKKGATL FKTRCLQCHT VEKGGPHKVG PNLHGIFGRH SGQAEGYSYT ... 44
```

シトクロム c の例。右端の数字は，後半（C末端側）の省略部も含めて，ヒトの配列と異なる数。

(a) アミノ酸配列アラインメント

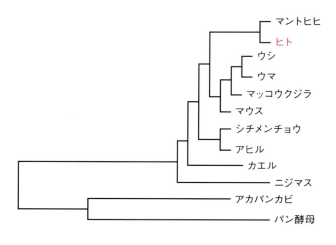

(b) 分子系統樹

図 13·5　配列類似性に基づく分子進化の推定

程に必須なリボソーム小サブユニットの rRNA の塩基配列が，生物の系統関係を判断するための中心的な指標に選ばれている．原核生物では 16S rRNA，真核生物では 18S rRNA である（**図 6·4**）．翻訳はすべての細胞で起こるので，この rRNA は全生物によく保存されている．

その rRNA 解析によれば，全生物は**細菌**（bacteria）・**古細菌**（archaea）・**真核生物**（eukaryota）の 3 大部門にまとまる．この大きな分類階層を**ドメイン**（**表 13·1**）とよぶ．3 ドメインのうち細菌と古細菌はすべて**微生物**（microorganism, microbe）であり，真核生物にも多くの単細胞微生物が含まれている．微生物は目に見えないだけに日常的には軽視されがちだが，歪みのない生命像を形作るには，微生物を重視するのが順当である．生態系における生物量（biomass）の大きさや物質循環の経路を正しく評価する上でも，**生物多様性**（biodiversity）の幅を偏りなく理解する必要がある．微生物はまた動植物より代謝が多様なので，新規な有機化合物を自然界から探し出して医薬品開発の素材にしたり，難分解性の汚染物質を生物学的に分解したりするのにも有効な種が多い．このような産業的・社会的応用面からも，微生物を尊重してバランスの取れた生命観を育むことが望まれる．

生物分類の伝統的な主要階層は，小さい方から**種・属・科・目・綱・門・界**であり，その上がドメインである．これら 8 階層で不足の場合は，上・亜・下などの接頭辞をつけたり，亜科と属の間に族を置いたりなど，さらに階層を増やす．例えばヒトは，脊椎動物亜門・哺乳綱・サル目・ヒト科・ヒト属・ヒトである（**12·3 節**）．種の学名は属名＋種小名の斜体（イタリック，italic）で表され，ヒトは *Homo sapiens* である（**図 12·5**）．

表 13·1 生物分類の主な階層

階層				ヒトの例	
和名		英語		分類名	補足説明
主	副	主	副		
ドメイン		domain		真核生物	ゲノム DNA が核膜に包まれている
界		kingdom		動物界	ほかは植物界・真菌界など
門		phylum, division		脊索動物門	脊椎動物のほか尾索動物（ホヤ）など
	亜門		subdivision	脊椎動物亜門	脊索は発生途上で退化し椎骨に置換
綱		class		哺乳綱	有胎盤類のほかカンガルーなど有袋類も
目	上目		superorder	真主齧上目	ネズミ目（齧歯目）も含む
	order			サル目	伝統名は「霊長目」
	下目		infraorder	狭鼻猿下目	旧世界ザル．新世界ザルは広鼻猿下目
科		family		ヒト科	類人猿．含ゴリラ・オランウータン
	族		tribe	ヒト族	チンパンジー・ボノボも含む
	亜族		subtribe	ヒト亜族	化石を含む全人類（図 12·5）
属		genus		ヒト属	*Homo*．含ホモ-エレクトスなど
種		species		ヒト	*Homo sapiens*．現生人類

rRNAは生物の大分類には適している反面，進化速度が遅いので，狭い範囲の生物群では配列が完全に同じだったり，ごくわずかしか違わなかったりする。そのため，分類対象の幅によってどの遺伝子を使うかを変える。例えば類人猿内部の系統関係や，5大陸における人類の移住・拡散ルートなどの解明などには，進化速度が特に速いミトコンドリアゲノムが用いられる（12・1・2項）。塩基配列とアミノ酸配列のどちらを用いるかも，目的によって選択する（図13・5(a)）。**配列アラインメント**（sequence alignment）を行う際には，機械的に全長を並べるのではなく，進化の過程で生じる挿入や欠失にも配慮して対応させ，ギャップを入れることもある。

13・5　ゲノムの生物間比較により進化の要因や全体像も考察できる

特定少数の遺伝子を対象とした分子系統解析は，20世紀後半から盛んに行われた。世紀末から21世紀には，代表的な**モデル生物**（1・5節 側注）の全ゲノム配列が次々に解明され，それらを対象にした**比較ゲノム学**（comparative genomics）により，生物進化の要因や全体像も洞察できるようになってきた。

① **マウス**（mouse, *Mus musculus*）：ヒトと同じ真主齧上目に分類されるが，8000万年前にヒトと分岐した。2002年，哺乳類で最初にゲノム解読が完成した代表的モデル生物で，ゲノムサイズや遺伝子セットはヒトとほぼ同じ。ヒトとマウスでは，保存シンテニー（conserved synteny）の領域（2種間で同じ遺伝子群が同じ順序で並んでいる領域）が90％以上も占めるが，塩基は約50％が置換されており，配置もあちこちに混在している。トランスポゾンは，塩基配列は似ているが分布が大きく異なっている。これは，マウスとヒトが分岐してからトランスポゾンが増加し，あちこち動き回ったせいである。染色体は切断と連結が180回ほど繰り返され，大きく再編された。

マウスとヒトで重複遺伝子を比較解析したところ，興味深い知見が得られた。マウスを含む哺乳類一般には，重複遺伝子間で配列が類似する程度は高低さまざまだが，ヒトでは一致度98％以上のものが際立って多い。このことは，ヒトの系譜で最近頻繁に遺伝子が重複したことを示す。チンパンジーなども同じ傾向で，類人猿における脳の発達と関係しているらしい。一方，嗅覚受容体の遺伝子は，マウスの方が際立って多く1130（偽遺伝子も加えると1366）もあるのに，ヒトでは396（同821）しかない。これは，恐竜全盛期に夜行性で歩み始めた哺乳類が長く嗅覚に頼ってきたのに対し，日中も樹上で安全に過ごし始めた霊長類は視覚に比重を移したせいだろう。ちなみに，ラットでは1207（1767），イヌで811（1100）なのに対し，ゾウでは1948（4267）も働いており，

鼻の長いゾウの嗅覚的**環世界**†がいかなるものか興味深い。

　② **トラフグ**（Japanese pufferfish, *Takifugu rubripes*）：ヒトの系譜は魚類と約4億年前に分岐したが，脊椎動物として共通にホックス遺伝子群を4セットもつ（**9·4節**）。遺伝子の数はヒトとほぼ同じなのに，ゲノムサイズは約10分の1ととても小さいので，ゲノム解析に便利な面がある。イントロンは，フグでも位置は同じだが，短い。イントロンにも遺伝子間の非コード領域にも，ヒトのような反復DNAがない。脊椎動物の仲間内でありながら，小さい配列領域は目まぐるしく消長してきた。

　③ **ショウジョウバエ**（fruit fly, うちキイロショウジョウバエは*Drosophila melanogaster*）：発生の体軸が脊椎動物と対照的な旧口動物の節足動物（**9·4節**）。一世代が約10日と短いため，20世紀前半，モルガン（T. H. Morgan）らにより遺伝学のモデル生物として重用され，連鎖地図や集団遺伝学の対象とされた。その弟子マラー（H. J. Muller）は，このハエにX線を当て，突然変異を人為的に誘発して研究を促進した（**図1·4**）。2000年，動物で2番目にゲノム解読が完成し，発生の分子メカニズムも集中的に研究された（**図9·11**）。ホックス遺伝子群が1組しかないせいで，その突然変異によって表現型が劇的に変化するため，この遺伝子が最初に発見された生物である。脊椎動物では，それが4セットもあり互いに補い合うため，ハエほど明瞭な変化にはならない。

　④ **線虫**（nematode, *Caenorhabditis elegans*）：やはり無脊椎動物。卵から成虫までの成熟は③のハエより短い3日で，寿命は2週間程度。体長は1 mmで地味だが，1974年にブレナー（S. Brenner）の慧眼が着目し，生命科学界に華々しく登場した。それ以前に線虫が科学史に登場するのは，1883年*Ascaris megalocephala*で「減数分裂」が発見されたときくらいである。959個の細胞の運命が網羅的に跡付けられており，うち101個は神経系になる。それらとは別に131個の細胞の死が予定されている（programmed cell death, **4·1節 側注：ネクローシスとアポトーシス**）。1998年，動物で最初に全ゲノムの解読が完成した。

　⑤ **シロイヌナズナ**（thale cress, *Arabidopsis thaliana*）：被子植物の代表的モデル生物で，アブラナ科に属す。2000年，植物で最初に全ゲノムが解かれ，集中的に研究されている。遺伝子の機能的分類群のうち，**代謝**（metabolism, **7·2節 側注：カタボライト**）に関わる遺伝子の割合は，一般に植物の方が動物よりずっと高い。

† **環世界**（Umwelt）：動物はそれぞれ種特有の生理的機構で世界を知覚し行動している。物理的にはたとえ同じ環境に住んでいても，動物が主体として感知し作用する客体は，種ごとで異なる世界を構成している。このように種ごとに独特の意味をもつ環境を表す概念として，エストニア出身でドイツの生物学者ヤーコブ-フォン-エクスキュル（Jakob von Uexküll）が提唱した。ヒトにはほのかな香りしかない単調で退屈な世界でも，ゾウはカラフルで刺激的な匂いの奔流に興奮しているかもしれない。

14. 病気の遺伝的要因
— ゲノムで読み解く生老病死 —

　ガンジス川流域にあった古代小国の王子ゴータマ-シッダールタ（釈迦）は，健やかに何不自由なく育てられましたが，ある日，城門の外に出てみると，多くの人々が生・老・病・死に苦しんでいることを知り，世の無常に愕然としました。ヒトの病気には，病原体など外因（環境因子）によるものや，メンデル性遺伝病のように内因（遺伝因子）によるものもありますが，大半はその両因子が多かれ少なかれ関わっています。この本の最後に，そのような病気の遺伝因子について学びましょう。

14・1　遺伝病にはメンデル性・多因子性・染色体異数性の3タイプがある

　ヒトの遺伝子は不幸なことに，病気の原因として人々に認識されてきた。例えば「血友病の遺伝子」「がん遺伝子」「筋ジストロフィーの遺伝子」というふうに。なぜなら，生物学や医学の長い歴史においてヒトの遺伝子は，突然変異が引き起こす異常や疾患によって特定されてきたからだ。しかしこれは結果的に奇妙なことである。例えば$FVIII$という名の遺伝子の機能とは，変異した際に血友病を引き起こすことではなく，正常な際に血液凝固を引き起こすことだからだ。病名で遺伝子を名付けることは，心臓を「発作器官」とよんだり，脳を「卒中器官」と命名するのと同じくらい不似合いな習慣である。

　遺伝的要因が関わる病気は，次の3つに分けて考えることができる（表14・1）：

① **単一遺伝子疾患**（single-gene disorder）：**メンデル遺伝**（2・4節 側注）の基本が患者の家系でそのまま成り立つことから，メンデル遺伝病（Mendelian disease）ともいう（図14・1）。患者数は②に比べると少ないが，疾患の総数は意外に多く，6000種類以上が知られている。しかもその変異のどれかをヘテロ（1・6節）でもつ**保因者**（carrier）は，100〜200人に1人もいる。

表 14・1　遺伝子の関わる疾患の例

	遺伝子	位置	備考
単一遺伝子疾患（メンデル遺伝病）			遺伝子座位が常染色体か性染色体か，遺伝が優性か劣性かによって4分類。
常染色体劣性遺伝病			4区分のうち罹患率が最も高く，種類も数千が知られている。
白皮症（albino）I 型	*TYR*	11q14.2	メラニン色素合成に必要なチロシナーゼ遺伝子の変異。皮膚がん等へ。
フェニルケトン尿症	*PAH*	12q24.1	芳香族アミノ酸代謝の先天性代謝異常症。フェニルアラニン水酸化酵素。
ガラクトース血症 I 型	*GALT*	9p13	糖代謝の先天性代謝異常症。galactose-1-phosphate uridylyltransferase。
福山型先天性筋ジストロフィー	*FCMD*	9q31	フクチン遺伝子3′UTRの挿入変異。中枢神経症状を伴う。日本に特に多い。
嚢胞性繊維症	*CFTR*	7q31.2	細胞膜の塩素イオン（Cl^-）輸送体の遺伝子欠損で生じる致命的な疾患。
常染色体優性遺伝病			致死性疾患は生殖年齢前に発症すると子孫を残さないので罹患率は低い。
ハンチントン（舞踏）病	*HD*	4p16.3	神経変性による舞踏運動や性格変化・精神障害を起こす。
筋緊張性ジストロフィー	*DMPK*	19q13.3	タンパク質キナーゼ遺伝子の3′UTRのCTG反復。mRNA核外移出異常。
ドーパ反応性ジストニア（瀬川病）	*GCHI*	14q22.1-22.2	筋緊張異常によるジストニアを主徴とする。10歳以下の女児に発症が多い。
X連鎖劣性遺伝病			男性の罹患率は高いが女性ではまれ。
血友病 A, B	*FVIII, FIX*	Xq28, Xq27	血液凝固の，それぞれVIII, IX因子の変異による血液凝固異常症。
デュシェンヌ型筋ジストロフィー	*DMD*	Xp21.2	ヒトのもつ最長の遺伝子（2.3 Mb, 79エクソン）の変異。
X連鎖優性遺伝病			父親からは娘だけに遺伝。症状は男性に，より重篤なことがある。
X染色体優性低リン性くる病	*PHEX*	Xp22.1	骨の石灰化の障害により骨が軟化する くる病/骨軟化症の1つ。
脆弱X染色体症候群	*FMR1*	Xq27.3	CGCトリプレット反復病。遺伝性が確認されているまれな精神発達障害。
多因子疾患			複数の遺伝因子と様々な環境因子の影響を受ける。生活習慣病の多くも。
がん	*BRCA1*（17q21），*BRCA2*（13q12-q13），*APC*（5q21）ほか多数。		
統合失調症	*COMT*（22q11.2），*CHRNA7*[注]（15q13.3），*CACNG2*（22q13）など多数の候補を探索中。		*注：*CHRNA7*は，ニコチン性アセチルコリン受容体（nAChR）のα7サブユニットをコードする遺伝子。
ほかにアルツハイマー病・糖尿病・肥満・高血圧・心臓病・脳梗塞・アルコール依存症・双極性障害など多数。			
染色体異常症			
ダウン症（21トリソミー）		21	21番染色体が1本多い。知的障害，心疾患，低身長など。
18トリソミー		18	18番染色体が1本多い。口唇裂，口蓋裂など多くの奇形と重度の知的障害。
クラインフェルター症候群		X	XXY, XXXYなどX染色体が過剰。二次性徴の欠如や不妊等，症状は軽度。

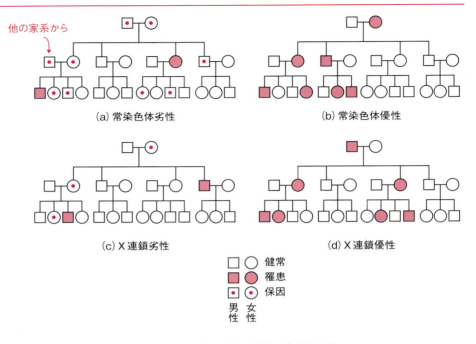

図14・1 単一遺伝子疾患の家系図の例

② **多因子疾患**（multifactorial d.）：影響力が小さい多数の座位が関与する**多遺伝子性**（1・7節，微動遺伝子性）であり，さらに環境因子も組み合わさって発症の有無や程度が決まる多因子性（multifactorial）の疾患。高血圧・肥満・糖尿病などの生活習慣病やがん・精神疾患などがこれにあたり，患者数は①や③より圧倒的に多い。ただし中には，少数の座位が大きな遺伝的効果をもつ**主働遺伝子性**（oligogenic）の疾患もある。例えば，主要組織適合性抗原 HLA の特定アレルが最も強く影響する自己免疫疾患などである。しかし大部分の疾患は前者であり，ヒトは皆多かれ少なかれ，そのような有害なアレルを多数（平均250～300座位）ヘテロでもつ。

③ **染色体異常症**（chromosome d.）：染色体の数が，健常者の46本より多かったり少なかったりする**異数性**（aneuploidy）などによって生じる（13・2節 (c)）。異数性は，減数分裂の際に染色体が正しく分配されなかったために起こる。染色体全体の増減ではなく，一部の重複や欠失による部分的異数性や転座などによる異常も含まれる。有害作用が大きいと胚の段階で致死的（lethal）なため，むしろ作用が比較的小さい場合に出生し疾患を呈する。通常2本（1対）の染色体が3本ある場合を**トリソミー**（trisomy）といい，他にモノソミー（1本）・テトラソミー（4本）・ペンタソミー（5本）などという。常染色体21番のトリソミーをダウン症候群（Down syndrome）という。13番と18番のトリソミー

では，生後 1 年以内に 90％が死亡する．性染色体の異数性には，クラインフェルター（Klinefelter）症候群（XXY, XXXY など）・ターナー症候群（X0）・スーパー女性（XXX，XXXX など）・スーパー男性（XYY, XYYY など）がある．X 染色体は 2 本（以上）あっても，lncRNA が関与するエピジェネティック抑制を受けるので（10・5 節）症状は軽度である．

単一遺伝子疾患（①）は，その病因遺伝子が常染色体と X 染色体のいずれにあるか，またその疾患（形質）が優性か劣性かによって，**表 14・1 上部**のように 4 分類される．父親の X 染色体は息子には伝わらないので，当然父親の X 連鎖病（X-linked disease）の因子は娘のみに遺伝し，息子には遺伝しない．また X 連鎖劣性病は男性に頻度が高く，女性では稀である．女性では 2 本のうち 1 本の X 染色体が不活性化されるが，母系・父系どちらの染色体が不活性化されるかは細胞ごとで異なるので，組織・器官レベルで補われる（10・5 節）．Y 染色体には *SRY* 遺伝子以外にたいした遺伝子がないため（1・5 節），**伴性遺伝病**（sex-linked d.）の大部分は X 連鎖（X-linked）である．

酵素をコードする遺伝子が欠損すると，一般に先天性代謝異常症が起こる．同様に，苦味を感じる受容体をコードする遺伝子が欠損すると無味覚症になる．苦味受容体 TAS2R ファミリーの 1 つ TAS2R38 はフェニルチオカルバミド（phenylthiocarbamide, PTC）を感受するが，世界で 3 割のヒトが欠損している（**図 14・2**）．無味覚症の割合は民族で異なり，オーストラリアの先住民では 42％と高く，アメリカ先住民では 2％と低い．

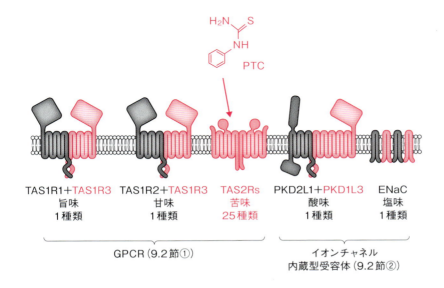

図 14・2　苦味物質と味覚受容体

多因子疾患（②）である生活習慣病の遺伝因子がなぜこれほど高い頻度で人類に存続してきたのかという謎に答える説明として，**節約遺伝子**（thrifty genotype）仮説が提唱されている．700万年にわたる人類および20万年にわたるヒトの歴史（**12.3節**）の大部分は食料の乏しい期間だったため，ヒトゲノムは飢餓状態に適応し，食物を一気に摂取する意欲と脂肪を大量に体内に貯蔵する体質を発現する遺伝子型（アレルの組合せ）が自然選択されてきた．しかしこの遺伝子型は，最近のたかだか100〜200年程度の豊かな飽食時代には適応しておらず，余剰カロリーを蓄積する傾向や血糖値を高く保つ傾向（インスリン抵抗性）が肥満や糖尿病など生活習慣病の要因となっていると考える．このように，人類の進化から疾患の原因（進化的要因）を追求する**進化医学**（evolutionary medicine）が盛んになっている．

多因子疾患や無害な表現型の決定要因として，遺伝因子と環境因子の重みがどういう割合であるかは，個々の疾患や形質で異なる．この百年間になされた数十の研究によると，体重には環境因子が大きく関わるのに対し，身長は遺伝因子の影響の方がずっと大きい．例えば，ある集団の身長が153〜214 cmの範囲に分布するなら，この61 cmの幅のうち56 cm分が遺伝的差異による．具体的な遺伝子座を特定するため，1万人のゲノムデータを**GWAS**（ゲノムワイド関連解析，**14.2.2項**②）で分析し，身長に有意に寄与する要因をあぶり出した．しかし，それらをすべて加え合わせてもせいぜい5 cm分しか説明できず，残り51 cm分の遺伝子座は検出できなかった．病気についても同様であり，心臓病・糖尿病・アルツハイマー病・統合失調症・双極性障害・自閉症・薬物依存症・知能について，やはり遺伝因子の割合が高いことがわかっていても，特定のDNA座位を名指すことは難しい．数十あるいは数百の遺伝子がそれぞれ小さな効果を累積する上，環境要因がそれらに複雑にわずかずつ絡んでいるせいだろう．

14.2　病因遺伝子の解明は宿命論を排して対処可能性を広げる

遺伝子診断に対するよくある誤解に，「病気の遺伝的要因を突き止めると，その病気が避けられない宿命だと決定付けることになってしまう」というものがあるが，それは事実ではない（**1.1節**）．多くの場合は，どのような対処が可能かを解明し，実際に対策を講じる拠り所になる．

14.2.1　病因となる変異の種類

疾患の原因となるDNAのランダムな変異にはさまざまなタイプがある．す

なわちタンパク質のコード領域の機能低下・終止コドンの生成（ナンセンス変異など，4・2節）・遺伝子全体あるいは一部の欠失・転位因子など他の配列の挿入・プロモーター部位やスプライス部位の変異による調節異常・5′, 3′ UTR（2・3節）の変化によるmRNA安定性の変化などである。そのうち**トリプレット-リピート病**とは，CAGあるいはCCGのような3塩基が，ある一定の長さ以上繰り返すことによって，細胞分裂におけるDNA複製が不安定になり発現する疾患である。脆弱X症候群・ハンチントン病・筋緊張性ジストロフィーなど，神経変性疾患を中心にいくつかの疾患がある。親から子へ伝達される際に，繰り返し配列の長さが変化し（ほとんどの場合で伸長），病態の重症化や早期発症をもたらす。

　また，遺伝子の変異と機能的変化の関係は，単一遺伝子疾患（前節①）だけでも，次のように複雑な種類がある（**図14・3**）：

① 通常の**機能喪失変異**（1・6節）：多くの遺伝子は1コピー（活性が5割）だけでも正常な生理的機能を果たせるので，機能喪失変異はヘテロ接合体（1・6節）では表現型に影響しない。すなわち遺伝形式が**劣性**となる。これは，正常遺伝子のホモ接合体（2コピー）での産物（タンパク質）量に倍（以上）の余裕があるため，進化医学的には納得しやすいケースである。

② **ハプロ不全**（haploinsufficiency）：ある種の遺伝子は，野生型遺伝子1コピーだけでは正常な形質を表すのに不十分であり，機能喪失変異が優性の遺伝形式になる。代表的な例に，エラスチン遺伝子 *ELN* の変異による弁上部大動

＊注：図14・3最下段「機能獲得」欄では，この変異による機能の獲得分（追加分）を「遺伝子機能レベル」として表している。

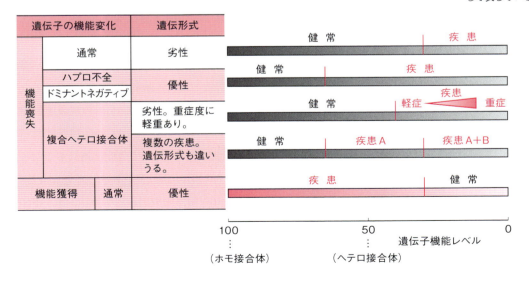

図14・3　遺伝子の機能喪失／獲得変異と疾患表現型との関係＊注

脈狭窄症などがある。

③ **ドミナントネガティブ**（dominant negative）：機能を喪失した変異遺伝子の産物が正常遺伝子産物の機能を妨げる場合，遺伝形式はやはり優性になる。例えば，多量体として働くタンパク質の場合，複数のサブユニットのうち1つが変異型であるだけで機能を果たせない場合がこれに当たる。

④ **複合ヘテロ接合体**（compound heterozygote）：遺伝形式は劣性でも，①のように「健常か疾患か」の二者択一ではなく，疾患の**重篤度に幅**がある場合もある。これは，1つの遺伝子に複数の異なる機能喪失性変異アレルがあって，それらどうしが複合ヘテロ接合体となる場合に生じうる。すなわち，それらアレルの機能喪失の度合いに差があれば，重症度は変異タンパク質に残存する活性の程度に相関する。代表例にX染色体連鎖ジストロフィン遺伝子があり，症状が重度だとデュシャンヌ型筋ジストロフィー（DMD），軽度だとベッカー型（BMD）となる。残存活性の違いが，症状の軽重だけではなく別の症候群さえ引き起こす遺伝子もある。この場合，疾患Aは優性でBは劣性など，遺伝形式まで異なる可能性がある。

⑤ 通常の**機能獲得変異**（1・6節）：多くの場合は変異遺伝子1コピーでも影響を現し，ヘテロ接合体でも表現型が変わる。すなわち遺伝形式は**優性**となる。ただし，機能獲得の判定には解釈の余地がある。例えば，イオンチャネルが突然変異で開きっぱなしになると，恒常的イオン透過能を獲得したと解釈するが，正常な条件的閉鎖能を喪失したともいえる。同様に，増殖因子受容体が活性型に固定されるのは，がん細胞レベルでは無限増殖能を獲得したといえるが，個体レベルでは正常な被制御能を失ったと見るのが順当だろう。

14・2・2　病因遺伝子の解析法

病因遺伝子を突き止めるための主な解析法として，次のような手法がある：

① **連鎖解析**（linkage analysis）：連鎖不平衡（1・6節 II-⑤）の現象を利用し，系図を用いて患者の家系（pedigree）を解析する（図14・1）。**遺伝的マーカー**（12・2節 側注）のゲノム地図を作成しておけば，病気の発症と連鎖するマーカーを特定できる。ゲノム上でそれの近傍に病因遺伝子があると考えられる。単一遺伝子疾患については，**減数分裂が100個ある家系**†を利用すれば，平均1 Mb（≒ 1 cM）の領域に絞り込みうる（1・6節 側注：染色体地図）が，多因子疾患にこの解析法は使えない。

② **関連解析**（association study）：集団を対象として統計的に解析する。一般に，多因子疾患での検出能力が①より高い。既存の疾患知識のみに頼らず，

---

† **減数分裂が100個ある家系**：連鎖解析の対象となる家系の中で，減数分裂によって生じた配偶子が，（受精を経て）表現型を現した回数がn回であれば，それを「減数分裂がn個ある家系」とよぶ。例えば図14・1(a)には，減数分裂が36個ある。つまり，家系内に示された交配によって出生した（表現型が観察できるようになった）個体の数（図では子世代と孫世代の計18人）の2倍が，そのような（消え去らなかった）配偶子の数であり，すなわち減数分裂の回数である。

幅広い遺伝因子を発見するのに役立っている。未然の予防法として健康管理や生活習慣の改善にも応用され，薬剤の選択・精密医療（14・2・4項 側注）・創薬などにも有用である。ただし利用する SNP マーカーが数千〜数万程度までなら，どれが真の病因かを決めるのは難しい。その SNP 自体が疾患の要因になっているケースはまれで，多くの場合は位置を決めるマーカー（指標）としての利用価値である（12・2節①）。

　この解析に使われる主な研究手法に，**コホート研究**[†]と**症例対照研究**[†]の2つがある。**コホート研究**では，集団全体あるいはそこから無作為に抽出した標本群について，特定の因子（群）を有しているか否かと，特定の疾患（群）を発症するか否かを追跡調査する。しかしコホート研究は，調査の規模を大きくする必要があったり，無作為抽出だと稀な疾患は統計的に十分な数の罹患者を含まない可能性が高かったり，という欠点がある。一方の**症例対照研究**では，まず罹患者（症例 case）群と，それと比較可能な非罹患者（健常者，対照 control）群とを選択し，それぞれの個人が上記の因子を有していたか否かを解析する。このためコホート研究の上記欠点を補える利点がある一方，対照群を偏り（bias）なく選択するのが難しいという欠点がある。典型的なコホート研究は，現在から未来に向かって発症を追跡する**前向き研究**（prospective s.）だが，過去の記録が整っている場合には，現在から過去にさかのぼって情報を調査する**後ろ向き研究**（retrospective s.）も可能である。症例対照研究は，その性格から後ろ向き研究に当てはまる。これらはみな調査時点が2回以上にわたる点が共通なので**縦断研究**（longitudinal s.）とまとめ，因子と罹患を同時に調べる**横断研究**（cross-sectional s.）を対比することもある。

　最近可能になったゲノムワイド関連解析（genome-wide a. s., **GWAS**, ジーウォズ）では，従来の関連解析の欠点を補えるようになってきた。ゲノム全体に分布した数十万の SNP マーカー（12・2節①）と疾患との有意な相関を調べ，染色体上での位置を1〜10 kb の範囲に狭め，真の要因である座位を同定しうる。GWAS 最初の成功例の1つに**加齢黄斑変性**（age-related macular degeneration, AMD）がある。その研究では，96人の患者と50人の健常者のゲノムで22万6204個の SNP を調べた結果，2つの SNP に強い相関が見つかった。ともに炎症反応で働く**補体**[†]の因子Hの遺伝子 *CFH* にあった。その後見つかった2番目に大きなリスク因子も，補体系の *LOC38775*（*ARMS2*）遺伝子のコード領域の SNP だった。

③ **生物学的解析**：マウスや線虫・酵母・大腸菌など**モデル生物**で，候補遺伝子を実験的にノックダウンあるいはノックアウトし（10・7節），表現型を調

[†] **コホート研究**（cohort study）**と症例対照研究**（case-control s.）：これらは**分析疫学**（analytical epidemiology）の代表的な研究デザインで，主に職業・生活習慣・放射線被曝など環境因子の研究に使われてきた。**コホート**とは研究対象の集団（標本群）を指し，古代ローマ軍の中隊にちなんだ命名。**疫学**の手法はいずれも研究対象に介入しない**観察研究**であり，物理学や生物学など自然科学の主流が研究対象を操作する**実験研究**であるのと対照的である。従来は物語的（narrative）だった歴史学なども巻き込み，数量的比較と統計学を武器とする非介入研究が，正統な科学としての地歩を固めつつある。

[†] **補体**（complement）：動物の体に侵入してきた病原体などを攻撃して取り除く血液中の小さなタンパク質のグループ。自然免疫（10・3節 側注）に属するが，適応免疫の抗体や貪食細胞を補助して機能する。C1〜C9までの補体タンパク質の他，B, D, I, H などの因子も補体の機能発現や調節に関与しており，それらも含めて補体系と総称する。補体系の働きは複雑だが，例えば C5b に C6〜C9 が結合した膜侵襲複合体（membrane-attack complex, MAC）は，細菌の細胞膜に穴を開けて殺す。

† きょうだい (sibling)；男女を問わず兄弟 (brother) と姉妹 (sister) を合わせた概念。平仮名と漢字で書き分ける術語は生物学に多い。他には，がんは白血病や肉腫も含めたすべての悪性腫瘍で，癌はそのうち上皮性固形がんに限定する。なお，べん毛と鞭毛の使い分けは 11·2 節 側注：べん毛参照。

べる。あるいは，すでになされている実験研究の報告を検索して利用する。

④ **双生児研究**；遺伝因子と環境因子の影響力のバランスを解明する手法である。一卵性（monozygotic, MZ）と二卵性（dizygotic, DZ）のふたごを比較することにより，疾患だけではなく無害な表現型についても同様に解析できる。二卵性双生児では，遺伝因子の差異の程度は一般の**きょうだい**†の場合と同等である。なお，病気や形質の要因をこれら 2 つだけに分類して解析する場合，本人の生活習慣や「努力」など，遺伝因子以外のものはすべて環境因子に分類される。この点は，日常的感覚からはずれている。

14·2·3　病因の解析例

囊胞性線維症（cystic fibrosis, CF）は，気管支・腸管・膵管・胆管の分泌液が著しく粘稠になり，気道が閉塞したり胆石・膵炎・肝機能障害から肝硬変をきたしたりする。特に気管支の症状が致命的で，痰が細菌の巣窟となり，多くの患者は感染症を繰り返しながら肺炎のため 20 代までに死亡する。欧米の白人では 2500 人に 1 人発症する，頻度の高い重篤な常染色体劣性の遺伝病である。その原因遺伝子は 1989 年に突き止められ，細胞膜の塩化物イオン（Cl^-）チャネル（CF transmembrane conductance regulator, CFTR）の ΔF508 変異（508 番目の Phe の欠失）だった。

　CF が深刻な致死的病気でありながら，なぜその原因となる *CFTR* 遺伝子の変異アレルが進化の選択圧で淘汰されず，ヨーロッパ人の間に残ってきたのか，不思議である。最近提唱された興味深い仮説は，コレラへの耐性で有利な形質として選択されたからだという。ヒトがコレラ菌に感染すると，重症の下痢によって腸管内腔から水分と塩分が激しく失われ，脱水症状と代謝異常によって死に至る。この *CFTR* ΔF508 アレルをヘテロでもつ人は，イオンチャネルを介して水と塩分を失う活性が少し低下しているおかげで，コレラによる症状がいくぶん軽くすむらしい。

　統合失調症（schizophrenia）に関して，GWAS によって少なくとも 108 個の遺伝子（正確にはゲノム上の座位）が報告されている。そのうち関与が最も強力でしかも興味深い遺伝子は，**補体（前項 側注）**の 1 つをコードする *C4* 遺伝子である。脳が発達する過程で，神経細胞どうしの連絡に必要なシナプスが構築されたり，余分なシナプスが刈り込まれたりする。C4 タンパク質は驚くべきことに，補体として生体防御機能を果たすだけでなく，このシナプスの刈り込みにも流用されている。統合失調症の患者では，*C4* 遺伝子の変異によって，このタンパク質の量と活性が高まっており，シナプスが過剰に刈り込まれ

る．この知見の医学的応用として，青少年期に C4 タンパク質を抑制する処置によって，正常なシナプス数を取り戻す治療が可能かも知れない．

　現代の高齢化社会では，**認知症**（dementia）の解明・予防・治療が重要な課題となっており，遺伝因子の解明にも力が注がれている．そのうち遅発性アルツハイマー病と強い関係のある遺伝子が 19 番染色体に見つかった．それはアポリポタンパク質 E の遺伝子 *APOE* であり，そのアレルには ε2, ε3, ε4 の 3 種がある．このうち ε4 ホモ接合体（50 人に 1 人）で相対リスク（**オッズ比**[†]）が 15 倍にもなり，ヘテロ接合体でさえ 2〜3 倍である．このたった 1 つの遺伝子で，この病気の遺伝的リスク要因の 3 分の 2 を占める．他の多くの多因子疾患の特定の変異は，大部分オッズ比が 1.5 以下と限定的であるのとは対照的である．

　C-C ケモカイン受容体 5（C-C chemokine receptor type 5，略して CCR5）という膜タンパク質の遺伝子に，Δ32 とよばれる突然変異がある．この変異アレルをホモでもつ人は，HIV（ヒト免疫不全ウイルス）の多くの株に対して耐性を示す．CCR5 は **GPCR**（G タンパク質共役型受容体，9・2 節①）の 1 種であり，白血球（主に T 細胞・マクロファージ・樹状細胞・小膠細胞）の表面に露出し，ケモカインの受容体として免疫系で働いている．HIV 株の多くは，宿主細胞に感染する初期段階で CCR5 を利用しており，「CCR5 指向性 HIV-1」とよばれる．*CCR5-Δ32* アレルは，今から 700 年前に天然痘による自然選択によって北部ヨーロッパに残り，ヴァイキングの移動に伴って広がったとする説が有力である．東アジア人での保有率はゼロである．HIV に対する耐性は高い一方，西ナイルウイルスにはかえって感染しやすいため，HIV 治療に応用するには課題が残る．

14・2・4　ゲノム解析に基づく精密医療と遺伝子治療

　DNA の塩基配列を実験的に決める手法が飛躍的に改善され，ヒト一人の**全ゲノム配列**（whole genome sequence, **WGS**）を解読する費用が当初より 6 桁も安くなったおかげで，患者個人レベルの WGS によって病因遺伝子の変異を突き止める道が開かれた．費用対効果を高めるために，エキソンに集中した**全エキソーム配列**（whole exome s., **WES**）の解読を利用することもある．14・2・2 項の連鎖解析（①）や GWAS を含む関連解析（②）は，ゲノム情報に基づいて病因遺伝子を解析するという点では同じでありながら，遺伝的マーカーを頼りに領域を絞り込むのに対し，WGS や WES は直接的な配列決定から始める方法であり，第 3 のアプローチとして今後拡大するかも知れない．

[†] **オッズ比**（odds ratio, **OR**）：コホート研究（前項②）において，特定の遺伝因子や環境因子を有する人と有さない人のグループで，特定の疾患を発症している確率の比を**相対リスク**（relative risk, **RR**）という．下の表で，$RR = [a/(a+b)]/[c/(c+d)]$ のこと．一方，**症例対照研究**では，対照群は独立に選ぶため，$a+b$ や $c+d$ という数値が意味をなさない．こちらで有効な指標が**オッズ比**で，$OR = (a/b)/(c/d) = ad/bc$ である．ただし，「稀な疾患」という条件（前項②）では，コホートにおいて $a \ll b, c \ll d$ となるため，$OR \approx RR$ として扱える．OR や RR の有意性は，統計学の一般的な検定法で評価できる．

	発症	非発症	計
因子あり	a	b	$a+b$
因子なし	c	d	$c+d$
計	$a+c$	$b+d$	$a+b+c+d$

このWGSで治療効果の得られた例に，**SPR欠損症**がある。5歳で**ドーパ反応性ジストニア**（<u>d</u>opa-<u>r</u>esponsive <u>d</u>ystonia, DRD）と診断された双生児が，10年以上も発作や歩行困難の症状に苦しんでいた。DRDは遺伝的に雑多で，臨床的にも複雑な運動障害である。そのうち**瀬川病**は，GTPシクロヒドロラーゼⅠの変異によることが1994年に突き止められていた。瀬川病には神経伝達物質ドーパミンの前駆体レボドパ（L-dopa）の処方が著効を示すが，この双生児には効果が薄かった。2人の全ゲノム解析で，SPR（<u>s</u>epiapterin <u>r</u>eductase）という別酵素の遺伝子に複合ヘテロ接合体（14・2・1項④）の変異が同定された。この酵素の欠損は，ドーパミンとセロトニン両方の合成に必要なヒドロキシラーゼの補酵素であるBH_4（tetrahydrobiopterin）を減少させる。14歳で発見されたこの稀な疾患に，セロトニンの前駆体である5-HTP（5-<u>h</u>ydroxy<u>t</u>ryp<u>t</u>o<u>p</u>han）を併用したところ，双生児の両方の症状がたちまち好転した。

上述とはまた別の5歳の少年が，腸に穴の開く原因不明の病気にかかった。穴を塞ぐために100回以上も手術を受けたが，根本的な回復には至らなかった。2010年，全ゲノムの2〜3%にあたるWESを解読し，機能に基づいて候補遺伝子を約2000に絞ったうち，XIAPに変異が見つかった。これは，通常なら気づかないうちに自然治癒する**エプスタイン-バール（EB）ウイルス感染症**が治らない，ごく稀な遺伝的障害と判定された。この新たな診断に基づき，臍帯血移植で新しい免疫系を植え付けたら，著効が得られた。

もっと患者数が多いありふれた病気でも，正確な遺伝因子を突き止めれば，特定の集団に著効を示す治療法を選択できる場合がある。**心不全**には，アフリカ系アメリカ人に偏って多いタイプがある。彼らの心不全とその主な原因である高血圧によく効く治療薬にバイディルがある。この薬は，「非白人系患者，望ましくは黒人患者」の心不全の特定治療薬として2002年，ある製薬会社に特許が承認された。人種差別ではないかとの議論が起きたが，その顕著な効果にはあらがう余地がなく，承認は13年間延長された。

もう1つの例として，抗がん薬のイレッサは，**肺がん**患者の10%のみによい効果を表す。上皮増殖因子受容体（EGFR）の遺伝子に，イレッサの結合を高めるような変異がある患者だけに効く。したがってゲノムの多型に応じた治療薬の選択が望まれる。以上のように，患者個人の病状や遺伝的多型を精密に解析し，最適な治療法を選んで施すことを**精密医療**†という。

一方**遺伝子治療**は，効果が不明確だったり重篤な副作用を伴ったりして有効性が疑問視されてきたが，2014年に血友病に対する信頼性の高い治療報告

† **精密医療**（precision medicine）；カタカナ書きで「プレシジョン-メディシン」ともいう。これまでテーラーメイド医療・オーダーメイド医療・**個別化医療**（personalized m.）などの言葉があったが，米国のオバマ大統領が2015年の一般教書演説で"P. M. Initiative"を発表したことから，特に個人別ゲノムデータを尊重した予防（先制医療）や治療を意味する言葉として広まってきた。これまでの言葉が手厚い医療の高度化に重点を置いていたのに対し，特定の病気にかかりやすい集団を精密に分類し，無駄な加療を避け費用対効果を高める合理化に重みがある。

が現れた。AAV8 という新しいウイルスをベクターとして，血液凝固の第 IX 因子の遺伝子を挿入し，重症な**血友病**の男性患者 10 名に注射したところ，出血を抑制する効果が高かった。その上に安全性も確かめられ，効果が 3 年以上も続いた。特に注目すべき点は，第 IX 因子の血中濃度が正常値の 5% にしか達しなかったのに，出血頻度が 90% 以上低下したことである。この事実は，健常人におけるこの因子の高い発現レベルは余分であり，遺伝子産物のわずかな補給で患者の大幅な健康回復が期待できることを示す。筋ジストロフィーや囊胞性線維症など，その他の遺伝病にも同じ原則が成り立つなら，遺伝子治療の将来性は，これまで考えられていた以上に明るいかも知れない。

14·3　がんはダーウィン的進化で過剰な増殖能を獲得した体細胞である

がん[†]は，患者自身の体細胞が突然変異によって，野放図(のほうず)に増殖するようになって引き起こされる疾患である。心疾患や脳血管疾患と並び，現代日本人の 3 大死因の 1 つである。がんも他の疾患と同じく，環境と遺伝の両方が関わる（14·1 節②）。**発がん**（carcinogenesis）の原因となる変異が生じるメカニズムは，次の 4 つである（4·1 節）：

① **変異原**（mutagen）；タバコなどの化学物質や紫外線・X 線などの電離放射線（4·1 節 側注：発がん要因）。DNA を修飾・切断して損傷する化学的・物理的な環境因子。外的要因である①と③を合わせて**発がん要因**という。

② **DNA 複製の誤り**（replication error）；細胞分裂の際に自然に生じ，修復しきれずに残るコピーミス（4·3 節）。

③ **感染**：発がん性のウイルスや細菌が，性行為・母子感染・注射器の使い回しなどを介した水平伝播（11·2 節）により，がんの遺伝的要因を細胞内にもち込む。ヒトパピローマウイルス・B 型と C 型の肝炎ウイルス・ピロリ菌はそれぞれ子宮頸がん・肝がん・胃がんの主な要因。

④ **遺伝**：両親から垂直伝播（11·2 節）で受け継ぐ。網膜芽細胞腫や乳がんなど遺伝性・家族性がんではほとんどの場合，がん抑制遺伝子の変異が主要な原因である。

発がんに関わる遺伝子はヒトゲノムに約 200 あり，**がん原遺伝子**（proto-oncogene）と**がん抑制遺伝子**（tumor-suppressor g.）に分けられる。前者は正常な増殖因子やその受容体などの遺伝子であり，機能獲得変異（14·2·1 項）による過剰発現で優性な**がん遺伝子**（oncogene）に変わる（図 14·4）。後者は増殖抑制系や DNA 修復酵素（4·3 節）の遺伝子であり，機能喪失変異による欠損で劣性の発がん要因となる（ただし 14·2·1 項③も参照）。すなわちがんは，

[†] **がん**（cancer）：英語は星座のかに座（Cancer）と同じ。癌(がん)（carcinoma）との違いは 14·2·2 項の側注参照。「悪性新生物」とよばれることもあるが，これは "malignant neoplasm" に当てた訳語。"plasm(a)" は「原形質，造物主が形成したもの」という意味合いであり，寄生虫や病原菌のように宿主（患者）とは独立の「生物」を連想させる訳はふさわしくない。

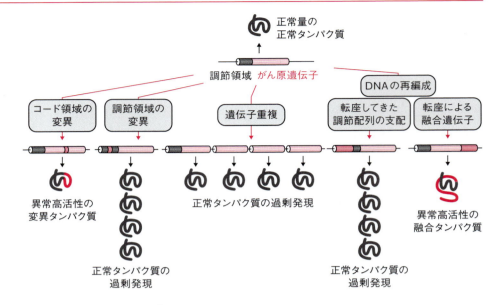

図14・4 がん原遺伝子からがん遺伝子への変異

細胞増殖のアクセルが踏まれるとともにブレーキが壊れて起こる。

がんは体細胞の変異によって，次の6つの性質を獲得する：

(a) **外部から増殖因子**の刺激がなくても，独立して増殖する。増殖の信号を自給自足する。

(b) 外部からの**増殖抑制因子**に感応しない。一般の細胞なら受けるはずの密度依存性阻害がかからなくなり，足場依存性もなくなる。

(c) **アポトーシス**（4・1節 側注）を回避する。

(d) **無限**に増殖できる。テロメラーゼ活性が高く，テロメアが短縮しない（3・5節）。

(e) 細胞集団として**血管の新生**を促し，自らへの血液の供給を確保する。

(f) 基底膜を通り抜けて組織に**浸潤**（infiltration）し，全身に**転移**（metastasis）して二次的な腫瘍を形成する。

正常な制御を逃れて異常に増殖する細胞を一般に**腫瘍**（tumor）という。そのうち，(f) の浸潤・転移がないものは**良性腫瘍**（benign t.）とよび，**悪性腫瘍**（malignant t.）すなわちがんから区別する。ただし脳腫瘍だけは，転移がない良性でも致命的になりうる。これは脳という臓器が，頑丈な頭蓋骨で容積を制限された上，全臓器を制御する特別重要な機能をもつ特殊性による。

がんは必ず1個の異常細胞から出発し（原発性腫瘍 primary t.），変異を蓄積しながら増殖能を高めていく（**図14・5**）。その蓄積には時間がかかるので，

急性感染症などより潜伏期はずっと長いが，加齢に伴って加速度的に発症の頻度が高まる．潜伏期の長さはがんや要因によって異なり，広島・長崎の原子爆弾による白血病は投下後2〜3年後から増え，喫煙による肺がんは10〜20年後から目立ち始め，アスベスト（石綿）による悪性中皮腫は平均35年後に発症する．発がんを駆動する主要な**ドライバー変異**（driver mutation）は比較的少なく，白血病では2〜3個，固形がんでは5〜6個程度らしい．ただし，がん細胞では，DNA修復機能が衰えてゲノムが不安定化するため，蓄積する**パッセンジャー変異**（passenger m., たまたま「乗り合わせる」変異）の総数はずっと多い．

増殖が速いほど相対的に勝ち残るので，発がんはダーウィン的進化の体細胞バージョンだといえる．すなわち，生殖細胞系列の遺伝的変異に自然選択がかかるのが生態系（マクロコスモス）での生物進化だが（13・3節），子孫に伝わらない一個体限りの体細胞突然変異に自然選択がかかるミクロコスモス版の進化を，がん細胞が演じているわけだ．

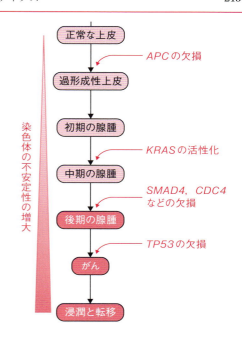

図14・5 大腸がんの進行に伴う変異蓄積のモデル

がんの主な治療法は，**外科手術**（surgery）・**化学療法**（chemotherapy）・**放射線療法**（radiation therapy）の3つであり，いずれも長い歴史があるが，近年新たな治療法も開発されている．従来の抗がん薬は，ほぼ偶然に発見された細胞傷害作用のある化学物質をもとに開発されたため，正常細胞と区別する特異性が乏しく，有害作用（副作用）による患者の苦しみが強かった．しかし発がんの分子メカニズムが明らかになってきたおかげで，がん細胞だけの特徴を備えた特定のタンパク質分子などをねらった**分子標的薬**（molecular targeted drug）が次々に開発されている．分子標的薬の一部は分子量300〜500程度の化合物である．残りは標的分子を抗原（antigen）とする抗体（antibody，免疫グロブリン）であり，培養細胞などによって生産される．また，宿主自身の免疫細胞を活性化することによってがん細胞を攻撃させる**免疫療法**（10・6節 側注：ワクチン接種）も開発されており，上記の伝統的な3大療法に次ぐ第4の治療法として期待が高まっている．

14・4 病気のエピジェネティクス

9章で学んだエピジェネティクスが病気にも深く関わる証拠が，近年急速に増えてきた．特に**エピジェネティック修飾**（9・5節）に関与する種々の酵素が，

治療薬の作用する標的である例が相次いで見つかり，創薬面で注目されている。

　がん細胞では，がん抑制遺伝子の2コピーがともに不活性化される（**前節**）。一般に，コード領域や調節領域に突然変異が起こっていたり，その遺伝子を含むDNA領域が広く欠失していたりする。しかしそのいずれにも当たらないケースもあり，調べてみると代わりにエピジェネティック修飾の変化が見つかった。例えば，淡明細胞型腎細胞がんの19%では，がん抑制遺伝子*VHL*の上流プロモーターのCG島（8・4・2項）が高度にメチル化されていた。また散発性乳がんの13%でも，同じく*BRCA1*（表14・1）が同様なメチル化を受けていた。さらに広く大腸がんの20%以上で，多くの異なる遺伝子が同時に高いメチル化を受けていた。がん細胞におけるエピジェネティックな変化は，DNAだけでなくヒストンの側でも観察されており，例えば乳がんではがん抑制遺伝子*ARHI*で，また非小細胞肺がんでは同じく*PER1*で，それぞれヒストンのアセチル化レベルが低くなっていた。

　一方，抗がん薬のうち5-アザシチジンと2-アザ-5′-デオキシシチジンは，エピジェネティクスの**書き手**（8・4節）であるDNAメチル化酵素（DNMT, 9・5節）を阻害し，SAHAとロミデプシンは，**消し手**としてヒストンを脱アセチル化するHDAC（8・4・1項）ファミリーの酵素を阻害する。ただしこれら4つのエピジェネティック薬の具体的な適用では，乳がん・大腸がん・前立腺がんなど固形がんには有効でなく，効果は白血病などに限られていた。もっと詳細な特異性にも差があり，2種類のDNMT阻害薬はともに骨髄異形成症候群に効果的で，2種類のHDAC阻害薬は皮膚T細胞性リンパ腫に効果的だった。また，いずれも疾患を根本的に治癒させたわけではなく，ある程度寛解させ（症状を和らげ）たり進行を緩めたりする効果だった。

　エピジェネティクスはがんだけでなく，ストレスやうつなど精神的な不調や疾患への関与も色々報告が増えている。赤ちゃんラットが母親に頻繁になめられて毛づくろいされる，つまり愛情をもって育てられると，脳内の**セロトニン†**が産生される。この神経伝達物質は，ストレスホルモンであるコルチゾールの受容体の遺伝子DNAの，海馬におけるメチル化度を下げる。その結果，この受容体が海馬で高発現すると，少量のコルチゾールにも感応してネガティブフィードバックをかけ，副腎皮質からの分泌を抑制し，ラットをリラックスした状態に保つ。この高発現状態は生涯続き，エピジェネティック調節の持続性を示す。逆に赤ちゃんマウスを出生直後から10日間，毎日3時間母親から引きはがしてストレスを与えると，視床下部のArg-バソプレシン遺伝子DNAのメチル化度を下げ，バソプレシンの生成量を増やし，下垂体からの副

---

† セロトニン (serotonin) と SSRI：セロトニンは快楽物質ともよばれる神経伝達物質の1つ。血管の緊張（tone）を調節する血清（serum）中の物質として発見され命名された。略称の5-HTは化学名 5-hydroxytryptamine に由来。5-HTは主要20アミノ酸の1つトリプトファン（Trp）から生合成される。一群の抗うつ薬の略称 SSRI は，selective serotonin reuptake inhibitors（選択的セロトニン再取り込み阻害薬）に由来する。SSRIは，神経末端で放出された5-HTがシナプス前膜の輸送体で再吸収されるのを阻害することで作用を長引かせ，うつ症状の不安を和らげる。

腎皮質ホルモン刺激ホルモンの放出を促進し，副腎皮質のコルチゾール産生を増加させ，ストレス応答を促進した。

　その他，抗うつ薬のSSRI[†]の効果や，海馬における記憶などに対しても，DNAメチル化とヒストン修飾が関与しているという研究が続々と報告されている。学習や記憶に対する効果の研究では，DNAメチル化の阻害とヒストンアセチル化の増強が，何らかの良い方向に導くとする報告が相次いでいる。ただしそれらは，酵素阻害薬をマウスの脳内に直接投与する侵襲的な実験の結果であり，ヒトには効果が低かったり有害作用がひどかったりして，残念ながら臨床応用に適した薬物を見つけるのは，今のところ難しいらしい。

参考文献

＊は古典的なもの

全体

0-1) ジェーン-リース他著・池内昌彦他監訳；キャンベル 生物学 原書11版，2018，丸善出版

0-2) シッダールタ-ムカジー著・田中文訳；遺伝子 -親密なる人類史-（上下），2018，早川書房

0-3) Terrence A. Brown 著；Genome 4，2017，Garland Science

0-4) ブルース-アルバーツ他著・中村桂子，松原謙一監訳；細胞の分子生物学 第6版，2017，ニュートンプレス

0-5) ジェームス-ワトソン他著・中村桂子監訳；ワトソン 遺伝子の分子生物学 第7版，2017，東京電機大学出版局

0-6) ブルース-アルバーツ他著・中村桂子，松原謙一監訳；Essential 細胞生物学 原書第4版，2016，南江堂

0-7) 坂本順司著；理工系のための生物学 改訂版，2015，裳華房

0-8) 坂本順司著；イラスト 基礎からわかる生化学，2012，裳華房

0-9) リーランド-ハートウェル他著・菊池韶彦監訳；ハートウェル遺伝学，2010，メディカル-サイエンス-インターナショナル

0-10) 日本遺伝学会 監修・編；遺伝単 遺伝学用語集 対訳付き，2017，エヌ・ティー・エス

0-11) 巌佐庸他編；岩波 生物学辞典 第5版，2013，岩波書店

0-12) 石川統他編；生物学辞典，2010，東京化学同人

0-13) 村松正實他編；分子細胞生物学辞典 第2版，2008，東京化学同人

0-14) 今堀和友，山川民夫監修；生化学辞典 第4版，2007，東京化学同人

1章

＊1-1) グレゴール-メンデル著・岩槻邦男，須原準平訳；雑種植物の研究，1999（原著1866），岩波文庫

1-2) 中沢信午著；メンデルの遺伝，1978，共立出版

2章

＊2-1) ジェームス-ワトソン，フランシス-クリック著・井上章訳；デオキシリボ核酸の構造「世界の名著66巻 現代の科学Ⅱ」所収，1970（原著1953），中央公論社。中公バックス版も

2-2) フランクリン F ポーチュガル，ジャック S. コーエン著・杉野義信，杉野奈保野訳；DNAの一世紀 Ⅰ，Ⅱ，1980，岩波書店

2-3) 渡辺政隆著；DNA の謎に挑む，1998，朝日新聞社

6 章

6-1) Sakamoto J. *et al*; Gene structure and quinol oxidase activity of a cytochrome *bd*-type oxidase from *Bacillus stearothermophilus*. *Biochim. Biophys. Acta*, 1999, **1411**: 147-58

6-2) Safarian S. *et al*; Structure of a bd oxidase indicates similar mechanisms for membrane-integrated oxygen reductases. *Science*, 2016, **352**: 583-86

9 章

9-1) スコット - ギルバート著・阿形清和，高橋淑子監訳；ギルバート発生生物学，2015，メディカル - サイエンス - インターナショナル

9-2) ネッサ - キャリー著・中山潤一訳；エピジェネティクス革命，2015，丸善出版

9-3) 仲野徹著；エピジェネティクス，2014，岩波新書

9-4) ティム - スペクター著・野中香方子訳；双子の遺伝子，2014，ダイヤモンド社

9-5) 武田洋幸，相賀裕美子著；発生遺伝学，2007，東京大学出版会

10 章

10-1) 山本卓編；ゲノム編集入門，2016，裳華房

10-2) 石井哲也著；ゲノム編集を問う，2017，岩波新書

11 章

11-1) 山内一也著；ウイルスと地球生命，2012，岩波科学ライブラリー

11-2) 坂本順司著；微生物学 − 地球と健康を守る −，2008，裳華房

12 章

12-1) Costa M. B. W. *et al*; Temporal ordering of substitutions in RNA evolution: Uncovering the structural evolution of the Human Accelerated Region 1, *J. Theoretical Biol.*, 2018, **438**: 143-50

12-2) Reich D. *et al*; Genetic history of an archaic hominin group from Denisova Cave in Siberia, *Nature*, 2010, **468**: 1053-60

12-3) Enard W. *et al*; A humanized version of Foxp2 affects cortico-basal ganglia circuits in mice, *Cell*, 2009, **137**: 961-71

12-4) Perry G. H. *et al*; Diet and the evolution of human amylase gene copy number variation, *Nature Genetics*, 2007, **39**: 1188-90

12-5) Pollard K. S. *et al*; An RNA gene expressed during cortical development evolved rapidly in humans, *Nature*, 2006, **443**: 167-72

12-6) アダム - ラザフォード著・垂水雄二訳；ゲノムが語る人類史，2017，文藝春秋

12-7) アリス - ロバーツ著・斉藤隆央訳；生命進化の偉大なる奇跡，2017，学研

12-8) 篠田謙一監修；ホモ・サピエンスの誕生と拡散，2017，洋泉社

12-9) 本川達雄著；ゾウの時間ネズミの時間，1992，中公新書

12-10) 島 泰三著；ヒト − 異端のサルの 1 億年 −，2016，中公新書

12-11) トム-ストラチャン，アンドリュー-リード著・村松正實，木南凌監修；ヒトの分子遺伝学 第4版，2011，メディカル-サイエンス-インターナショナル

13章

* 13-1) チャールズ-ダーウィン著・八杉龍一訳；種の起源（上，下），1990（原著1859），岩波文庫。ほかに渡辺政隆訳；光文社古典新訳文庫版も

* 13-2) ヤーコブ-フォン-エクスキュル著・日高敏隆，羽田節子訳；生物から見た世界，2005（原著1934），岩波文庫

* 13-3) 大野乾著・山岸秀夫，梁永弘訳；遺伝子重複による進化，1977（原著1970），岩波書店

13-4) Niimura Y. *et al*; Extreme expansion of the olfactory receptor gene repertoire in African elephants and evolutionary dynamics of orthologous gene groups in 13 placental mammals, *Genome Research*, 2018, **24**: 1485-96

13-5) 大隅典子著；脳の誕生，2017，ちくま新書

13-6) スティーブン-グールド著・渡辺政隆訳；フルハウス，1998，早川書房

14章

14-1) Bainbridge M. N. *et al*; Whole-Genome Sequencing for Optimized Patient Management, *Science Translational Medicine*, 2011, **3**: 87re3

14-2) Sekar A. *et al*; Schizophrenia risk from complex variation of complement component 4, *Nature*, 2016, **530**: 177-83

14-3) Nathwani A. C. *et al*; Long-term safety and efficacy of factor IX gene therapy in hemophilia B., *New England J. Medicine*, 2014, **371**: 1994-2004

14-4) 仲野 徹著；こわいもの知らずの病理学講義，2017，晶文社

14-5) ケヴィン-デイヴィーズ著・武井摩利訳；1000ドルゲノム，2014，創元社

14-6) 福嶋義光監訳；トンプソン＆トンプソン遺伝医学 第2版，2017，メディカル-サイエンス-インターナショナル

14-7) シッダールタ-ムカジー著・田中 文訳；がん－4000年の歴史－（上下），2016，早川文庫

14-8) 津田敏秀著；医学的根拠とは何か，2013，岩波新書

索引

太字は最も詳しいページ

記号・数字

−10 領域　65
−35 領域　65
α ヘリックス　70, **108**, 172
β- ガラクトシダーゼ　**101**, 185
β シート　70, **108**, 172
π-π 相互作用　**24**, 188
ρ 依存性　68
ρ 非依存性　66
σ 因子　**63**, 109
5- メチルシトシン　125

A, B

Alu 因子　177
A 形　26
bp　**23**, 37
B 形　26
B 細胞　**60**, 150

C

CG 島　**127**, 214
CpG 配列　126

D, E

de novo　51, 144, **177**, 181, 189
DNA　**20**, 61, 99, 119, 157, 195
DNA 指紋　180
DNA ジャイレース　44
DNA ヘリカーゼ　41
DNA ポリメラーゼ　**35**, 63
DNA 巻き戻し配列　43
ES 細胞　**116**, 138, 158

G, H

GTP 結合　**90**, 92
G タンパク質　**132**, 209
HIV　**170**, 209

I

in vitro　**37**, 40, 60, 85
in vivo　**37**, 43, 60
iPS 細胞　116

L, M, O, P

L1 因子　177
M 期　31
ORF　82
PCR　**40**, 180

R

RecA タンパク質　58
RI　10
RNA　11, **20**, 61, 78, 106, 147
RNA 遺伝子　26, **147**, 173
RNA 干渉　152
RNA スプライシング　72
RNA 世界　189
RNA 編集　148
RNA ポリメラーゼ　32, **62**

S

SOS 応答　**58**, 104
SRY　**14**, 155, 203
S 期　31
S 字形曲線　109

T

TATA ボックス　70
T 細胞　**60**, 162, 209, 214

X, Y, Z

X 染色体　14, **182**, 203, 206
X 染色体不活性化　155
Y 染色体　14, 155, 176, 203
Z 形　26

あ

アーム　83
アイソフォーム　**75**, 133
亜ウイルス粒子　171
亜鉛フィンガー　**109**, 135
悪性腫瘍　133, 171, **212**
悪性中皮腫　213
アクチベーター　**99**, 109
アクチン　30
アサガオ　161
アスベスト（石綿）　213
アセチル基転移酵素　125
アダプター　83
アテニュエーター　106
アデニン　21, 49, 61, 127
アニーリング　40
アプタマー　113
アフリカツメガエル　110
アポ酵素　63
アポトーシス　49, 151, 212
アポリポタンパク質　209
アミノアシル tRNA　84
アミラーゼ　**9**, 185
アミロイド　136
アルキル化剤　47
アルゴノート　150
アルツハイマー病　**136**, 204, 209
アレル　16, 145, **179**, 202, 208
アロラクトース　103
暗黒期　171
アンチコドン　**83**, 92
アンチセンス　**63**, 114, 156, 168
安定 RNA　148
安定同位元素　34
アントシアニン　**16**, 161

い

イオンチャネル　122, 132, **206**, 208
異化　103
鋳型　35, 40, 62, 144, 153
イグジスト　155
異質染色質　32
異数性　202
位相幾何学　34, 44
一遺伝子一酵素説　10
一塩基多型　**17**, 179

索引

一次構造 **25**, 85
一次転写産物 **71**, 76, 98
一段階増殖 171
一倍体 29
遺伝暗号 63, **79**, 84, 148
遺伝因子 **204**, 208
遺伝学 3, 6, 18
遺伝子 2, 12, 27, **80**, 102, 189, 200
遺伝子型 **2**, 9, 18, 144
遺伝子工学 29, 40, 46, **60**, 85, 106, 153
遺伝子砂漠 **149**, 174
遺伝子ターゲティング 158
遺伝子重複 **189**, 192
遺伝子治療 159, **210**
遺伝子導入生物 157
遺伝子量補償 155
遺伝的多型 **179**, 210
遺伝的浮動 18, **194**
遺伝的マーカー **179**, 206, 209
イレッサ 210
インスリン 117, **145**, 204
インスレーター **122**, 145
インデューサー 106
インデル **180**, 183
咽頭胚 139
イントロン **28**, 72, 82, 121, 199
インフルエンザ菌 79

う

ウイルス 10, 60, 150, 156, 168, 209
ウイルス様レトロトランスポゾン 163
ウイルソイド 172
ウイロイド 172
動く遺伝因子 166
うつ 215
ウラシル **21**, 49, 61

え

衛星 178
衛星 RNA 172
衛星ウイルス 171
エイムス試験 48
栄養 9, 32, **101**, **110**, 137, 146
栄養芽細胞 138
エキシヌクレアーゼ 54
エキソソーム 151

エキソン **28**, 72, 76, 195, 209
エキソン - シャフリング **76**, 195
エステル結合 **22**, 74
エネルギー 11, 36, 44, 73, 93, 101, 123, 170, 175
エネルギー論 62
エピジェネティクス 130, **144**, 213
エプスタイン - バール（EB）ウイルス 210
エラスチン 205
遠位調節配列 121
塩基間挿入剤 47
塩基対 **23**, 36, 149
塩基配列 **21**, 25, 81, 108, 129, 173
遠心分離機 **10**, 35, 178
エンドウ **2**, 13, 16
エンハンサー **111**, 121

お

岡崎断片 38
オッズ比 209
オペレーター **27**, 99, 105
オペロン **27**, 68, 99, 121
オリゴヌクレオチド **20**, **22**, 36, 41

か

界 **38**, 197
外殻 10, **168**, 172
介在因子 122
開始 **41**, 64, 90
開始コドン 79
外胚葉 130, **138**, 141
回文配列 **67**, 127
解放因子 94
開放読み枠 82
化学進化 188
化学療法 213
書き手 **124**, 144, 214
核移植 118
核ゲノム **30**, 173
核酸 **4**, 20, 30, 78, 168
核小体 **32**, 76
核小体低分子 RNA **76**, 149
獲得形質の遺伝 **146**, 157
獲得免疫 153
核内低分子 RNA 149
核内低分子リボ核酸タンパク質 74

家系 206
加工 **71**, 76
カスケード **120**, 142
カタボライト 103
活性化因子 **119**, 136
活性化補助因子 119, **122**, 135
活性中心 **39**, 85, 95
カテニン 134
ガラクタ DNA 149
ガラクトシダーゼ **101**, 185
カルシトニン 75
加齢黄斑変性 207
がん 19, 46, 53, 135, 145, 151, **211**
がん遺伝子 171, **211**
がんウイルス 171
肝炎ウイルス 211
間期 31
環境因子 **202**, 208
幹細胞 **116**, 133, 138
環状 AMP 103
環世界 199
官能基 **61**, 108
がん抑制遺伝子 135, **211**, 214
関連解析 **206**, 209

き

偽遺伝子 **173**, 190, 198
キナーゼ 103, **133**
機能獲得変異 **17**, 206, 211
機能性 RNA 149
機能喪失変異 **17**, 205, 211
基本転写因子 70, 99, **120**
ギムザ染色 17
キメラ 155
逆転写酵素 63, **163**, 171
逆方向反復配列 **67**, 162
キャス 156
キャップ構造 **72**, 95
吸エルゴン反応 **63**, 84
求核攻撃 **35**, 74, 162
求電子試薬 35
きょうだい 208
共通配列 **65**, 99
共同性 108
共役 **62**, 132
共優性 **16**, 19
切り貼り式 160

近位調節配列 121
キンギョソウ 16, 19
筋ジストロフィー 201, **206**, 211

く

グアニン **21**, 52, 61, 126
組換え **15**, 56, 58, 127, 160, 191, 195
組換え価 17
組込み酵素 163
クラインフェルター症候群 203
クリスパー／キャス系 146, **156**
グルカゴン 117
グルコース **20**, 101
クレノウ断片 39
クローン **118**, 156, 168
グロビン **126**, 190
クロマチン **31**, 123, 144, 155
クロラムフェニコール 89

け

形質 **2**, 19, 48
形質転換 **8**, 133, 166
形質導入 **10**, 60, 166
継承 **129**, 144, 155
形成体 131
系統樹 196
系統発生 74
系統分類 85
消し手 **124**, 214
欠失 **50**, 151, 157, 180, 198
欠損 9, **16**, 58, 101, 145, 203, 211
血友病 178, 201, **211**
ゲノム **28**, 56, 70, 99, 108, 116, 149, 173, 188
ゲノム刷り込み 145
ゲノム編集 158
ゲノムワイド関連解析 204, **207**
ケラチン 182
原核生物 **12**, 26, 85, 122, 146, 197
原基 **14**, 139
言語 **20**, 78, 184
原口 138
源氏物語 13
原条 139
減数分裂 **14**, 58, 179, 199, 202, 206
顕性 16
原腸 138

顕微鏡 30, 51, 136, **168**, 175

こ

コアクチベーター 102, **103**
コア酵素 **41**, 63
コア粒子 **31**, 123
コイルドコイル 111
高エネルギーリン酸化合物 **11**, 62, 72
抗原 **60**, 213
交差 **15**, 58, 191, 195
交差価 17
交雑 **19**, 182
恒常性 114
甲状腺 75
校正 39
後成説 144
構成的 **97**, 101
抗生物質 **21**, 29, 64, 89, 167
酵素 9, 52, 74, 132, 188, 215
構造 RNA 148
抗体 **60**, 213
好熱性細菌 40
酵母 **21**, 109, **131**, 158, 175, 207
コード鎖 63
コード領域 **27**, 174, 183, 205, 214
呼吸鎖 175
古細菌 87, 122, 156, 170, **197**
誤対合 **38**, 51, 93
個体発生 74
コドン **78**, 84, 176
コピーアンドペースト式 160
コピー数多様性 **180**, 185
個別化医療 210
互変異性 **38**, 49
コホート研究 207
コムギ 192
コリスミ酸 104
コリプレッサー **103**, 106
コルチコイド 111
コルチゾール 214
コレラ 208
コロニー 8
コンホメーション 38, **90**, 172

さ

座位 **16**, 156, 202, 207
細菌 **12**, 27, 87, 95, 109, 121, 160, **197**

最少培地 8
細胞遺伝地図 17
細胞記憶 125, **129**, 144
細胞骨格 **30**, 97
細胞質遺伝 175
細胞周期 **31**, 41, 45, 116
細胞小器官 **30**, 85, 116, 167
細胞性免疫 **60**, 153
細胞内共生 **30**, 85, 176
サイレンサー 121
サイレンシング **150**, 153
雑種 **19**, 35
サテライト DNA 178
サブタイプ 133
サブユニット **10**, 45, 63, 85, 123, 127, 132, 149, 190
左右軸 139
サルモネラ菌 167
酸化酵素 81
残基 22
散在反復配列 **177**, 179
三次構造 **25**, 83

し

紫外線 **48**, 52, 118, 170, 186, 211
色素性乾皮症 55
識別ヘリックス 108
子宮頸がん 211
自己増殖 **152**, 172, 189
自己リン酸化 133
脂質 **4**, 20, 110, 169, 188
シス因子 **70**, 99, 105, 121, 155
シス調節配列 **99**, 190
シストロン **28**, 68, 96
シス配列 **100**, 120
自然選択 18, 146, 161, **189**, 209, 213
自然免疫 153
シトシン **21**, 49, 61, 125, 148
ジベレリン 16
シャイン・ダルガノ配列 91
社会性 193
シャルガフの規則 11, **25**, 61
ジャンク DNA 149, **174**, 194
自由エネルギー **11**, 36
終結 **44**, 66, 94
終止コドン **50**, 79, 95, 175
修飾 **19**, 53, 71, **76**, 123, 147, 213

集団遺伝学 **18**, 194, 199
修復 39, **51**, 164, 211
縦列反復配列 177, **178**, 179
収斂 38
縮重 80
主溝 **26**, 65, 70, 99, 108
主鎖 **22**, 53
受精 14, **136**, 140
受精卵 3, 13, 116, **138**, 188
主働遺伝子性 202
種分化 194
腫瘍 171, **212**
主要組織適合性抗原 202
受容体 75, **111**, 132, 198, 203, 209
ショウジョウバエ 6, 13, 75, 125, 131, 141, 174, **199**
常染色体 13, 30, 155, 203
情報 11, 92, 114, 146, 176, 189
症例対照研究 207
初期化 119, 145
除去修復 52
触媒 9, 61, 74, 85, 136, 160, 189
触媒 RNA 148
植物極 **137**, 140
仁 32
進化医学 204
真核細胞 **68**, 95
真核生物 12, 28, 45, 68, 71, 85, 113, 197
神経管 139
神経胚 139
信号伝達系 120, **130**, 133
真主顎上目 197, **198**
真主顎類 75
浸潤 212
親水性 **111**, 175
親水的 26
真正染色質 **32**, 173
伸長 **44**, 65, 92
浸透度 19
心不全 210

す

水素結合 **23**, 49, 90, 108
垂直伝播 **166**, 176, 211
水平伝播 29, 146, 166, **189**, 196, 211
ステムループ **67**, 83, 106, 113

ステロイド 111
ストレス 65, **214**
ストレスタンパク質 65
ストレプトマイシン 89
スプライシング 72, **85**, 147, 154
スプライソソーム **74**, 76, 149
スペーサー 122
滑る留め金 43
刷り込み 156

せ

生化学 11
生活習慣病 **202**, 204
制限酵素 52, 60, 67, **127**
制限修飾系 52, **127**
精子 **13**, 30, 136, 140, 155
成熟 14, **70**, 98, 147, 199
生殖 13, **33**
生殖細胞 3, **13**, 46, 142, 154
性染色体 **14**, 30, 203
性線毛 166
成体 **15**, 116
生体エネルギー学 11
生態系 **197**, 213
生物アッセイ 9
生物多様性 197
精密医療 207, **210**
瀬川病 210
脊索 139
赤痢菌 167
世代 5, 17, 35, 146, 166
接合 **60**, 166
接合子 136
接触分泌 **132**, 136
節約遺伝子 204
セレノシステイン 82
セレノタンパク質 82
セロトニン 210, **214**
全か無か 109
前駆体 **70**, 76, 113, 147, 210
先行鎖 37
前後軸 139
染色質 **31**, 173
染色体 7, 31, 56, 116, 173, 191
染色体異常症 202
染色体地図 17
染色体倍加 192

センス鎖 **63**, 168
潜性 16
前成説 144
選択圧 185, **193**, 208
選択的スプライシング **75**, 173
選択毒性 89
線虫 125, 134, 153, 174, **199**, 207
先天性代謝異常症 203
セントラルドグマ **11**, 147
セントロメア **30**, 32
全能性 118
潜伏期 **171**, 213
繊毛虫 **73**, 79, 166

そ

相似 43
桑実胚 138
増殖 **33**, 129
増殖因子 133, 145, 206, 210, **212**
相対リスク 209
相同 **43**, 95, 133, 162, 185, 194
相同染色体 7, **14**, 56, 195
挿入 **50**, 158, 162, 180, 198
増幅 29, **40**, 120, 153
相補性試験 28
相補的 **24**, 36, 74, 157
側系遺伝子 75, **194**
側鎖 109
疎水性 111, 116, **132**, 175
疎水的 26
損傷 6, 39, **47**, 104, 194

た

ダーウィン **146**, 189, 213
ターナー症候群 203
ターミネーター 66
体液性免疫 **60**, 153
退化 193
体外受精 138
体細胞 **12**, 119, 127, 146, 211
代謝 8, 97, **103**, 113, 172, 199
体節 139
大腸菌 10, **35**, 52, 78, 101, 127, 156, 207
多遺伝子性 **19**, 202
ダイニン 73, **167**
耐熱性 40

胎盤 191
対立形質 7, **17**
多因子疾患 202
ダウン症 **192**, 202
多剤耐性菌 167
脱アセチル化酵素 125
脱アミノ **48**, 77
脱プリン 47
脱メチル化酵素 127
多能性 118
単一遺伝子疾患 **200**, 205
単一遺伝子性 19
単数体 **13**, 29
炭素源 8, **101**
単能性 118
タンパク質 4, 20, 110, 189, 205
タンパク質遺伝子 **26**, 120, 147, 173
短腕 14, **30**

ち

チェックポイント 31
置換 **50**, 157, 193
遅行鎖 37
地図 7, **17**, 199
窒素源 8, **101**
チフス菌 48
チミン **21**, 49, 61
チミン二量体 **49**, 54
着床前診断 138
中胚葉 **138**, 141
チューブリン **30**, 73, 167
中立 179, **194**
長鎖非翻訳 RNA 148, **154**
調節 RNA 113, 120, 131, **149**
調節領域 27, 70, **121**, 174, 214
重複 33, 151, 173, **189**
超らせん 44
長腕 30
直系遺伝子 194
沈降係数 85
チンパンジー **181**, 183, 198

て

低分子干渉 RNA 113, **152**
適応度 **189**, 193
適応免疫 **153**, 156
テクセル 150

テトラサイクリン 89
テトラヒメナ 73
デニソワ人 182
テロメア 30, 32, **45**, 178, 212
テロメラーゼ **45**, 73, 149, 212
転位 60, **94**, 151, 160
転移 52, **93**, 128, 151, 212
転位酵素 162
電子顕微鏡 31, **168**
転写因子 99, 108, **129**, 150, 184
転写減衰 106, 112
転写後修飾 70, 83, **98**, 148
転写装置 121
転写調節因子 26, 70, **99**, 108
デンプン 9, **16**, 20, 185
点変異 **51**, 193
電離放射線 **48**, 211

と

同位元素 10, **34**
同化 103
同義 50, **80**, 194
動原体 30
統合失調症 145, 201, 204, **208**
糖質 4, 20, 110
動植物軸 140
動物極 **137**, 140
同方向反復配列 162
トウモロコシ 161
ドーパ反応性ジストニア 210
ドーパミン 210
独立の法則 6, **17**, 19
突然変異 6, **47**, 161, 179, 193, 194
トポイソメラーゼ 44
ドミナントネガティブ 206
ドメイン **38**, 108, 133, 158, 184, 197
ドメイン - シャフリング 76, 193, **195**
留め金装着複合体 41
ドライバー変異 213
トランジション 50
トランス因子 70, 99, 105, 120, 150
トランスバージョン 50
トランスポゾン 60, 153, **160**, 177, 198
トリソミー **192**, 202
トリプレット - リピート病 205

な

内在性レトロウイルス 164
内胚葉 **138**, 141
内部細胞塊 **138**, 155
投げ縄（lariat）構造 74
ナンセンス **50**, 205

に

二機能酵素 **39**, 164, 177
二次構造 **25**, 67, 82, 108, 113, 184
二次メッセンジャー 103
二重らせん 11, **24**, 54, 61
二倍体 **13**, 56, 191
二分裂 **14**, 171
乳がん 214
乳糖不耐性 185
認知症 **136**, 209

ぬ

ヌクレアーゼ **39**, 74, 158, 164
ヌクレオシド 21
ヌクレオソーム **31**, 123, 145
ヌクレオチド 21

ね

ネアンデルタール人 181
ネガティブフィードバック **114**, 214
ネクローシス 49
熱ショック **65**, 104

の

脳化指数 183
嚢胞性線維症 **208**, 211
ノックアウト **158**, 207
ノックイン 158
ノックダウン 153, **158**, 207
乗換え **15**, 58

は

ハーディー・ワインベルクの法則 **18**
胚 **15**, 116, 127, 190
肺炎双球菌 8
配偶子 **13**, 136
培地 8, **35**, 101, 118
バイディル 210
配糖体 **21**, 22, 185

胚盤胞 138
背腹軸 139
配列アラインメント 198
ハウスキーピング 97, 118, 127
バクテリオファージ 10, 38, 127, 166, 170
バソプレシン 214
発エルゴン反応 62
発がん要因 48, 211
発現 3, 32, 126
発生 3, 74, 116, 129, 190, 199
パッセンジャー変異 213
ハプロタイプ 19, 181
ハプロ不全 205
バリアント 179
半数体 13, 29
伴性遺伝病 203
万能性 118
半保存的複製 33

ひ

光回復 52
非コード領域 27, 183, 194, 199
微小管 30
微小繊維 30
ヒストン 31, 123, 144, 214
非相同末端連結 56, 158, 162
ビタミン 8, 63, 84, 110, 121, 186
非同義 50
ヒト加速領域 184
ヒトパピローマウイルス 211
非翻訳領域 27, 106, 113, 150
被膜 169, 172
病原アイランド 167
表現型 2, 16, 142, 193, 199, 205
病原性 8, 172
標準アミノ酸 82, 104
標準コード 79
標準ヌクレオシド 77, 83
ビリオン 171
ピリミジン 21, 50, 92
ピロリ菌 211
ピロリシン 82

ふ

ファン-デル-ワールス結合 108
フィードバック 114, 130

フェニルチオカルバミド 203
不完全優性 16, 19
不完全連鎖 17
副溝 26, 70, 93
複合ヘテロ接合体 206, 210
複製 11, 33, 51, 171, 189, 211
複製型転位 160
複製起点 37, 43
複製フォーク 37, 41, 52, 128
父性遺伝 176
復帰変異 48
物質 4, 11, 48, 103, 114, 172, 188
物理地図 17
プライマー 36, 45, 63, 180
フラジェリン 167
プラスミド 29, 101, 158, 166
プリオン 172
プリン 21, 50
フレームシフト 48, 51, 158
プロウイルス 170
プログラムされた死 49
プロファージ 60, 170
プロモーター 27, 64, 68, 99, 167, 205
分化 116, 129, 151
分子擬態 94
分子進化 33, 188, 194
分子（進化）時計 194
分子標的薬 213
分節遺伝子 142
分節性 139
分節的重複 191
分離の法則 6, 19

へ

ヘアピン 67, 150, 153
ヘイフリック限界 45
ベクター 166, 211
ヘテロ 10, 16, 32, 41, 63, 108, 134, 200
ヘテロクロマチン 32, 125, 155
ヘテロ接合体 16, 205
ペプチジル tRNA 88
ペプチド転移反応 85, 88, 93
ヘミアセタール 22
ヘモグロビン 10, 117, 126, 190
ヘリックス-ターン-ヘリックス（モチーフ）109, 121
ヘリックス-ループ-ヘリックス 111

変異 6, 19, 47, 134, 142, 165, 184
変異原 47, 211
変異体，変異株 6, 101, 142
変性 40
偏性細胞内寄生体 168
べん毛，鞭毛 73, 138, 167

ほ

保因者 200
包括的適応度 193
放射性同位元素 10, 34
放射線 6, 8, 34, 47, 65, 211, 213
紡錘糸 30, 73
胞胚 138
傍分泌 132, 134, 140
ホールデン関数 17
補酵素 63, 84, 210
ポジティブ-フィードバック (114), 130, 143
母性遺伝 30, 176
保存型転位 160
保存型部位特異的組換え 167
補体 153, 207, 208
ホックス遺伝子 142, 199
ボツリヌス菌 168
ホメオティック遺伝子 142
ホメオドメイン 109, 142
ホモ 16, 32, 108, 111, 121, 134, 205
ホモ接合体 16, 205
ポリ A 72, 75, 150, 154, 173
ポリ A レトロトランスポゾン 164
ポリソーム 88
ホリデイ連結 60
ポリメラーゼ 32, 35, 62, 121, 153
ポリメラーゼ連鎖反応 40
ホルミルメチオニン 79
ホルモン 14, 75, 111, 117, 121, 145
ホロ酵素 41, 63
翻訳後修飾 65, 82, 98
翻訳領域 27, 82

ま

マイクロ RNA 113, 131, 149
マイクロサテライト 178
マイコプラズマ 79, 170, 189
マクロファージ 170
マスター転写調節因子 143

索引

末端複製問題　**45**, 178

み

ミーシャー　4
ミオシン　185
ミオスタチン　150
三毛猫　156
ミスセンス　48, **50**
ミスマッチ　**52**, 64, 128
三つ組　78
ミトコンドリア　30, 72, 173, 198
ミニサテライト　178
ミネラル　110

む

無細胞抽出物　8
無性生殖　14
無味覚症　203

め

メタン菌　82
メチラーゼ　52
メチル基転移酵素　**128**, 144
メラニン　186
免疫　60, 111, **153**, 162, 202, 209
免疫グロブリン　60, 117, **213**
免疫療法　**157**, 213
メンデル　2, 175, 200
メンデル遺伝　30
メンデルの法則　6, 19

も

モチーフ　65, **108**, 142
モデル生物　12, 73, 136, 198, 207
モルフォゲン　**131**, 134, 141

や, ゆ

野生型，野生株　6, 8, 101, 127, 184, 205

ユークロマチン　**32**, 173
優性　**16**, 203, 206, 211
優性の法則　6, 19
有性生殖　14, 166, 195
誘導　97, 106, **131**
ゆらぎ　38, 83

よ

溶菌ファージ　170
溶原性ファージ　170
葉酸　52, 84
葉緑体　30, 72, 175
抑制因子　**119**, 136
抑制補助因子　119, **122**
四次構造　26
読み手　124
読み枠　50, **82**

ら

ライセンス因子　43
ラウス肉腫ウイルス　171
ラギング鎖　37, 40, 45, 55
ラクターゼ　185
ラクトース　20, **101**
ラマルク　146, 157
卵　13, 30, **136**, 155
卵黄　137
卵割　138
卵極性遺伝子　142

り

リーダーペプチド　106
リーディング鎖　37, 40, 43
リガーゼ　44, 53, 60, 127
離散的　109
リステリア菌　113
利他的行動　193
立体配座　**90**, 102, 172
リプレッサー　**99**, 109, 167

リボザイム　62, 71, 73, **85**, 94, 148, 188
リボスイッチ　113
リボソーム　25, **76**, 85, 106, 164, 197
リボソームリサイクル因子　95
両親媒性　**26**, 111
良性腫瘍　134, **212**
リンカー　**31**, 68
リン酸エステル結合　**21**, 36
リン酸無水結合　21
リンパ核　21
リンパ球　4, **60**, 117, 119, 150

る

ルイス酸，ルイス塩基　35
ループ　**111**, **114**, 121, 130

れ

レギュロン　103
劣性　**16**, 203, 205, 211
レトロ遺伝子　191
レトロウイルス　164, **171**
レトロエレメント　171
レトロトランスポゾン　**163**, 191
レトロポゾン　163
レプリソーム　41
レボドパ　210
連鎖　**17**, 40, 120
連鎖解析　**206**, 209
連鎖地図　**7**, 17, 199
連鎖不平衡　**18**, 181, 206
連鎖平衡　18
連続的形質　19
連続反応性　**36**, 39, 62

ろ, わ

ロイシン-ジッパー　111
濾過性病原体　168
ワクチン　**157**, 213

写真提供一覧

p.2: 提供：メンデル博物館。長田敏行博士のご厚意による。
p.12: Nor Gal/Shutterstock.com
p.16: oksana2010/Shutterstock.com
p.19: Visual Generation/Shutterstock.com
p.20: CHAN Ping Chau/Shutterstock.com
p.21: Christian Draghici/Shutterstock.com
p.43: Blue daemon/Shutterstock.com
p.44: fpdress/Shutterstock.com
p.70: Sarawut Aiemsinsuk/Shutterstock.com
p.72: Pixfiction/Shutterstock.com
p.72: schankz/Shutterstock.com
p.74: SvetaZi/Shutterstock.com
p.79: M-SUR/Shutterstock.com
p.94: Donna Racheal/Shutterstock.com
p.111: Hudyma Natallia/Shutterstock.com
p.118: SunshineVector/Shutterstock.com
p.124: Coprid/Shutterstock.com
p.127: Foxstudio/Shutterstock.com
p.136: photossee/Shutterstock.com
p.138: Kazakov Maksim/Shutterstock.com
p.144: Route55/Shutterstock.com
p.146: Everett Historical/Shutterstock.com
p.147: Andrii Horulko/Shutterstock.com
p.155: Arpon Pongkasetkam/Shutterstock.com
p.158: RomarioIen/Shutterstock.com
p.161: Bildagentur Zoonar GmbH/Shutterstock.com
p.171: ozgur_oral/Shutterstock.com
p.181: Nicolas Primola/Shutterstock.com
p.184: Eric Isselee/Shutterstock.com

著者略歴

坂本　順司 (さかもと じゅんし)

- 1979 年　大阪大学 理学部 生物学科 卒業
- 1984 年　大阪大学大学院 理学研究科 博士後期課程 修了（理学博士）
- 1985 年　東海大学 医学部 薬理学教室 助手
- 1989 年　米国アイオワ大学 医学部 生理学生物物理学教室 研究員
- 1992 年　九州工業大学 情報工学部 生物化学システム工学科 助教授
- 2006 年　九州工業大学 情報工学部 生命情報工学科 教授
- 2008 年　九州工業大学大学院 情報工学研究院 生命情報工学研究系 教授
- 2020 年　九州工業大学名誉教授

主な著書

Respiratory Chains in Selected Bacterial Model Systems（分担執筆，Springer）
Diversity of Prokaryotic Electron Transport Carriers（分担執筆，Kluwer Academic Publishers）
理工系のための生物学（改訂版）（単著，裳華房）
ゲノムから始める生物学（単著，培風館）
イラスト 基礎からわかる生化学（単著，裳華房）
ワークブックで学ぶ ヒトの生化学（単著，裳華房）
いちばんやさしい生化学（単著，講談社）
柔らかい頭のための生物化学（単著，コロナ社）
微生物学 - 地球と健康を守る -（単著，裳華房）
いちばんわかる生理学（単著，講談社）　他

基礎分子遺伝学・ゲノム科学

2018 年 9 月 25 日　第1版1刷発行
2023 年 4 月 20 日　第1版3刷発行

著作者	坂 本 順 司
発行者	吉 野 和 浩
発行所	東京都千代田区四番町 8-1 電話　03-3262-9166（代） 郵便番号 102-0081 株式会社　裳 華 房
印刷所	三報社印刷株式会社
製本所	株式会社　松 岳 社

検印省略

定価はカバーに表示してあります．

一般社団法人
自然科学書協会会員

JCOPY 〈出版者著作権管理機構 委託出版物〉
本書の無断複製は著作権法上での例外を除き禁じられています．複製される場合は，そのつど事前に，出版者著作権管理機構（電話03-5244-5088，FAX 03-5244-5089, e-mail: info@jcopy.or.jp）の許諾を得てください．

ISBN 978-4-7853-5237-0

© 坂本順司，2018　Printed in Japan

坂本順司先生ご執筆の書籍

微生物学 －地球と健康を守る－

B5判／2色刷／202頁／定価 2750円（税込）

ゲノム時代に大きな変貌を遂げた微生物学の入門書．基礎編の第1部では，微生物を扱う幅広い分野を統一的にカバーする視点から共通の性質や取り扱いを，分類編の第2部では，ゲノム情報に基づく最新の分類体系を取り入れて種ごとの多様な特徴を，応用編の第3部では医療や産業への応用といった技術分野を概観した．

理工系のための 生物学（改訂版）　　イラスト 基礎からわかる 生化学

B5判／3色刷／192頁／定価 2970円（税込）　　A5判／2色刷／292頁／定価 3520円（税込）

しくみからわかる 生命工学

田村隆明 著　B5判／2色刷／224頁／定価 3410円（税込）

医学・薬学や農学，化学，そして工学に及ぶ幅広い領域をカバーした生命工学の入門書．厳選した101個のキーワードを効率よく，無理なく理解できるように各項目を見開き2頁に収め，豊富な図で生命工学の基礎から最新技術までを詳しく解説．
【目次】生命工学の全体像／生命工学の基礎／核酸の性質と基本操作／組換えDNAをつくり，細胞に入れる／RNAとRNA工学／タンパク質，糖鎖，脂質に関する生命工学／組成を変えた細胞や新しい動物をつくる／医療における生命工学の利用／一次産業で使われるバイオ技術／生命反応や生物素材を利用・模倣する／環境問題やエネルギー問題に取り組む　ほか

遺伝子操作の基本原理 【新・生命科学シリーズ】

赤坂甲治・大山義彦 共著　A5判／2色刷／244頁／定価 2860円（税込）

遺伝子操作の黎明期から現在に至るまで，自ら技術を開拓し，研究を発展させてきた著者たちの実体験をもとに，遺伝子操作技術の基本原理をその初歩から解説．
【目次】cDNAクローニングの原理／基本的な実験操作の原理／応用的な実験操作の原理

エピジェネティクス 【新・生命科学シリーズ】

大山 隆・東中川 徹 共著　A5判／2色刷／248頁／定価 2970円（税込）

エピジェネティクスとは，「DNAの塩基配列の変化に依らず，染色体の変化から生じる安定的に継承される形質や，そのような形質の発現制御機構を研究する学問分野」のこと．前半ではその概念や現象の背景にある基本的なメカニズムを，後半では具体的な生命現象や疾病との関係などを解説した．

ゲノム編集の基本原理と応用 －ZFN, TALEN, CRISPR-Cas9－

山本 卓 著　A5判／4色刷（カラー）／176頁／定価 2860円（税込）

2012年のCRISPR-Cas9の開発によって，ゲノム編集はすべての研究者の技術となり，基礎から応用の幅広い分野における研究が競って進められている．
本書は，ゲノム編集の基本原理や遺伝子の改変方法について，できるだけ予備知識がなくとも理解できるように解説．農林学・水産学・畜産学や医学など，さまざまな応用分野におけるこの技術の実例や可能性についても記載した．

ゲノム編集入門 －ZFN・TALEN・CRISPR-Cas9－

山本 卓 編　A5判／3色刷／240頁／定価 3630円（税込）

【目次】ゲノム編集の基本原理／CRISPRの発見から実用化までの歴史／微生物でのゲノム編集の利用と拡大技術／昆虫でのゲノム編集の利用／海産無脊椎動物でのゲノム編集の利用／小型魚類におけるゲノム編集の利用／両生類でのゲノム編集の利用／哺乳類でのゲノム編集の利用／植物でのゲノム編集の利用／医学分野でのゲノム編集の利用／ゲノム編集研究を行う上で注意すること

裳華房ホームページ　https://www.shokabo.co.jp/